ZHUANGPEISHI HUNNINGTU JIEGOU GONGCHENG
SHIGONG JISHU YU GUANLI

装配式混凝土结构工程施工技术与管理

主编　陈卫平
参编　李宁宁　黄上峰

中国电力出版社
CHINA ELECTRIC POWER PRESS

内 容 提 要

本书依据《装配式混凝土结构技术规程》（JGJ 1—2014）、《预制预应力混凝土装配整体式框架结构技术规程》（JGJ 224—2010）、《钢筋套筒灌浆连接应用技术规程》（JGJ 355—2015）、《混凝土结构工程施工规范》（GB 50666—2011）、《混凝土结构工程施工质量验收规范》（GB 50204—2015）和最新颁布的"建筑产业现代化国家建筑标准设计"要求以及"装配式混凝土构件制作与安装操作规程""预制混凝土构件质量检验标准""装配式构件生产技术导则"等地方标准要求编写。全书共分十章，全面介绍了建筑产业现代化基本知识、装配式混凝土结构工程构造与识图、装配式混凝土预制构件生产工艺、装配式混凝土预制构件质量验收、装配式混凝土预制构件生产管理、装配式混凝土结构工程施工技术、装配式混凝土结构工程施工质量验收、装配式混凝土结构工程施工组织管理、装配式混凝土结构工程施工安全管理、装配式混凝土结构工程施工信息化管理等内容。

本书内容上做到了标准、规范、技术最新、最实用，文字通俗易懂，语言生动，并辅以大量直观的图表，可作为从事装配式混凝土建筑结构施工与管理人员的入门读物和培训教材，能满足读者系统地掌握和了解当前我国装配式混凝土结构构件生产和装配式混凝土结构工程施工与管理的现状和发展的需求。

图书在版编目（CIP）数据

装配式混凝土结构工程施工技术与管理/陈卫平主编 . —北京：中国电力出版社，2019.1
ISBN 978 - 7 - 5198 - 2213 - 2

Ⅰ.①装… Ⅱ.①陈… Ⅲ.①装配式混凝土结构－建筑施工－施工管理 Ⅳ.①TU37

中国版本图书馆 CIP 数据核字（2018）第 146368 号

出版发行：中国电力出版社
地 　　址：北京市东城区北京站西街 19 号（邮政编码 100005）
网 　　址：http://www.cepp.sgcc.com.cn
责任编辑：周娟华 　（010－63412601）
责任校对：黄 蓓 　常燕昆
装帧设计：张俊霞
责任印制：杨晓东

印 　　刷：三河市航远印刷有限公司
版 　　次：2019 年 1 月第 1 版
印 　　次：2019 年 1 月北京第 1 次印刷
开 　　本：787 毫米×1092 毫米 　16 开本
印 　　张：16
字 　　数：393 千字
定 　　价：48.00 元

版 权 专 有 侵 权 必 究
本书如有印装质量问题，我社发行部负责退换

序　　言

　　装配式混凝土结构工程施工是国内外建筑工业化最重要的生产方式之一，也是实现我国建筑产业现代化有效措施之一。《建筑产业现代化发展纲要》明确提出，到 2020 年，装配式建筑占新建建筑的比例 20％以上，到 2025 年，装配式建筑占新建建筑的比例 50％以上。目前现代建筑产业已成为建筑业发展的潮流趋势，但整个产业发展目前还相对滞后，制约建筑产业现代化快速发展的因素除成本因素、技术因素外，产业化人才缺乏也是一个瓶颈。根据调查资料表明，目前从事建筑产业化的人才数量少、整体素质不高，普遍缺乏固定的工厂，施工现场技术工人、技术管理复合型人才更是凤毛麟角。因此，尽快组织开发编写建筑产业化和装配式建筑的图书和教材，对培养具备装配式建筑构件生产、构件装配和相关技术管理的实用技术人员和高素质的现代建筑产业工人刻不容缓。

　　本书依据《装配式混凝土结构技术规程》（JGJ 1—2014）、《预制预应力混凝土装配整体式框架结构技术规程》（JGJ 224—2010）、《钢筋套筒灌浆连接应用技术规程》（JGJ 355—2015）、《混凝土结构工程施工规范》（GB 50666—2011）、《混凝土结构工程施工质量验收规范》（GB 50204—2015）和最新颁布的"建筑产业现代化国家建筑标准设计"要求以及"装配式混凝土构件制作与安装操作规程""预制混凝土构件质量检验标准""装配式构件生产技术导则"等地方标准要求编写。全书包括概论、装配式混凝土结构工程构造与识图、装配式混凝土预制构件生产工艺、装配式混凝土预制构件质量验收、装配式混凝土预制构件生产管理、装配式混凝土结构工程施工技术、装配式混凝土结构工程施工质量验收、装配式混凝土结构工程施工组织管理、装配式混凝土结构工程施工安全管理、装配式混凝土结构工程施工信息化管理等内容。内容上做到了标准、规范、技术最新、最实用，文字通俗易懂，语言生动，并辅以大量直观的图表，可作为从事装配式混凝土建筑结构施工与管理人员的入门读物和培训教材。能满足读者系统地掌握和了解当前我国装配式混凝土结构构件生产和装配式混凝土结构工程施工与管理的现状和发展的需求。

　　本书由中国建筑五局教育培训中心、长沙建筑工程学校组织编写，由陈卫平担任主编，参加编写的人员有黄上峰、李宁宁。在本书编写过程中，得到贵州建设职业技术学院高级工程师徐懿和编者所在单位、中建科技集团有限公司成都公司、贵州省绿筑科建住宅产业化发展有限公司、中民筑友有限公司等有关领导和专家的大力支持，本书编写过程中参考了现行国家及部分地区设计、施工、检验验收和生产标准，引用了有关专业书籍的部分数据和资料。同时还参阅了大量的来自互联网上的关于装配式建筑的一些专家的研究成果和期刊论文。由于参考文献较多，且这些研究成果已公开发表用于学习与研究，就不一一加以标注，在此一并致以由衷的感谢。

由于装配式建筑在我国起步时间还不长，国家标准规范不完整，且各地方标准存在差异，现行国家和地区的有关政策文件、标准不断更新，各地管理措施及安装施工方法不尽相同，许多技术和工艺也在不断地完善和改进，公开的图纸、资料还比较缺乏，加之时间较仓促和编者水平有限，因此本书若存在错误和不妥之处，恳请读者批评指正。

编者

目　　录

第一章 概 论

第一节 装配式建筑概述

一、建筑产业现代化的基本概念

建筑产业现代化是以建筑业转型升级为目标，以技术创新为先导，以现代化管理为支撑，以信息化为手段，以新型建筑工业化为核心，对建筑的全产业链进行更新、改造和升级，实现传统生产方式向现代工业化生产方式转变，从而全面提升建筑工程的质量、效率和效益。

（一）建筑产业现代化的基本特征

建筑产业现代化基本特征是"标准化设计、工厂化生产、装配化施工、一体化装修、信息化管理、智能化应用"，实现建筑产品节能、环保、全生命周期价值最大化及可持续发展。

（二）建筑产业现代化的内涵和外延

建筑产业现代化的内涵可归纳为以下几个方面。

1. 最终产品绿色化

20 世纪 80 年代人类提出可持续发展理念。党的十五大明确提出中国现代化建设必须实施可持续发展战略。传统建筑业资源消耗大、建筑能耗大、扬尘污染物排放多、固体废弃物利用率低。党的十八大提出了"推进绿色发展、循环发展、低碳发展"和"建设美丽中国"的战略目标，面对来自建筑节能环保方面的更大挑战，国家启动的《绿色建筑行动方案》，在政策层面导向上表明了要大力发展节能、环保、低碳的绿色建筑。

2. 建筑生产工业化

建筑生产工业化是指用现代工业化的大规模生产方式代替传统的手工业生产方式来建造建筑产品。建筑生产工业化能够最大限度地加快建设速度，改善作业环境，提高劳动生产率，降低劳动强度，减少资源消耗，保障工程质量和安全生产，降低污染物排放，以合理的工时及价格来建造适合各种使用要求的建筑。建筑生产工业化主要体现在以下三部分。

一是建筑设计标准化。设计标准化是建筑生产工业化的前提条件，包括建筑设计的标准化、建筑体系的定型化、建筑部品的通用化和系列化。建筑设计标准化就是在设计中按照一定的模数标准规范构件和产品，形成标准化、系列化的部品，减少设计的随意性，并简化施工手段，以便于建筑产品能够进行成批生产。建筑设计标准化是建筑产业化现代化的基础。

二是中间产品工厂化。中间产品工厂化是建筑生产工业化的核心。它是将建筑产品形成过程中需要的中间产品（包括各种构配件等）生产由施工现场转入工厂化制造，以提高建筑物的建设速度、减少污染、保证质量、降低成本。

三是施工作业机械化。机械化既能使目前已形成的钢筋混凝土现浇体系的质量安全和效益得到提升，更是推进建筑生产工业化的前提。它将标准化的设计和定型化的建筑中间投入产品的生产、运输、安装，运用机械化、自动化生产方式来完成，从而达到减轻工人劳动强度、有效缩短工期的目的。

3. 建造过程精益化

用精益建造的系统方法，控制建筑产品的生成过程。精益建造理论是以生产管理理论为基础，以精益思想原则为指导（包括精益生产、精益管理、精益设计和精益供应等系列思想），在保证质量、最短的工期、消耗最少资源的条件下，对工程项目管理过程进行重新设计，以向用户移交满足使用要求工程为目标的新型建造模式。

4. 全产业链集成化

借助于信息技术手段，用整体综合集成的方法把工程建设的全部过程组织起来，使设计、采购、施工、机械设备和劳动力实现资源配置更加优化组合，采用工程总承包的组织管理模式，在有限的时间内发挥最有效的作用，提高资源的利用效率，创造更大的效用价值。

5. 项目管理国际化

随着经济全球化，工程项目管理必须将国际化与本土化、专业化进行有机融合，将建筑产品生产过程中各个环节通过统一的、科学的组织管理来加以综合协调，以项目利益相关者满意为标志，达到提高投资效益的目的。

6. 管理高管职业化

在西方发达国家，企业的高端管理人员是具有较高社会价值认同度的职业阶层。努力建设一支懂法律、守信用、会管理、善经营、作风硬、技术精的企业高层复合型管理人才队伍，是促进和实现建筑产业现代化的强大动力。

7. 产业工人技能化

随着建筑业科技含量的提高，繁重的体力劳动将逐步减少，复杂的技能型操作工序将大幅度增加，对操作工人的技术能力也提出了更高的要求。因此，实现建筑产业现代化急需强化职业技能培训与考核持证，促进有一定专业技能水平的农民工向高素质的新型产业工人转变。

二、装配式建筑的基本概念

装配式建筑是指用工厂生产的预制构件在现场装配而成的建筑，从结构形式来说，装配式混凝土结构、钢结构、木结构都可以称为装配式建筑，是工业化建筑的重要组成部分。这种建筑的优点是建造速度快，受气候条件制约小，既可节约劳动力又可提高建筑质量，用通俗的话形容，就是像造汽车那样造房子。

（一）装配式建筑的内涵和外延

（1）装配式建筑的内涵包括开发、设计、生产、运输、安装、施工、装修和管理等核心内容。

（2）装配式建筑的外延包括房屋建设中全产业链、全系统、全寿命期的组织和发展进程，即包括投融资、开发、规划设计、生产、运输、施工、管理、运营与更新改造及拆除再利用等生产经营活动。

（二）装配式建筑的主要类型

装配式建筑主要包括装配式混凝土结构、钢结构、木结构及混合结构建筑类型。

（1）装配式混凝土结构的原材料来源丰富，可以广泛适用于工业和民用建筑，用混凝土制成的预制框架、预制剪力墙、预制外墙等结构形式，能够满足多层和高层的住宅、公寓、办公、学校、医院项目需求，甚至可以与钢结构、木结构形成混合结构，逐渐成为了国内建筑工业化的主流市场发展方向，从全国的装配式建筑发展情况看，新建预制构件厂的增速已经远超过钢结构和木结构。

（2）钢结构在单层工业厂房、高层及超高层写字楼和酒店中已经普及应用，在国内住宅领域中的发展也很快，只要解决好防火防锈及内外墙板的保温、隔声、防水性能。由于钢结构工厂化生产、装配化施工的固有特性，具有机械化程度高、尺寸精度好、容易装配连接的优点，施工速度快、安装质量好，唯一缺点是造价较高。随着与混凝土结合成"组合结构"及"混合结构"的应用研究，将进一步提高经济性，发展前景更加广阔。

（3）木结构建筑是利用天然材料制作的装配式建筑，也是历史最悠久的建筑形式之一，但由于木材一般为单向纤维，中国古代就有"横顶千斤竖顶万"的说法，木材纵横向力学性能差异较大，再加上我国近代木材资源不足，制约了木结构的发展。随着现代科技的发展，复合木材技术很好地解决了两向力学同性问题，在一些现代建筑中得到了较好的应用，为装配式木结构建筑打开了很好的思路，只要解决好防火、防潮及防虫蛀问题，再加上加拿大和俄罗斯大量的木材资源不断地国际化，相信在国内的应用发展也会上升到一个新的高度。

用混凝土结构、钢结构、木结构都可以实现装配式建筑，但不同的结构建成的房屋技术性能差异很大，为了满足正常的使用功能，不同的装配式建筑在结构、围护、保温、防水、水电配套等方面有很大的区别，不但"质量、进度、成本"的目标存在差别，而且所适合的市场发展方向也不同。

三、装配式混凝土结构施工的基本概念

装配式混凝土结构施工是国内外建筑工业化最重要的生产方式之一，也是实现我国建筑产业现代化有效措施之一。装配式混凝土结构是由预制混凝土构件或部件通过钢筋、连接件或施加预应力加以连接并现场浇筑混凝土而形成的结构。常见结构体系有预制装配整体式框架结构、预制装配整体式剪力墙结构等。装配式混凝土结构施工有利于我国建筑工业化的发展，提高生产效率，节约能源，发展绿色环保建筑，并且有利于提高和保证建筑工程质量。与传统现浇混凝土结构施工工法相比，装配式混凝土结构有利于绿色施工，因为装配式施工更能符合绿色施工的节地、节能、节材、节水和环境保护等要求，可降低对环境的负面影响，包括降低噪声、防止扬尘、减少环境污染、清洁运输、减少场地干扰、节约水、电、材料等资源和能源，遵循可持续发展的原则。而且，装配式结构可以连续地按顺序完成工程的多个或全部工序，从而减少进场的工程机械种类和数量，消除工序衔接的停闲时间，实现立体交叉作业，减少施工人员，从而提高工效、降低物料消耗、减少环境污染，为绿色施工提供保障。另外，装配式结构在较大程度上减少了建筑垃圾（占城市垃圾总量的30%～40%），如废钢筋、废铁丝、废竹木材、废弃混凝土等。装配式建筑与传统建筑的不同主要体现在建造方式、运营模式、建造理念三个方面。

1. 建造方式不同

装配式混凝土结构建筑是用预制的构件在工地装配而成的建筑，而传统建筑则沿用千年的"秦砖汉瓦"及现浇混凝土结构施工。

2. 运营模式不同

传统的建筑工地将变为建筑工厂的"总装车间"。传统的建筑项目在施工现场组建项目部，主要的人力物力都会集中在建筑工地。但装配式建筑却不同，施工中用到的部件、构件，如墙体、屋面、阳台、楼梯等基本在工厂中完成，然后运到项目工地进行"总装"，建筑工地上不必有太多的工人和设备。

3. 建造理念不同

装配式建筑实现了从粗放的建筑业向高端制造业转变。摒弃传统粗放落后的建筑生产方式，追求质量、高效、集约，发展绿色建筑。

四、装配式混凝土结构工程施工的特点

装配式混凝土结构工程施工的特点是构件在工厂预制、现场装配而成的建筑（见图 1-1、图 1-2），即按照统一标准定型设计，在工厂内成批生产各种构件，然后运到工地，在现场以机械化的方法装配而成的建筑。简单地说，就是像生产汽车一样，用"拼积木"方式建造房屋。其特点具体体现在以下几个方面。

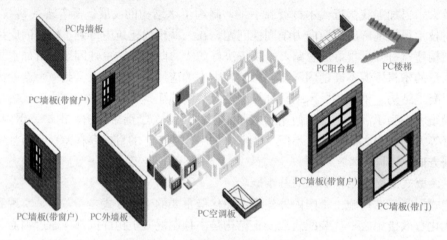

图 1-1 装配式建筑构件示意图

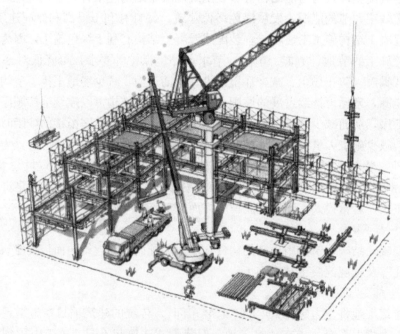

图 1-2 装配式建筑施工现场

（1）构件产业化流水预制构件工业化程度高、质量好、经济合理；满足标准化、规模化的技术要求；满足节能减排、清洁生产、绿色施工等节能减排的环保要求等。构件成型模具和生产设备一次性投入后可重复使用，耗材少，节约资源和费用。

（2）预制构件的装配化，使工程施工周期缩短；由于施工现场进行的工作仅仅是将预制厂预制好的构件进行吊装、装配、节点加固，主体结构成型后进行装修、水电施工等工作，工作量远小于现浇施工工法。同步工程效率高，预制施工工法可以做到上下同步施工，当建筑上部结构还在装配构件时，下部结构就可以同时进行装修、水电施工等工作，效率高的甚至可以投入使用。预制工法施工在施工时一般无须安装脚手架和支撑，这不仅使现场卫生整洁，更重要的是省去拆装脚手架和支撑的时间，大大缩短了工期。

（3）构件现场装配、连接可避免或减轻施工对周边环境的影响；预制装配构件安装工艺的运用，使劳动力资源投入相对减少；机械化程度有明显提高，操作人员劳动强度得到有效缓解；预制构件外装饰工厂化制作，直接浇捣于混凝土中，建筑物外墙无湿作业，不采用外脚手架，不产生落地灰，扬尘得到有效抑制。

（4）混凝土构件安装时，除了节点连接外，基本不采用湿作业，从而减少了现场混凝土浇捣和"垃圾源"的产生，同时减少了搅拌车、固定泵等操作工具的洗清，大量废水、废浆等污染源得到有效控制。与传统施工方式相比，节水节电均超过 30%；采用预制混凝土构件，使建筑材料在运输、装卸、堆放、控料过程中，减少了各种扬尘污染。

（5）工厂化预制构件采用吊装装配工艺，无须泵送混凝土，避免了固定泵所产生的施工噪声；模板安装、拼装时，在工艺上避免了铁锤敲击产生的噪声；预制装配施工，基本不需要夜间施工，减少了夜间照明对附近生活环境的影响，降低了光污染，施工也不受季节限制。

第二节　国内外装配式建筑发展概况

一、国外发展概况

世界各国对工业化建筑的展方向各有侧重，发展状况也各不相同。法国是世界上推行建筑工业化最早的国家之一。1891 年，巴黎 Ed. Coigent 公司首次在 Biarritz 的俱乐部建筑中使用装配式混凝土梁。二战结束后，装配式混凝土结构首先在西欧发展起来，然后推广到美国、加拿大、日本等国。发达国家住宅生产的工业化，早期均采用专用体系，虽然加快了住宅建设速度，提高了劳动生产率，但也暴露出工业化住宅缺乏个性的缺点。为此，在专用体系的基础上，各国又先后积极推行了通用体系，以部件为中心组织专业化、社会化大生产。发达国家的装配式混凝土建筑经过几十年甚至上百年的时间，已经发展到了相对成熟、完善的阶段。但各国根据自身实际，选择了不同的道路和方式。

美国重视研究住宅的标准化、系列化、菜单式预制装配，美国住宅建筑市场发育完善，除工厂生产的活动房屋（mobile home）和成套供应用的木框架结构的预制构配件外，其他混凝土构件与制品、轻质板材、室内外装修及设备等产品十分丰富。厨房、卫生间、空调和电器等设备近年来逐渐趋向组件化，以提高功效、降低造价，便于非技术工人安装。

美国的装配式建筑起源于 20 世纪 30 年代。20 世纪 70 年代，美国国会通过了《国家工业化住宅建造及安全法案》(National Manufactured Housing Construction and Safety Act)，美国城市发展部出台了一系列严格的行业规范、标准，一直沿用到今天。美国城市住宅以"钢结构＋预制外墙挂板"的高层结构体系为主，在小城镇多以轻钢结构、木结构低层住宅体系为主。

法国、德国住宅以预制混凝土体系为主，钢、木结构体系为辅。多采用构件预制与混凝土现浇相结合的建造方式，注重保温节能特性。高层主要采用混凝土装配式框架结构体系，预制装配率达到80％。

瑞典是世界上住宅装配化应用最广泛的国家，新建住宅中通用部件占到了80％。丹麦发展住宅通用体系化的方向是"产品目录设计"，它是世界上第一个将模数法制化的国家。

日本于1968年就提出了装配式住宅的概念。1990年推出了采用部件化、工业化生产方式，追求中高层住宅的配件化生产体系。2002年，日本发布了《现浇等同型钢筋混凝土预制结构设计指针及解说》。日本普通住宅以"轻钢结构和木结构别墅"为主，城市住宅以"钢结构或预制混凝土框架＋预制外墙挂板"框架体系为主。

日本住宅工业化的发展很大程度上得益于住宅产业集团的发展。住宅产业集团（Housing Industrial Group，HIG）是应住宅工业化发展需要而产生出的新型住宅企业组织形式，是以专门生产住宅为最终产品，集住宅投资、产品研究开发、设计、配构件部品制造、施工和售后服务于一体的住宅生产企业，是一种智力、技术、资金密集型、能够承担全部住宅生产任务的大型企业集团。

新加坡自20世纪90年代初开始尝试采用预制装配式住宅，预制化率很高。其中，新加坡最著名的达士岭组屋，共50层，总高度为145m，整栋建筑的预制装配率达到94％。

我国香港、台湾地区装配式建筑应用比较普遍，香港屋宇署制定了完善的预制建筑设计和施工规范，高层住宅多采用叠合楼板、预制楼梯和预制外墙等方式建造，厂房类建筑一般采用装配式框架结构或钢结构建造。台湾地区建筑体系与日本较为接近，装配式结构的节点连接构造和抗震、隔震技术的研究和应用都很成熟，装配框架梁柱、预制外墙挂板等构件应用较广泛，预制建筑专业化施工管理水平较高，装配式建筑质量好、工期短的优势得到了充分体现。

二、国内发展概况

（一）发展格局

（1）我国建筑混凝土预制构件行业已有近60年的历史。从1958年至1991年，北京市共建成装配式大板住宅建筑386万 m²，其中高层（≥10层）90万 m²，并建造了1栋16层试验性塔式大板住宅，面积为8535m²。工业厂房也广泛采用装配式结构，包括梁、柱、预制混凝土桁架、大型屋面板等。

这一时期的装配式混凝土结构住宅主要借鉴苏联和东欧的技术体系，以装配式大板结构为主。由于设计思路、技术体系、材料工艺及施工质量等多方面存在问题，导致房屋质量较差，主要表现在：房屋户型标准化较高但是使用功能欠佳，户型简单，开间小；接缝处建筑功能差，保温、隔热、隔声性能差，存在漏水、结露、保温不好等问题；内装单一、粗糙，质量较差。

同时，装配式结构当时也存在成本偏高、构件运输与城市交通存在矛盾等问题。当现浇施工技术、商品混凝土得到普及且建筑业开始大量雇用农民工以后，现浇结构由于具有成本较低、无接缝漏水问题、建筑平立面布置灵活等优势，迅速取代了装配式混凝土结构，导致装配式结构在我国的应用比例直线下降。预制构件行业面临市场疲软、产品滞销、竞争加剧等困境，很多构件厂倒闭，装配式混凝土结构方面的研究及应用在我国基本中断。

20世纪90年代后，国家取消福利分房政策，住宅建设从供给驱动转向需求驱动，从而对住宅的品质与质量提出了更高层次的要求，在总结和借鉴国内外经验的基础上，我国重新提出了"建筑工业化"，并指明了发展住宅产业和推进住宅产业化的总体思路，1995年建设部印发了《建筑工业化发展纲要》的通知，次年建设部住宅产业化促进中心成立，出台了《住宅产业现代化试点工作大纲》《关于推进住宅产业现代化提高住宅质量的若干意见》，并批准建立了多个国家级的住宅产业化试点城市、生产型基地及以房地产开发商为龙头的企业联盟。

近10年，由于劳动力的数量下降、成本提高及建筑业"四节一环保"可持续发展要求的提出，装配式混凝土结构作为建筑产业现代化的主要结构形式，又开始迅速发展。同时，结构设计技术、材料技术、施工技术的进步也为装配式混凝土结构的发展提供了条件。在市场和政府的双重推动下，预制装配式混凝土建筑结构的研究和工程实践已成为建筑业发展的新热点，国内众多企业、大专院校、研究院所均开展了比较广泛的研究和工程应用示范。在引入欧美、日本等发达国家的现代化结构技术的基础上，完成了大量的理论研究、结构试验研究、生产装备和工艺研究、施工装备和工艺研究，初步开发了一系列适合我国国情的建筑结构技术体系。为了配合和推广装配式混凝土结构技术的应用，国家和许多地方发布实施了相应的技术标准和政策措施。

（2）近年来，国内相继开展了一些预制混凝土节点和整体结构的研究工作。在工程应用方面，采用新技术的预制混凝土建筑也逐渐增多，如南京金帝御坊工程采用了预应力预制混凝土装配整体框架结构体系，大连43层的希望大厦采用了预制混凝土叠合楼面。相信随着我国预制混凝土研究和应用工作的开展，不远的将来预制混凝土将会迎来一个快速的发展时期。北京榆构等单位完成了多项公共建筑外墙挂板、预制体育场看台工程。2005年之后，万科集团、远大住工集团等单位在借鉴国外技术及工程经验的基础上，从应用住宅预制外墙板开始，成功开发了具有中国特色的装配式剪力墙住宅结构体系。具体代表作如下。

1）以万科等为代表的钢筋混凝土预制装配式建筑。这种建筑模式适合于多层、小高层办公、住宅建筑，在传统技术框架和框架-剪力墙结构基础上侧重于外墙板、内墙板、楼板等的部品化，部品化率为40%～50%，并延伸至现场装修一体化，成本进一步压缩，已接近传统技术成本。

2）以东南网架、中建钢构、杭萧钢构等为代表的钢结构预制装配式建筑。这种建筑模式适合于高层超高层办公、宾馆建筑，部分应用到住宅建筑，在传统技术核心筒的基础上，侧重于钢结构部品部件尽量工厂化，还延伸至现场装修一体化，部品化率为30%～40%，强调集成化率。

3）以远大工厂化可持续建筑等为代表的全钢结构预制装配式建筑。这种建筑模式适合于高层超高层办公、宾馆、公寓建筑，完全替代传统技术，更加节能（80%）、节钢（10%～

30%)、节混凝土（60%～70%）、节水（90%），部品化率为80%～90%，部品在工厂内一步制作并装修到位，现场快捷安装，高度标准化、集成化使成本比传统技术压缩1/4～1/3，可以做到每天建1～2层。如远大可建曾用19天时间建成了长沙57层高楼"小天城"，以平均每天3层的建设速度创造高层建筑新的纪录。

（3）与国外相比，我国装配式混凝土结构的发展有三个主要特点。

1）由于住宅建设尤其是保障房建设的需求，装配式混凝土结构的应用以剪力墙结构体系为主。近些年来，装配式剪力墙结构体系发展非常迅速，应用量不断攀升，不断涌现出不同形式、不同结构特点的装配式剪力墙结构，如套筒灌浆连接装配整体式剪力墙结构、浆锚搭接连接装配整体式剪力墙结构、预制外挂墙板剪力墙结构、叠合剪力墙结构等。在北京、上海、天津、哈尔滨、沈阳、唐山、合肥、南通、深圳等诸多城市中，均有较大规模的应用。由于高层装配式剪力墙结构在国外应用较少，因此，我国的装配式剪力墙结构技术体系基本是在借鉴装配式大板建筑和国外的一些钢筋连接、节点构造技术基础上自主研发的。

2）从结构设计的角度来看，主要是借鉴日本"等同现浇"的概念，以装配整体式结构为主，节点和接缝较多且连接构造比较复杂，造成了成本较高和施工效率较低的问题。

3）目前，发展速度较快，对材料技术和结构技术的基础研究显得不足。而且，现在仍主要处于建设期，其实际使用效果，尤其是材料的耐久性、建筑外墙节点的防水性能和保温性能、结构体系抗震性能，都缺少长时间的检验。

（二）各地建筑产业现代化发展态势分析

1. 各地区行业发展热度分析

目前，全国31个省、直辖市、自治区全部出台了推进装配式建筑发展相关政策文件，整体发展态势已经形成。2017年1～10月，全国已落实新建装配式建筑项目约1.27亿 m²，超过去年全年总量。各地在推进装配式建筑发展过程中，注重结合本地产业基础和社会经济发展情况，因地制宜地确定发展目标和工作重点，在土地出让、规划、财税、金融等方面制定了相关鼓励措施，创新管理机制，确保装配式建筑平稳、健康发展。

但是，建筑产业现代化行业发展主要还是集中在经济发达的东部沿海地区和中部地区，逐渐在向中西部地区辐射。在东部沿海经济发达地区，工程建设规模大，产业基础较好，具有规模集聚优势，社会效益、经济效益、环境效益正日益凸显。中西部地区由于经济发展缓慢，缺乏规模效应，建筑产业化发展的规模和速度还欠于东部沿海地区和中部地区。

随着经济的发展，能源和环境越趋紧张，发展与环境以是目前面临的严峻挑战，国内建筑企业的转型升级是必然选择；政府以政策为导向，用市场力量推进建筑工业化发展，促进建筑企业转型升级，走集约化、可持续发展道路。

2. 全国 PC 工厂分布

从区位条件上看，我国部沿海地区发展较快，已具规模，迄今为止我国全国范围内所建PC工厂已达60余家，主要分布在山东、辽宁、湖南、河北、安徽、江苏、浙江等地。山东省为目前我国PC工厂分布最多的省份，其次为以北京为中心的京津冀地区，以沈阳、大连、长春为中心的东北工业区也是我国建筑产业现代化发展较快的地区。并且，多数为国有大中型企业、大型房产建设集团性企业，建筑产业现代化备受关注和重视。

此外，全国各地在推进建筑产业现代化之路上都在不断地探索实践，各地主管部门通过出台相当的鼓励政策等激励举措，使得无论是在技术研究还是工程实施管理方面，都积累了很多成功经验，为我国未来推进建筑产业现代化提供了很好的借鉴。在企业方面，各地相继涌现产业化先行者，据统计主要分为：房地产开发企业、国有大型建工集团、建筑工程及建材单位、市政机构、大型综合性企业等。通过数据分析，大型综合性企业尤为关注产业化的整体实践，占总体量的 37.1%，其次为房地产开发企业，占比 15.7%，其间各地许多民营企业也积极加入了建筑产业现代化的实践之路。

第三节　建筑产业现代化的发展前景

一、发展目标

建筑产业现代化的发展目标是：以人文、绿色、科技、创新发展为理念，以顶层设计、统筹规划为先导，以科学技术进步为支撑，以部件工厂化生产为途径，以保障质量安全为红线，以现代项目管理为重心，以世界先进水平为目标，广泛运用信息技术、节能环保技术，将建筑产品全过程的融资开发、规划设计、施工生产、管理服务，以及新材料、新设备的更新换代等环节集成完整的一体化产业链系统，依靠高素质的企业管理人才和新型产业工人队伍，通过精益化建造，实现为用户提供舒适、经济、美观、低碳、绿色和满足需求的优质建筑产品。具体指标如下。

（1）到 2020 年，全国装配式建筑占新建建筑的比例达到 15% 以上，其中重点推进地区达到 20% 以上，积极推进地区达到 15% 以上，鼓励推进地区达到 10% 以上。鼓励各地制定更高的发展目标。建立健全装配式建筑政策体系、规划体系、标准体系、技术体系、产品体系和监管体系，形成一批装配式建筑设计、施工、部品部件规模化生产企业和工程总承包企业，形成装配式建筑专业化队伍，全面提升装配式建筑质量、效益和品质，实现装配式建筑全面发展。

（2）到 2020 年，培育建设 50 个以上装配式建筑示范城市，200 个以上装配式建筑产业基地，500 个以上装配式建筑示范工程，30 个以上装配式建筑科技创新基地，充分发挥示范引领和带动作用。

（3）按照"一体两翼，两大支撑"的工作思路，即以成熟、可靠、适用的装配式建筑技术标准体系为"一体"，发展 EPC 工程总承包模式和 BIM 信息化技术为"两翼"，创新体制机制管理和促进产业发展为"支撑"，进一步提升装配式建筑品质，平稳、健康推动产业发展，不断增强人民群众的获得感，为住房城乡建设领域绿色发展提供重要支撑。

二、发展规划

国家要求各省（自治区、直辖市）和重点城市住房城乡建设主管部门要抓紧编制完成装配式建筑发展规划，明确发展目标和主要任务，细化阶段性工作安排，提出保障措施。重点做好装配式建筑产业发展规划，合理布局产业基地，实现市场供需基本平衡。具体任务如下。

1. 健全标准体系

（1）建立完善覆盖设计、生产、施工和使用维护全过程的装配式建筑标准规范体系。支持地方、社会团体和企业编制装配式建筑相关配套标准，促进关键技术和成套技术研究成果转化为标准规范。编制与装配式建筑相配套的标准图集、工法、手册、指南等。

（2）强化建筑材料标准、部品部件标准、工程建设标准之间的衔接。建立统一的部品部件产品标准和认证、标识等体系，制定相关评价通则，健全部品部件设计、生产和施工工艺标准。严格执行《建筑模数协调标准》（GB/T 50002—2013）、部品部件公差标准，健全功能空间与部品部件之间的协调标准。

（3）积极开展《装配式混凝土建筑技术标准》（GB/T 51231—2016）、《装配式钢结构建筑技术标准》（GB/T 51232—2016）、《装配式木结构建筑技术标准》（GB/T 51233—2016）、《装配式建筑评价标准》（GB/T 51129—2017）等的宣传贯彻和培训交流活动。

2. 完善技术体系

（1）建立装配式建筑技术体系和关键技术、配套部品部件评估机制，梳理先进、成熟、可靠的新技术、新产品、新工艺，定期发布装配式建筑技术和产品公告。

（2）加大研发力度。研究装配率较高的多高层装配式混凝土建筑的基础理论、技术体系和施工工艺工法，研究高性能混凝土、高强度钢筋和消能减震、预应力技术在装配式建筑中的应用。突破钢结构建筑在围护体系、材料性能、连接工艺等方面的技术瓶颈。推进中国特色现代木结构建筑技术体系及中高层木结构建筑研究。推进"钢—混""钢—木""木—混"等装配式组合结构的研发应用。

3. 提高设计能力

（1）全面提升装配式建筑设计水平。推行装配式建筑一体化集成设计，强化装配式建筑设计对部品部件生产、安装施工、装饰装修等环节的统筹。推进装配式建筑标准化设计，提高标准化部品部件的应用比例。装配式建筑设计深度要达到相关要求。

（2）提升设计人员装配式建筑设计理论水平和全产业链统筹把握能力，发挥设计人员主导作用，为装配式建筑提供全过程指导。提倡装配式建筑在方案策划阶段进行专家论证和技术咨询，促进各参与主体形成协同合作机制。

（3）建立适合建筑信息模型（BIM）技术应用的装配式建筑工程管理模式，推进 BIM 技术在装配式建筑规划、勘察、设计、生产、施工、装修、运行维护全过程的集成应用，实现工程建设项目全生命周期数据共享和信息化管理。

4. 增强产业配套能力

（1）统筹发展装配式建筑设计、生产、施工及设备制造、运输、装修和运行维护等全产业链，增强产业配套能力。

（2）建立装配式建筑部品部件库，编制装配式混凝土建筑、钢结构建筑、木结构建筑、装配化装修的标准化部品部件目录，促进部品部件社会化生产。采用植入芯片或标注二维码等方式，实现部品部件生产、安装、维护全过程质量可追溯。建立统一的部品部件标准、认证与标识信息平台，公开发布相关政策、标准、规则程序、认证结果及采信信息。建立部品部件质量验收机制，确保产品质量。

（3）完善装配式建筑施工工艺和工法，研发与装配式建筑相适应的生产设备、施工设备、机具和配套产品，提高装配施工、安全防护、质量检验、组织管理的能力和水平，提升部品部件的施工质量和整体安全性能。

（4）培育一批设计、生产、施工一体化的装配式建筑骨干企业，促进建筑企业转型发展。发挥装配式建筑产业技术创新联盟的作用，加强产学研用等各种市场主体的协同创新能力，促进新技术、新产品的研发与应用。

5. 推行工程总承包

（1）各省（自治区、直辖市）住房城乡建设主管部门要按照"装配式建筑原则上应采用工程总承包模式，可按照技术复杂类工程项目招投标"的要求，制定具体措施，加快推进装配式建筑项目采用工程总承包模式。工程总承包企业要对工程质量、安全、进度、造价负总责。

（2）装配式建筑项目可采用"设计—采购—施工"（EPC）总承包或"设计—施工"（D-B）总承包等工程项目管理模式。政府投资工程应带头采用工程总承包模式。设计、施工、开发、生产企业可单独或组成联合体承接装配式建筑工程总承包项目，实施具体的设计、施工任务时应由有相应资质的单位承担。

6. 推进建筑全装修

（1）推行装配式建筑全装修成品交房。各省（自治区、直辖市）住房城乡建设主管部门要制定政策措施，明确装配式建筑全装修的目标和要求。推行装配式建筑全装修与主体结构、机电设备一体化设计和协同施工。全装修要提供大空间灵活分隔及不同档次和风格的菜单式装修方案，满足消费者个性化需求。完善《住宅质量保证书》和《住宅使用说明书》文本关于装修的相关内容。

（2）加快推进装配化装修，提倡干法施工，减少现场湿作业。推广集成厨房和卫生间、预制隔墙、主体结构与管线相分离等技术体系。建设装配化装修试点示范工程，通过示范项目的现场观摩与交流培训等活动，不断提高全装修综合水平。

7. 促进绿色发展

（1）积极推进绿色建材在装配式建筑中应用。编制装配式建筑绿色建材产品目录。推广绿色多功能复合材料，发展环保型木质复合、金属复合、优质化学建材及新型建筑陶瓷等绿色建材。到2020年，绿色建材在装配式建筑中的应用比例达到50%以上。

（2）装配式建筑要与绿色建筑、超低能耗建筑等相结合，鼓励建设综合示范工程。装配式建筑要全面执行绿色建筑标准，并在绿色建筑评价中逐步加大装配式建筑的权重。推动太阳能光热光伏、地源热泵、空气源热泵等可再生能源与装配式建筑一体化应用。

8. 提高工程质量安全

（1）加强装配式建筑工程质量安全监管，严格控制装配式建筑现场施工安全和工程质量，强化质量安全责任。

（2）加强装配式建筑工程质量安全检查，重点检查连接节点施工质量、起重机械安全管理等，全面落实装配式建筑工程建设过程中各方责任主体履行责任情况。

（3）加强工程质量安全监管人员业务培训，提升适应装配式建筑的质量安全监管能力。

9. 培育产业化人才队伍

（1）开展装配式建筑人才和产业队伍专题研究，摸清行业人才基数及需求规模，制定装配式建筑人才培育相关政策措施，明确目标任务，建立有利于装配式建筑人才培养和发展的长效机制。

（2）加快培养与装配式建筑发展相适应的技术和管理人才，包括行业管理人才、企业领军人才、专业技术人员、经营管理人员和产业工人队伍。开展装配式建筑工人技能评价，引导装配式建筑相关企业培养自有专业人才队伍，促进建筑业农民工转化为技术工人。促进建筑劳务企业转型创新发展，建设专业化的装配式建筑技术工人队伍。

（3）依托相关的院校、骨干企业、职业培训机构和公共实训基地，设置装配式建筑相关课程，建立若干装配式建筑人才教育培训基地。在建筑行业相关人才培养和继续教育中增加装配式建筑相关内容。推动装配式建筑企业开展企校合作，创新人才培养模式。

第二章　装配式混凝土结构工程构造与识图

第一节　装配式混凝土结构体系与构造类型

一、我国装配式混凝土结构体系

我国现行规范《装配式混凝土结构技术规程》(JGJ 1—2014) 按照结构体系，将预制装配式混凝土结构分为框架结构、剪力墙结构和框架—剪力墙结构（见图 2-1、图 2-2）。

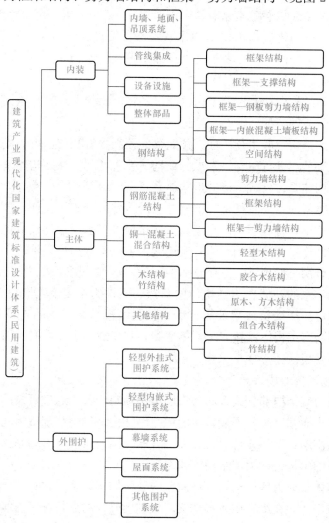

图 2-1　建筑产业现代化国家建筑标准设计体系

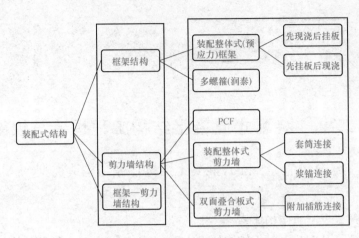

图 2-2　常见装配式混凝土结构体系

根据近年来我国装配式混凝土住宅的主流形式分，常见结构体系多为预制装配整体式框架结构体系、预制装配整体式剪力墙结构体系、叠合板式剪力墙结构体系（PCF）、装配整体式框架—剪力墙（核心筒）体系及现浇外挂体系等。

（一）装配整体式框架结构

装配整体式框架结构由预制混凝土构件通过各种可靠的方式进行连接并与现场后浇混凝土、水泥基灌浆料形成的装配式混凝土结构。

装配整体式框架结构一般由预制柱、预制梁、预制楼板和非承重墙板组成，然后采用等效现浇节点或装配式节点进行组合。常见的结构体系包括现浇柱结构体系、现浇节点结构体系、预制预应力结构体系、自成一体的世构体系（Scope）等。

预制框架结构体系的主要特征是将框架结构的构件拆分成梁、柱、楼板等基本预制结构体，单个构件重量较小，有利于预制和运输。连接处可以选择在梁柱节点，也可选择在梁柱节点以外，垂直构件连接一般采用套筒灌浆连接，可以实现高可靠性连接。节点区或分段连接区现浇，楼板叠合层一般现浇，形成整体的刚度，达到等同现浇、抗震的目的。

预制框架结构体系的外墙作为结构体的荷载，不作为主要受力构件，根据建筑物的性质，可以选择预制混凝土墙板或者玻璃幕墙。预制墙板与结构体的连接采用干法或湿法连接，必定有一个方向与结构体铰接。结构体遇到外部荷载发生形变时，墙板之间可以发生变形，但墙体本身不发生破坏。

（二）装配整体式剪力墙结构

装配整体式剪力墙结构部分或全部剪力墙采用预制墙板，通过可靠的方式进行连接并与现场后浇混凝土、水泥基灌浆料形成整体的剪力墙结构，称为装配整体式剪力墙结构。常见三种类型：整体预制墙；单面叠合墙；双面叠合墙。国内目前已有预制钢筋混凝土叠合剪力墙结构、全预制装配整体式剪力墙结构等体系。

全预制装配整体式剪力墙结构是一种新型的建筑结构体系，它将竖向构件剪力墙或柱利用预制的形式进行生产，在组装中将水平梁、板利用叠合的形式进行连接。竖向构件使用浆锚进行连接，水平构件和竖向构件使用预留钢筋叠合加现浇的形式进行连接，使其形成了完整的建筑体系。预制剪力墙的平面布置与现浇结构区别不大，适合传统的高层住宅的消费习惯。

预制叠合剪力墙结构体系是为了实现住宅产业化而生产的一种介于全现浇钢筋混凝土剪力墙和全预制剪力墙之间的一种剪力墙结构构件。目前在国内预制叠合剪力墙技术在上海有部分项目应用。现行上海地区规范规定预制叠合剪力墙结构只适用于结构总高度不大于60m，层高不大于5.5m，抗震等级为三级及以下的小高层、高层剪力墙结构住宅外墙。

（三）框架—剪力墙结构

装配整体式框架—剪力墙结构由预制框架梁柱通过采用各种可靠的方式进行连接，并与现场浇筑的混凝土剪力墙可靠连接并形成整体的框架—剪力墙结构。全预制装配整体式剪力墙结构，由于水平及竖向接缝过多、过长，结构的整体性难以得到保证，相应的整体计算方法也有待进一步研究，且当前国内相关的研究及试验较少，特别是此类结构还未经受过大震的检验。相对于剪力墙结构，框架—剪力墙结构优点为：梁、柱等预制构件为线性构件，可以控制自重，有利于现场吊装，节点连接区域采用现浇，能够保证结构的整体性，比较适合装配式结构。室内可采用轻质隔断，形成灵活多变的布局形式，对住宅内部进行精装修处理，可有效避免外露梁、柱造成的影响。

（四）其他结构体系

在国内展开应用的其他体系还有 NPC（New Precast Concrete，新型混凝土预制装配技术）体系、PCF（Precast Concrete Form，半预制装配式混凝土结构技术）体系等，这些体系与前述介绍的三种体系无本质区别。不属于结构受力构件采用 PC 技术的范畴，不具备技术延展性，属于为了预制而预制。

二、我国装配式混凝土结构常用类型

近些年，国内建筑产业化施工企业在发展装配式 PC 建筑时，所采取的技术结构体系均有所不同，大致有以下几种类型。

（1）以万科集团和中南集团为代表的全预制装配式混凝土结构技术。

万科集团和中南集团较早即开始了工业化住宅建造技术的探索和试点，先后向香港地区和日本学习，目前主要形成了两大技术。

①万科集团的 PC（Precast Concrete）技术。该技术主要用于全预制混凝土构件，如阳台、楼梯、空调板、部分内隔墙板等。PC 技术主要解决了全预制构件制作及安装技术要求，并将装饰、保温及窗框与墙板整体预制，不仅解决了窗框渗水问题，而且减少了现场湿作业量及免去后期施工工序。

②中南集团 NPC（New Precast Concrete）技术。该技术引自国外预制混凝土技术，结合我国设计要求，形成了具有自身特色的技术体系。竖向构件剪力墙、填充墙等采用全预制，水平构件梁、板采用叠合形式。相邻构件的连接：竖向通过下部构件预留插筋（连接钢筋）、上部构件预留金属波纹浆锚管实现钢筋浆锚连接，水平向通过适当部位设置现浇混凝土连接带，以现浇混凝土连接；水平构件与竖向构件通过竖向构件预留插筋，伸入梁、板叠合层及叠合层现浇混凝土实现连接；通过钢筋浆锚接头、现浇连接带、叠合现浇等形式，将竖向构件和水平构件连接形成整体结构。中南集团 NPC 技术体系较为系统和完善，结构竖向构件基本采用全预制、水平构件采用叠合形式，大大降低了现浇量，装配率达 90% 以上。但其剪力墙构件完全通过竖向浆锚钢筋连接，现场存在大量的灌浆孔，要保证各个孔的灌浆质量是不容易的，并且现场抽检也非常困难，因此，需对 NPC 技术体系中的连接做进一步

改进，从而减少现场工作量，同时更可靠地保证结构安全。

（2）半预制装配式混凝土结构技术 PCF（Precast Concrete Form）。

该技术主要用于预制混凝土剪力墙外墙模及叠合楼板的预制板等结构，其他部分，如内部剪力墙、部分内隔墙、电梯井等，仍然采用支模现浇。PCF 技术解决了外墙模板问题，避免了外围脚手架及模板的支设，节约模板并提高施工安全性。但是，PCF 技术中所采用的外墙混凝土模板在设计中并未考虑其对墙体承载力及刚度的贡献，一方面造成了材料浪费，另一方面使计算假定可能与实际结构相差较大，这对于抗震设计是比较危险的。另外，其主体结构即剪力墙几乎为全现浇、楼板为叠合楼板，因此，现浇量仍然较大。这种技术以宇辉集团装配整体式预制混凝土剪力墙技术和合肥西伟德叠合板式混凝土剪力墙技术为代表。

宇辉集团基于剪力墙竖向连接专利技术"插入式预留孔灌浆钢筋搭接连接"，形成了装配整体式预制混凝土剪力墙结构技术。其预制构件主要包括竖向剪力墙板、水平叠合楼板、楼梯板及阳台等。其装配式预制混凝土剪力墙结构构件形式简单、制作方便，但同时存在构件形式单一、构件较大且重、需配置较高要求的吊装设备等问题。

西伟德混凝土预制（合肥）有限公司引进德国"double-wall precast concrete building system"技术，形成了叠合板式混凝土剪力墙结构。结构构件分为叠合式楼板、叠合式墙板及预制楼梯等。叠合式楼板由底层预制板和格构钢筋组成，可作为后浇混凝土的模板；叠合式墙板由两层预制板与格构钢筋制作而成，现场安装就位后可在两层预制板中间浇筑混凝土；格构钢筋可作为预制板的受力钢筋及吊点。

合肥西伟德的构件预制设备先进、制作精良，但由于其引进时间较晚、预制构件形式简单，目前仅应用于地下车库结构中。同时，其叠合式结构现场混凝土浇筑量也很大，墙板内混凝土浇筑质量也不便检查，有一定的施工难度。

（3）远大住工为装配式叠合楼盖现浇剪力墙结构体系、装配式框架体系，围护结构采用外挂墙板。在整体厨卫、成套门窗等技术方面实现标准化设计。

（4）南京大地建设采用装配式框架外挂板体系、预制预应力混凝土装配整体式框架结构体系。中南集团为全预制装配整体式剪力墙（NPC）体系。

（5）宝业集团为叠合式剪力墙装配整体式混凝土结构体系。

（6）上海城建集团为预制框架剪力墙装配式住宅结构技术体系。

（7）黑龙江宇辉集团为预制装配整体式混凝土剪力墙结构体系。

（8）山东万斯达为 PK（拼装、快速）系列装配整体式剪力墙结构体系。

三、不同装配式混凝土结构类型分析

1. 外墙挂板体系

内墙用大模板以混凝土浇筑，墙体内配钢筋网架；外墙挂预制混凝土复合墙板，配以构造柱和圈梁。便于施工，加快进度，提高建筑的工厂化加工，确保工程质量和不降低抗震能力的前提下节省建设投资。

预制部件：外墙、叠合楼板、阳台、楼梯、叠合梁。

体系特点：竖向受力结构采用现浇，外墙挂板不参与受力，预制比例一般为 10%～50%，施工难度较低，成本较低。

适用高度：高层、超高层。

适用建筑：保障房、商品房、办公建筑。

2. 装配式框架体系

预制装配式框架结构体系是按标准化设计，根据结构、建筑特点将柱、梁、板、楼梯、阳台、外墙等构件拆分，在工厂进行标准化预制生产，现场采用塔吊等大型设备安装，形成房屋建筑。

预制部件：柱、叠合梁、叠合楼板、阳台、楼梯等。

体系特点：工业化程度高，内部空间自由度好，室内梁柱外露，施工难度较高，成本较高。

适用高度：60m 以下。

适用建筑：公寓、办公、酒店、学校等建筑。

3. 装配式剪力墙体系

装配剪力墙结构是装配式混凝土结构的一种类型，其定义是主要受力构件剪力墙、梁、板部分或全部由预制混凝土构件（预制墙板、叠合梁、叠合板）组成的装配式混凝土结构。在施工现场拼装后，采用墙板间竖向连接缝现浇、上下墙板间主要竖向受力钢筋浆锚连接及楼面梁板叠合现浇形成整体的一种结构形式。

预制部件：剪力墙、叠合楼板、叠合梁、楼梯、阳台、空调板、飘窗、户隔墙等。

体系特点：工业化程度高，预制比例可达 70%，房间空间完整，几乎无梁柱外露，施工简易，成本最低可与现浇持平、可选择局部或全部预制，空间灵活度一般。

适用高度：高层、超高层。

适用建筑：保障房、商品房等。

4. 装配式框架—剪力墙体系

预制部件：柱、剪力墙、叠合楼板、阳台、楼梯、户隔墙等。

体系特点：工业化程度高，施工难度高，成本较高，室内柱外露，内部空间自由度较好。

适用高度：高层、超高层。

适用建筑：商品房、保障房等。

四、常见装配式混凝土结构构件

装配式预制构件是实现建筑工业化生产的基础构件，常见构件产品有预制混凝土外墙板、预制混凝土内墙板、预制混凝土梁、预制混凝土叠合板、预制混凝土 PCF 板、预制混凝土楼梯板、预制混凝土阳台板、预制混凝土空调板、预制混凝土女儿墙等（见图 2-3）。

（一）预制柱

预制柱是指预先按规定尺寸做好模板，然后浇筑成型的混凝土柱，强度达到后再运至施工现场按设计要求位置进行安装固定的柱。在框架结构中，预制柱是在承受梁和板传来的荷载，并将荷载传给基础，是主要的竖向支撑结构（见图 2-4、图 2-5）。

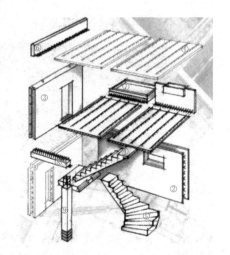

图 2-3　常见装配式混凝土结构构件
①—叠合楼板；②—叠合墙板；③—全预制墙；
④—直跑预制楼梯；⑤—预制旋转楼梯；
⑥—预制女儿墙；⑦—预制阳台板；⑧—预制梁；⑨—柱子

图 2-4　预制柱钢筋笼

图 2-5　预制柱成品

（二）预制梁

预制梁是指采用工厂预制，再运至施工现场按设计要求位置进行安装固定的梁。装配式建筑预制梁一般多采用叠合梁。叠合梁是分两次浇捣混凝土的梁，第一次在预制场做成预制梁；第二次在施工现场进行，当预制梁吊装安放完成后，再浇捣上部的混凝土使其连成整体。叠合梁按受力性能，又可分为一阶段受力叠合梁和二阶段受力叠合梁两类。

图 2-6　预制 T 形梁

框架结构梁的横截面一般为矩形或 T 形。当楼盖结构为预制板装配式楼盖时，为减少结构所占的高度，增加建筑净空，框架梁截面常为十字形或花篮形。在装配整体式框架结构中，常将预制梁做成 T 形截面。在预制板安装就位后，再现浇部分混凝土，即形成所谓的叠合梁（见图 2-6、图 2-7）。

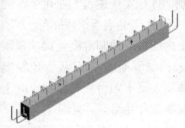

图 2-7　预制叠合梁

另外，还有一以连接件将梁和板联合成为整体的预制梁，称组合梁。如钢—混凝土组合梁是在钢结构和混凝土结构基础上发展起来的一种新型结构型式。它主要通过在钢梁和混凝土翼缘板之间设置剪力连接件（栓钉、槽钢、弯筋等），抵抗两者在交界面处的掀起及相对滑移，使之成为一个整体而共同工作（见图 2-8）。

图 2-8 预制组合梁

根据截面形式不同，目前钢—混凝土组合梁主要分为两种类型：一种是型钢外露混凝土组合梁，另一种是钢梁外包混凝土的组合梁，也称钢骨混凝土组合梁或型钢混凝土组合梁。

外包混凝土的组合梁又称劲性混凝土梁或钢骨混凝土梁，其按类型又可分为 Z 形外包—混组合梁、U 形外包钢—混组合梁和 L 形外包钢—混组合梁等。试验研究表明：外包钢混凝土组合梁具有较优越的工作性能，其抗弯承载能力高；延性好；适用于跨度较大的结构。但外包钢—混凝土组合梁在受力过程中存在两个受力薄弱面：一是钢与填充混凝土的交界面；二是翼缘板与梁的接触面。这两处的滑移过大，容易导致梁发生黏结滑移破坏和纵向剪切滑移破坏。

型钢外露组合梁又称 T 形组合梁，常见形式有预制混凝土翼板组合梁、叠合板翼板组合梁等。这类 T 形组合梁构造简单、施工方便、受力性能好，可以用传统的简单施工工艺获得优良的结构性能，适合我国基本建设的国情，是对传统组合梁的重要发展。

（三）预制楼板

目前，按照制作工艺的不同，可将现有的楼板形式分为三类：预制装配式、现浇整体式和装配整体式楼板。

装配整体式楼板是将混凝土叠合板的底部在工厂预制完成，包括预应力和非预应力的底板，之后通过在施工现场吊装完毕后在叠合板底板上面现浇混凝土，待上部混凝土凝结硬化后形成整体受力的叠合板。装配整体式叠合板同时具备预制板施工方便和现浇板整体性好的优点，提高了施工进度，缩短了施工周期。由于在施工荷载和使用荷载的作用下叠合板底板能提供可靠的刚度及承载力的原因，所以省去了大量的模板和支撑，节省了钢材和木材的消耗，底板采用工厂预制技术，提高了劳动生产率，保证了构件的质量，节约了成本的同时实现了工程的低能耗、低污染，响应国家节能减排的政策方针。

根据截面形式的不同，将传统的叠合板大致分为四类：空心板型叠合板、带肋底板叠合板、平板型叠合板、夹芯板型叠合板。

空心板型叠合板的优点：自重小，适用于大跨度结构；缺点：板厚较厚，且抗剪、抗震能力差。

带肋底板叠合板的优点：方便施工，缩短工期，减少了模板及支撑；缺点：新旧混凝土交界处易产生裂缝，不方便埋设导线。

平板型叠合板的优点：吊装、运输方便；缺点：刚度小，板缝易开裂，新旧混凝土结合面黏结力小。

夹芯板型叠合板的优点：便于铺设管线，自重轻，保温隔声性能良好；缺点：模板不易拆模，施工工序复杂。

图 2-9　预制带肋预应力叠合板

为了弥补叠合板新旧叠合面黏结力不足、板面容易开裂、板厚太厚、施工复杂等缺点，国内学者结合国外的经验对预制混凝土叠合楼板进行了大量试验及研究，对预制混凝土叠合板底板构造进行了优化，目前国内在住宅产业化中应用前景较好的预制混凝土叠合楼板有预制预应力叠合板（以南京大地为代表）、预制桁架钢筋叠合板（以合肥宝业西韦德为代表）、预制带肋预应力叠合板（PK 板，以济南万斯达为代表）等（见图 2-9～图 2-11）。

现浇混凝土　钢筋网片　桁架钢筋　预制混凝土板

图 2-10　预制桁架钢筋底板叠合板结构

图 2-11　叠合楼板

（四）预制外墙挂板（三明治夹芯墙板）

目前常用的外墙挂板有预制普通外墙（以长沙远大、深圳万科为代表）、预制夹心三明治保温外墙（以万科、宇辉、亚泰为代表）等。由于常规外墙保温材料多数有可燃性、易老化，火灾危险性较大且寿命有限，发达国家把保温材料夹在两层不燃材料之间，形成了三明治墙板，解决了以上缺陷。三明治墙板技术经过 40 多年的不断进化，预制混凝土的三明治墙板技术逐渐成熟，并形成了非组合式、组合式、部分组合式三类三明治墙板，其中的保温拉接件也从普通碳钢、不锈钢等金属材料向尼龙塑料、复合材料等非金属材质过渡。

三明治外墙板是用于混凝土预制件外立面家族中的特殊产品，因保温层被两层墙板夹在中间像三明治而得名。其中，内层墙板受力，按照力学要求设计和配筋。另一层墙板（外墙板）决定了三明治墙及建筑外立面的外观，常采用彩色混凝土，表面纹路的选择余地也很大。两层之间可使用保温混凝土墙板连接器进行连接（见图 2-12、图 2-13）。

图 2-12　"三明治"外墙板结构示意

"三明治"外墙板的钢筋混凝土板用作保护层，挤塑板用作保温层。为了保证墙板的承载力和抗拉强度，每边钢筋混凝土板的厚度一般需要达到50mm以上，而墙板的整体厚度要求为150~180mm，故保温层的厚度选择范围为50~80mm，同时保温层又要达到保温的要求，故保温层只能选用保温性好（导热系数小）的有机保温材料，如挤塑板。有机保温材料保温性能虽好，但防火级别低，存在防火性能不足、遇火易燃的缺陷。同时，由于每一边的钢筋混凝土板的厚度需要达到5cm以上，其每平方米重量高达二百几十千克，甚至更重，给搬运和安装带来不便，也增加建筑物的重量和成本。此外，现有的外挂墙板边缘是平整的结构，墙板拼接在一起时，相接触处的缝隙是平直的，水能通过平直缝隙通过，仅靠后续的密封材料填缝防水，无结构自防水功能。

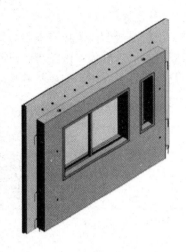

图 2-13　"三明治"外墙板成品

为克服上述技术的不足，目前还开发还有一种质量较轻、便于搬运和安装、防火性能好的混凝土夹芯保温墙板。混凝土夹芯保温墙板一般由三部分构成：一部分为内核功能层（内核保温层）；另两部分分别为内、外隔板。三者以相应的方式连接起来，形成整体。混凝土夹芯保温墙板是由三维钢丝骨架、混凝土和夹芯材料复合而成的墙体，它不仅能用于非承重墙，也能用于承重结构，并正在形成一种新型结构体系。常见的有自密实混凝土夹芯保温墙板体系。

自密实混凝土夹芯保温墙板体系是一种新型的具有保温隔热效果的复合墙板体系，是一种新的承重剪力墙，主要用于建筑外围护墙及分户墙。该墙板以三维空间钢筋网作骨架，内含5cm厚聚苯乙烯泡沫板作芯材，内、外侧分别浇筑自密实混凝土，并由空间斜插筋连接协同工作，共同承担剪力、大部分竖向荷载及部分弯矩。该体系抗震性能好、自重轻、保温隔热性能良好，达到了国家规定50%的节能要求，是对我国绿色建筑结构体系的必要补充。目前，该技术取得了一定的理论研究成果，在国内外得到了应用。然而与传统的墙体相比，此类墙体还存在着施工工艺烦琐、构造复杂、保温性能不够理想等缺点。自密实混凝土夹芯保温墙板结构示意图如图2-14所示。

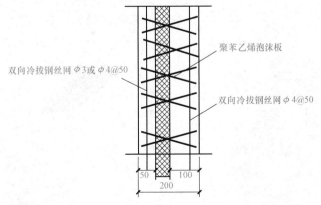

图 2-14　自密实混凝土夹芯保温墙板结构示意图

（五）预制内墙板

预制混凝土内墙板有横墙板、纵墙板和隔墙板三种。横墙板与纵墙板均为承重墙板，隔墙板为非承重墙板。内墙板应具有隔声与防火的功能。内墙板一般采用单一材料（普通混凝土或硅酸盐混凝土）制成，有实心与空心两种（见图 2-15）。

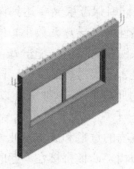

图 2-15　普通混凝土墙板

隔墙板是指《建筑隔墙用轻质条板通用技术要求》（JG/T 169—2016）规定的用于建筑物内部隔墙的墙体预制条板。隔墙板包括玻璃纤维增强水泥条板、玻璃纤维增强石膏空心条板、钢丝（钢丝网）增强水泥条板、轻混凝土条板、复合夹芯轻质条板等。全称是建筑隔墙用轻质条板，作为一般工业建筑、居住建筑、公共建筑工程的非承重内隔墙的主要材料。

装配式建筑隔墙板多采用复合轻质隔墙板。轻质隔墙板是一种新型节能墙材料，它是一

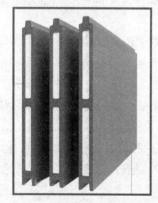

种外形像空心楼板一样的墙材，但是它两边有公、母隼槽，安装时只需将板材立起，公、母隼涂上少量嵌缝砂浆后对拼装起来即可。它由无害化磷石膏、轻质钢渣、粉煤灰等多种工业废渣组成，经变频蒸汽加压养护而成。轻质隔墙板具有质量轻、强度高、多重环保、保温隔热、隔声、呼吸调湿、防火、快速施工、降低墙体成本等优点。内层装有合理布局的隔热、吸声的无机发泡型材或其他保温材料，墙板经流水线浇筑、整平、科学养护而成，生产自动化程度高，规格品种多（见图 2-16）。

图 2-16　复合轻质隔墙板

（六）预制楼梯

预制装配式钢筋混凝土楼梯是将楼梯分成平台板、楼梯梁、楼梯段三个部分。将构件在加工厂或施工现场进行预制，施工时将预制构件进行装配、焊接（见图 2-17、图 2-18）。

图 2-17　装配式钢筋混凝土楼梯（一）　　图 2-18　装配式钢筋混凝土楼梯（二）

预制楼梯分板式楼梯和梁式楼梯，在建筑工业化进程中，预制钢筋混凝土板式楼梯因其所需模板相对简单、整体性较好等优点应用广泛，但其自重较大、钢筋绑扎工作量大、材料使用量大、吊装难度大；这些缺点是其自身结构形式造成的。梁式楼梯相对自重较小，材料使用量较少，因此，优化梁式楼梯结构，简化预制过程，并确保预制楼梯的整体性能，已成为需关注的重要问题。

　　（七）预制阳台

　　预制阳台分叠合阳台（半预制）和全预制阳台。全预制阳台的表面的平整度可以和模具的表面平整度相同或者做成凹陷的效果，地面坡度和排水口也在工厂预制完成。预制阳台可以节省工地制模和昂贵的支撑。在叠合板体系中，可以将预制阳台和叠合楼板以及叠合墙板一次性浇筑成一个整体（见图 2-19、图 2-20）。

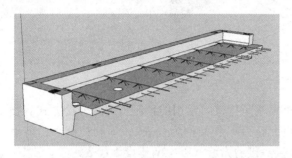

图 2-19　预制叠合板式阳台

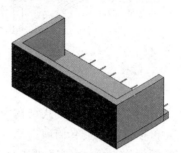

图 2-20　全预制板式阳台

　　（八）预制飘窗

　　飘窗，一般呈矩形或梯形，向室外凸起，三面都装有玻璃。大块采光玻璃和宽敞的窗台，使人们有了更广阔的视野，更赋予生活以浪漫、温馨的色彩。飘窗，从名字不难看出，就是飘出的窗子，窗台的高度比起一般的窗户较低。这样的设计既有利于进行大面积的玻璃采光，又保留了宽敞的窗台，使得室内空间在视觉上得以延伸。

　　预制飘窗是将飘窗构件在工厂进行预制，施工时将预制好的飘窗构件在现场进行装配、焊接（见图 2-21）。

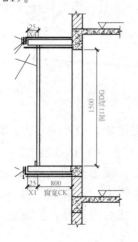

图 2-21　预制飘窗

（九）预制空调板

住宅外墙空调板，是夏季炎热地区楼房外墙上特有的一种建筑构件，十分普遍。预制空调板是将空调板构件在工厂进行预制，施工时将预制好的空调板构件在现场进行装配、焊接（见图 2-22）。

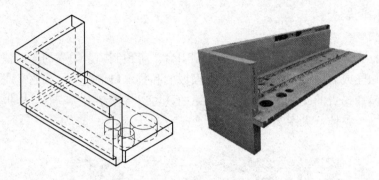

图 2-22　预制空调板

（十）预制剪力墙墙板

预制剪力墙构件是装配式结构中重要承重构件，常用的预制剪力墙连接方式有预制实心剪力墙，包括预制钢筋套筒剪力墙（以北京万科和榆构为代表）、预制约束浆锚剪力墙（以黑龙江宇辉为代表）、预制浆锚孔洞间接搭接剪力墙（以中南建设为代表）等。

套筒连接方式是目前应用较多的一种形式，套筒连接也称套筒浆锚连接，如图 2-23 所示。预制墙下端预埋铸铁套筒，预制墙的竖向钢筋插在套筒中；现场安装时，将下部结构的预留钢筋也插入套筒；从灌浆孔向套筒中灌注灌浆料，即一端的钢筋在预制工厂机械连接，另一端钢筋在施工现场灌浆连接。

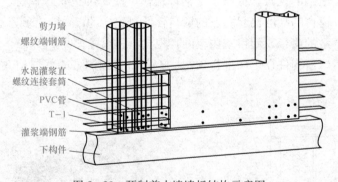

图 2-23　预制剪力墙墙板结构示意图

此外，叠合板式混凝土剪力墙结构体系也是目前应用较多的一种形式。叠合板式混凝土剪力墙结构体系是由叠合式墙板和叠合式楼板或现浇楼板（包括预制楼梯、预制阳台等构件），并辅以必要的现浇混凝土剪力墙、边缘构件、梁、板等共同形成的剪力墙结构体系。叠合板式混凝土剪力墙结构体系安装施工采用工业化生产方式，将工厂生产的主体构配件运到项目现场，使用起重机械将构配件吊装到设计部位，然后浇筑叠合层混凝土，将构配件及节点连为有机整体（见图 2-24）。

（十一）预制女儿墙

女儿墙指的是建筑物屋顶外围的矮墙，主要作用除围护和安全外，也会在底处施作防水压砖收头，以避免防水层渗水或屋顶雨水漫流。依建筑技术规则规定，女儿墙被视作栏杆的作用，上人的女儿墙的作用是保护人员的安全，并对建筑立面起装饰作用。不上人的女儿墙的作用除立面装饰作用外，还固定油毡。预制女儿墙是将女儿墙构件在工厂进行预制，施工时将预制好的空调板构件在现场进行装配、焊接（见图 2-25）。

图 2-24　双面叠合板式混凝土剪力墙

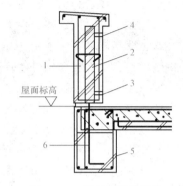

图 2-25　预制女儿墙结构

1—预制女儿墙；2—波纹管；3—灌浆口；

4—出浆口；5—预制梁；6—连接钢筋

第二节　常见装配式混凝土结构节点构造与连接形式

一、装配式混凝土建筑节点构造连接设计原则

（1）装配式结构应重视构件连接节点的选型和设计。连接节点的选型和设计应注重概念设计，满足耐久性要求。并通过合理的连接节点与构造，保证构件的连续性和结构的整体稳定性，使整个结构具有必要的承载能力、刚性和延性，以及良好的抗风、抗震和抗偶然荷载的能力，并避免结构体系出现连续倒塌。

（2）应根据设防烈度、建筑高度及抗震等级选择适当的节点连接方式和构造措施。重要且复杂的节点与连接的受力性能应通过试验确定，试验方法应符合相应规定。

（3）装配式结构的节点和连接应同时满足使用和施工阶段的承载力、稳定性和变形的要求。在保证结构整体受力性能的前提下，应力求连接构造简单、传力直接、受力明确。所有构件承受的荷载和作用，应有可靠的传向基础的连续的传递路径。

（4）承重结构中，节点和连接的承载能力和延性不宜低于同类现浇结构，亦不宜低于预制构件本身，应满足"强剪弱弯，更强节点"设计理念。

（5）宜采取可靠的构造措施及施工方法，使装配式结构中预制构件之间或者预制构件与现浇构件之间的节点或接缝的承载力、刚度和延性不低于现浇结构，使装配式结构成为等同现浇装配式结构。

当节点连接构造不能使装配式结构成为等同现浇型混凝土结构时，应根据结构体系的受力性能、节点和连接的特点，采取合理、准确的计算模型，并应考虑连接和节点刚度对结构内力分布与整体刚度的影响。

（6）预制构件的连接部位应满足建筑物理性能的功能要求。预制外墙及其连接部位的保温、隔热和防潮性能应符合《民用建筑热工设计规范》（GB 50176—2016）和国家现行相关建筑节能设计标准的规定。必要时，应通过相关的试验。

二、装配式混凝土建筑常见构造与节点连接形式

装配式混凝土的连接根据构件类型，可分为非承重构件的连接和承重构件的连接。非承重构件的连接是指结构附属构件的连接或承重构件与非承重构件的连接，如挂板连接、承重墙与填充墙的连接等，连接自身对结构的承载影响不大；承重构件的连接主要指柱（墙）—基础连接、柱—柱连接、柱—梁连接、墙—墙水平连接、墙—墙纵向连接等，连接对结构荷载的传导与分配起重要作用。

从预制结构施工方法分，承重构件的连接可以分为湿连接和干连接。湿连接需要在连接的两构件之间（节点处）浇筑混凝土或灌注水泥浆。为确保连接的完整性，浇筑混凝土前，从连接的两构件伸出钢筋或螺栓，焊接或搭接或机械连接。在通常情况下，现浇节点（湿连接）是预制结构连接中常用且便利的连接方式，其结构整体性能更接近于现浇混凝土。因此，现浇节点是比较常用的一种预制结构节点施工方式。

干连接则是通过在连接的构件内植入钢板或其他钢部件，通过螺栓连接或焊接，从而达到连接的目的。

装配式混凝土建筑结构的常见构造与节点连接形式如下。

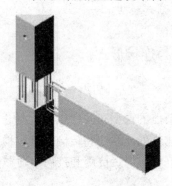

图 2-26 现浇柱端节点

1. 现浇柱端节点连接

在预制柱中段留有一间隙，预制梁端预留钢筋插入间隙中，现场配置箍筋，浇筑混凝土（见图 2-26）。

2. 现浇梁端节点连接

在预制柱与梁相交的地方，预留钢筋，预制梁端也预留钢筋，现场配置箍筋，浇筑混凝土（见图 2-27）。

3. 现浇叠合梁柱节点连接

组合式节点将梁底部钢筋焊在柱伸出牛腿的内埋钢板上，保证了底部钢筋的连续性。同时，将梁上部钢筋穿过柱间隙，并浇筑叠合层，这样保证了节点的整体性（见图 2-28）。

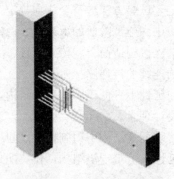

图 2-27 现浇梁端节点连接

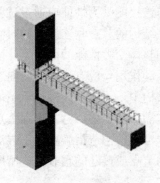

图 2-28 叠合式节点

4. 叠合梁与预制剪力墙墙板支座连接

叠合梁与预制剪力墙墙板支座连接处，剪力墙应预留梁窝，梁窝尺寸应满足梁纵筋锚固

构造要求，预制梁端支座搁置长度不应少于20cm（见图2-29）。

5.现浇叠合墙板与楼板节点连接

现浇叠合墙板与楼板节点连接把墙板和楼板相互搭建在一起，然后使用现浇混凝土在叠合楼板和叠合墙板之间进行浇筑，从而形成一个整体结构，在现浇混凝土固化后，形成高强度坚固的建筑结构（见图2-30）。

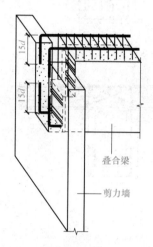

图2-29　叠合梁与预制剪力墙墙板支座连接

图2-30　现浇叠合墙板与楼板节点连接

6.剪力墙竖向节点连接

竖向布置的两个预制剪力墙采用灌浆套筒连接，位于下部的预制剪力墙的剪力墙纵筋伸入位于上部的预制剪力墙的灌浆套筒内，在上下布置的两个预制剪力墙之间预留10~20mm的灌浆缝；墙板调整就位后灌注水泥浆（见图2-31）。

7.叠合楼板与预制梁节点连接

预制叠合板与叠合板现浇层的钢筋为一整体，在节点处预制梁槽一侧的钢筋置于叠合板现浇层和预制叠合板内，预制叠合板内靠近预制梁槽的架力筋在节点处不连接，设置有延伸段，两根延伸段相互重叠，位于节点处向内的弯折段与延伸段相连并相互垂直，在预制梁槽的内部具有凹槽（见图2-32）。

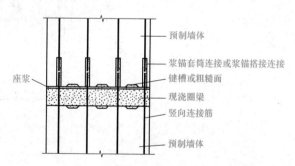

图2-31　剪力墙竖向节点连接

8.预制框架柱节点连接

预制框架柱纵筋采用钢筋套筒灌浆连接，将预制下柱（或基础）预留钢筋插入预制上柱的预制钢筋套筒内，上、下预制柱调整就位后灌注水泥浆（见图2-33）。

9.外墙板节点连接

外墙板节点连接是通过预制外墙板预留的钢筋，将预制构件与后浇混凝土（包括其中的配筋）叠后连成一体，常见的连接形式有"T"形和"L"形（见图2-34）。

10.内墙板节点连接

内墙板的节点连接原理与外墙板相同（见图2-35）。

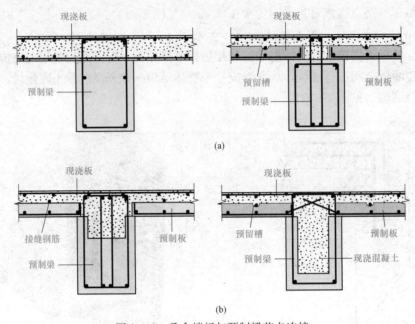

图 2-32　叠合楼板与预制梁节点连接
（a）矩形截面预制梁节点连接；（b）凹口截面预制梁节点连接

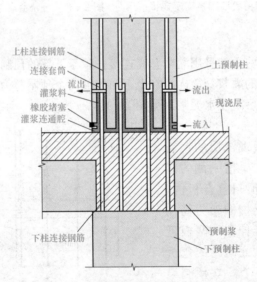

图 2-33　预制框架柱灌浆套筒安装

图 2-34　外墙板节点连接

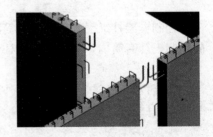

图 2-35　内墙板 T 形节点

第三节　装配式混凝土结构节点构造详图介绍

节点构造详图的作用是把建筑房屋构造的局部要体现清楚的细节用较大比例绘制出来，表达出构造做法、尺寸、构配件相互关系和建筑材料等，相对于平、立、剖而言，是一种辅助图样。

装配式建筑节点构造详图是来反映节点处构件代号、连接材料、连接方法及对施工安装等方面内容，更重要的是表达节点处配置的受力钢筋或构造钢筋的规格、型号、性能和数量，通常很多标准做法都可以采用国家制定的通用详图集。

我国目前应用的装配式混凝土剪力墙结构是由预制混凝土构件通过可靠的方式进行连接并与现场后浇混凝土、水泥基灌浆料形成整体的装配式混凝土结构，即《装配式混凝土结构技术规程》（JGJ 1—2014）中提到的装配整体式结构。连接节点设计是其中最为关键的环节，一方面要求保证结构的整体性、安全性，另一方面需要兼顾考虑施工的便捷性。

在住房和城乡建设部工程质量安全监管司的直接领导下，近期中国建筑标准设计研究院牵头组织国内设计、科研、施工、构件生产和住宅开发等 50 多家建筑产业化领军企业，历时 8 个月，顺利完成建筑产业现代化国家建筑标准设计专项工作计划（第一批）9 本图集的编制工作（见图 2-36）。

装配式混凝土结构剪力墙住宅系列图集涵盖了设计指导、通用预制构件及连接节点详图等，首次形成了全国通用的装配式混凝土剪力墙住宅结构体系和首套全国通用住宅系列构件，内容全面、协调、配套，可以全方

图 2-36　建筑产业现代化国家
建筑标准图集

位指导设计、施工和构件生产。下面重点介绍有关节点构造的几本图集。

一、《装配式混凝土结构连接节点构造》（15G310—1~2）图集
1. 15G310—1~2 简介

我国目前应用的装配式混凝土剪力墙结构，是由预制混凝土构件通过可靠的方式进行连接并与现场后浇混凝土、水泥基灌浆料形成整体的装配式混凝土结构，即《装配式混凝土结构技术规程》（JGJ 1—2014）中提到的装配整体式结构。连接节点设计是其中最为关键的环节，一方面要求保证结构的整体性、安全性，另一方面需要兼顾考虑施工的便捷性。

《装配式混凝土结构连接节点构造》（15G310—1~2）分楼盖和楼梯、剪力墙两个分册，全面阐述了装配式混凝土剪力墙结构住宅中各类构件之间的连接节点做法及节点内钢筋的构造要求，主要涉及内容见表 2-1。

该本图集中各类构件的连接节点做法都给出几种不同的连接方式，各种连接方式构件预留钢筋的长度及后浇段尺寸都不相同，因此在设计选用时同类构件宜采用同一种连接方式，并且应结合构件自身尺寸要求、预留钢筋长度、后浇段尺寸等相关因素综合考虑。

2.《装配式混凝土结构连接节点构造》(15G310—1~2) 主要节点一览表（见表2-1）

表 2-1 　　　　　　　　《装配式混凝土结构连接节点构造》主要节点一览表

构件信息		相 关 构 造
叠合板	双向板	叠合板整体接缝连接构造（后浇带形式和密拼接缝）：中间支座连接构造（有外伸钢筋和无外伸钢筋，支座为梁或剪力墙）；边支座连接构造（有外伸钢筋和无外伸钢筋，支座为梁或剪力墙）
	单向板	叠合板板侧接缝连接构造：板侧支座连接构造（有外伸钢筋和无外伸钢筋，中间支座和边支座） 注：板端支座连接构造同双向板
非框架叠合梁		后浇段对接连接构造；主次梁连接边节点、中间节点构造；搁置式主次梁连接节点构造；剪力墙平面连接节点构造
预制楼梯		高端支座为固定铰支座，低端支承为滑动铰支座；高端支承为固定支座，低端支承为滑动支座；高端支承，低端支承均为固定支座
剪力墙	竖缝	预制墙板墙身连接；预制墙板与现浇墙连接；预制墙板与后浇边缘暗柱连接；预制墙板与后浇端柱连接；预制墙板在转角墙处连接；预制墙板在有翼墙处连接；预制墙板在十字形墙处连接
	水平缝	预制墙板内边缘构件竖向钢筋连接；预制墙板竖向分布钢筋逐根连接；预制墙板竖向分布钢筋部分连接；抗剪用钢筋连接；预制墙变截面处竖向分布钢筋连接；预制墙竖向钢筋顶部构造；水平后浇带构造；后浇圈梁钢筋构造
连梁		预制连梁与后浇段连接（机械连接和锚固）；预制连梁与缺口墙连接构造（机械连接和锚固）；后浇连梁与预制墙连接；预制连梁对接连接

二、《预制混凝土剪力墙外墙板》(15G365-1) 图集

该图集基于非组合式预制混凝土夹芯保温外墙板进行编制，主要编制了无洞口外墙、一个窗洞高窗台外墙、一个窗洞矮窗台外墙、两个窗洞外墙和一个门洞外墙五种平面构件。该图集给出了构件模板图、配筋图、配套连接节点、各类预埋件示意等，适用于具有较好规则性的高层装配整体式剪力墙结构住宅，不适用于地下室、底部加强部位及相邻上一层、顶层剪力墙。

三、《预制混凝土剪力墙内墙板》(15G365-2) 图集

预制混凝土剪力墙内墙板参数与外墙板基本一致，图集编制了无洞口内墙、固定门垛内墙、中间门洞内墙、刀把内墙四种平面构件形式。与外墙所不同的是，图集在编制的过程中指定了内墙板的装配方向，设备管线预埋与墙板装配方向相互联系。

四、《桁架钢筋混凝土叠合板（60mm厚底板）》(15G366-1) 图集

图集编制了60mm厚桁架钢筋混凝土叠合板用预制底板，后浇叠合层厚度可为70mm、

80mm、90mm 三种情况，给出了相应的配套节点及选用示例，界定了脱模、吊装、堆放、施工临时支撑的各个环节的具体要求，设计人员选用之后不必再进行施工阶段验算，适用于剪力墙厚度为 200mm 的楼屋盖。由于板上开洞及预埋线盒位置在实际工程中千差万别，图集并未指定具体位置，仅给出洞口设置及加强的要求，因此设计选用中应结合底板平面布置图给出洞口位置及线盒位置，生产时按要求留设。

双向受力情况下，预制底板标志宽度 1200mm、1500mm、1800mm、2000mm、2400mm 五种，标志跨度 3～6m，板跨度方向配筋 $\phi8@200$、$\phi8@150$、$\phi10@200$、$\phi10@150$ 四种情况，板宽度方向配筋 $\phi8@200$、$\phi8@150$、$\phi8@100$ 三种情况，底板板侧预留外伸钢筋通过后浇带形式整体接缝连接，编号中设置调节宽度 δ 以满足各种尺寸要求。

单向受力情况下，预制底板标志宽度 1200mm、1500mm、1800mm、2000mm、2400mm 五种，标志跨度为 2.7～4.2m，板跨度方向配筋 $\phi8@200$、$\phi8@150$、$\phi10@200$、$\phi10@150$ 四种情况，板宽度方向分布钢筋配筋 $\phi6@200$，底板布置时采用密拼方式，通过支座处板缝以满足各种尺寸要求。

五、《预制钢筋混凝土板式楼梯》（15G367-1）图集

在住宅建筑中，预制楼梯是最容易实现标准化的构件，图集根据实际使用情况给出双跑楼梯和剪刀楼梯两类构件形式；采用高端支承为固定铰支座，低端支承为滑动铰支座的连接方式；并配套墙板图集指定层高为 2.8m、2.9m、3.0m 三种情况，对于双跑楼梯编制了最常用的开间尺寸 2.4m、2.5m 两种情况，对于剪刀楼梯编制了最常用的开间尺寸 2.5m、2.6m 两种情况。

六、《预制钢筋混凝土阳台板、空调板及女儿墙》（15G368-1）图集

该图集包含三类构件，其中预制混凝土阳台部分，包括预制叠合板式阳台、全预制板式阳台、全预制梁式阳台三种类型；预制空调板，只有一种形式；预制女儿墙，包括夹芯保温式女儿墙和非保温式女儿墙两种。

第四节　装配式混凝土建筑工程图识读（剪力墙结构）

一、装配式混凝土建筑工程图制图规则

装配式建筑工程施工图设计与传统的建筑工程施工图设计流程相比，除了要在平面、立面、剖面准确表达预制构件的应用范围、构件编号及位置、安装节点等要求外，还应包括典型预制构件图、配件标准化设计与选型、预制构件性能设计等内容。施工图设计必须要满足后续预制构件深化设计要求，在施工图初步设计阶段就要与深化设计单位充分沟通，将装配式建筑施工要求融入施工图设计中，减少后续图纸变更或更改，确保施工图设计图纸的深度对于深化设计需要协调的要点已经充分、清晰表达。

装配式建筑工程施工图与传统的建筑工程施工图不同的是还有一个预制构件施工图深化设计阶段，包括平立面安装布置图、典型构件安装节点详图、预制构件安装构造详图及各专业设计预留预埋件定位图。

装配式建筑工程施工图设计文件须经施工图审查机构审查，施工图审查机构应严格按照国家有关标准、规范对施工图设计文件进行审查。施工图审查分为内审与外审，施工图设计与装配式专项设计完成后可邀请相关专家进行内审，内审合格后择期进行外审。

外审主要委托给审图机构审查，外审合格后，加盖施工图审查专用章，方可下发各相关单位实施。

（一）建筑施工图制图规则

（1）装配式建筑工程建筑施工图制图规范在没有出台新的国标前，仍然执行《房屋建筑制图统一标准》（GB/T 50001—2017）、《总图制图标准》（GB/T 50103—2010）、《建筑制图标准》（GB/T 50104—2010）、《建筑结构制图标准》（GB/T 50105—2010）、《给水排水制图标准》（GB/T 50106—2010）和《暖通空调制图标准》（GB/T 50114—2010）等国家标准。

（2）为了适应装配式建筑的施工，国家2015年出台了第一批有关建筑产业现代化国家建筑标准设计图集（共9本）。其中，《装配式混凝土结构住宅建筑设计示例（剪力墙结构）》（15J939－1）补充了新的图例符号和索引方法。补充的图例符号主要突出了装配式混凝土结构建筑的常用构造符号和常用材料。索引方法与《房屋建筑制图统一标准》类似，圆圈内横线上为节点号，横线下为该节点所在图纸编号，然后到那张图纸上看相应的节点就可以了（见图2-37、图2-38）。

■	现浇钢筋混凝土墙、梁、柱、板	⬡	有机保温材料
▨		▨	无机保温材料
▥	预制钢筋混凝土墙、梁、柱、板	▤	砂浆
▨		▦	嵌缝剂
▭	轻质墙体	▦	密封膏
▦		▨	木材
◌◌◌		⟋⟋⟋	素土夯实
▨	砌体		

图2-37 图例符号

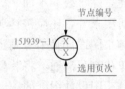

节点编号

15J939－1

选用页次

图2-38 索引方法

例：装配式建筑工程建筑施工平面布置图，如图2-39所示。

（二）结构施工图制图规则

国家2015年出台了第一批有关建筑产业现代化国家建筑标准设计图集中，《装配式混凝土结构表示方法及示例（剪力墙结构）》（15G107－1）是结构国标图集和施工图设计之间的纽带，主要解决施工图设计如何表达，以及表达深度的问题。

（1）本图集包括装配式混凝土剪力墙结构施工图表示方法及示例两部分内容，其中，施工图表示方法包括基础顶面以上的预制混凝土剪力墙外墙板、预制混凝土剪力墙内墙板、钢筋桁架混凝土叠合板、预制混凝土板式楼梯、预制混凝土阳台板、空调板及女儿墙等预制构件的表达形式，各类构件在施工图中所需表达的主要内容见表2-2。

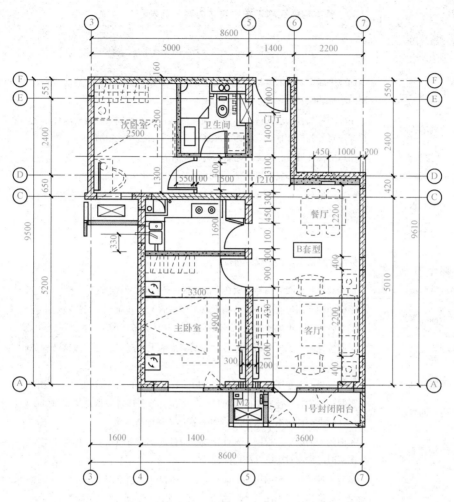

图 2-39　装配式建筑工程建筑施工平面布置图（局部）

图例	名称
建筑专业图例	
⬚	现浇钢筋混凝土
⬚	预制夹芯外墙板
⬚	预制内墙板
⬚	轻质隔墙
▬	强电箱（预埋于轻质内隔墙）
⬚	弱电箱（预埋于轻质内隔墙）
⬚	挂式空调室内机
⊠	挂式空调室外机
⬚	壁挂燃气热水器
⬚	地暖分集水器
⬚	散热器
◉	卫生间地漏
⬚	厨卫排风道

墙体留洞说明

洞1：空调挂机留洞，预埋 φ80mmPVC套管，洞中距地2.2m

洞2：空调柜机留洞，预埋 φ80mmPVC套管，洞中距地0.3m

洞3：燃气强排孔，预埋 φ80mm钢套管，洞中距地2.48m

补充说明

1.强电箱墙上留槽尺寸450mm×250mm×120mm，底皮距地1.6m。

2.弱电箱墙上留槽尺寸450mm×300mm×150mm，底皮距地0.3m。

3.户内管道井隔墙为60mm厚纤维增强水泥压力板隔墙，耐火极限不小于1h

表 2-2 各类构件在施工图中表达内容一览表

构件名称	施工图表达的内容	主要注写要求
墙板	平面布置图	标注未居中墙板的定位、注写墙板编号、墙板上留洞定位、后浇段尺寸及定位、预制内墙板装配方向
	预制墙板表	注写墙板编号、位置信息、管线预埋信息、构件重量及数量、构件详图页码、外墙板应注写外叶板参数；选用标准图集时应注明对应的标准构件编号
	后浇段表	注写后浇段编号、后浇段起始标高、配筋信息
叠合板	预制底板布置图	叠合板编号、预制底板编号、各块预制底板尺寸和定位、板缝位置
	预制底板表	叠合板编号、板块内预制底板编号、所在楼层、构件数量和重量、构件详图页码、构件设计补充内容（线盒、留洞位置）
	现浇层配筋图	同现浇混凝土结构
	水平后浇带或圈梁布置图	标注水平后浇带或圈梁分布位置及编号
	水平后浇带或圈梁表	水平后浇带或圈梁编号、所在平面位置、所在楼层及配筋等
楼梯	平面布置图	楼梯间的平面尺寸、楼层结构标高、楼梯的上下方向、预制梯板的平面尺寸、梯板类型及编号、定位尺寸等；剪刀楼梯还需标准防火隔墙的定位尺寸及编号
	剖面图	预制楼梯编号、梯梁梯柱编号、预制梯板水平及竖向尺寸、楼梯结构标高、层间结构标高、建筑楼面做法厚度等
	预制楼梯表	构件编号、所在层号、构件重量、构件数量、构件详图页码、连接索引等
阳台板及空调板	平面布置图	预制构件编号、预制构件平面尺寸、定位尺寸、预留洞口尺寸及相对应构件本身的定位（标准构件时不注）、楼层结构标高、板顶标高高差
	构件表	平面图中的编号、板厚、构件重量、构件数量、所在层号、构件详图页码；选用标准图集时应注明对应的标准构件编号
女儿墙	平面布置图	预制构件编号、预制构件平面尺寸、定位尺寸、预留洞口尺寸及相对应构件本身的定位（标准构件时不注）、楼层结构标高、女儿墙厚度、墙顶标高
	预制女儿墙表	平面图中的编号、所在层号和轴线号、内叶墙厚、构件重量、构件数量、构件详图页码、有必要时外叶板调整参数；选用标准图集时应注明对应的标准构件编号

（2）15G107-1制图规则仍然基本执行《建筑结构制图标准》（GB 50105—2010）和16G101平面整体表示法系列标准图集制图规则，相同的内容包括：基础、地下室结构和现浇混凝土结构楼层、结构平面布置图和楼（屋）面板配筋图、结构层高和楼面标高标注方法和规则（列表注写法、平面图）、现浇剪力墙边缘构件和预制构件间后浇段详图（列表注写法）、现浇剪力墙体标注规则（列表注写法）、现浇连梁和楼（屋）面梁（平面注写法）。

（3）《装配式混凝土结构表示方法及示例（剪力墙结构）》对预制构件及与预制构件相关构件的编号规则做了统一要求。预制构件及与预制构件相关构件的编号分为：构件编号（反映构件信息）＋工程编号（反映构件的工程信息）。在配套标准图集中给出了各类型预制构件编号的方法和规则，在结构平面布置图中，按预制构件类型和位置顺序给出工程编号；在结构平面布置图中，应统一或分别给出预制构件明细表或索引，列表标注内容（包括工程编号、构件编号、标志尺寸、数量、重量、设计参数、设计状态、位置信息）。

（4）《装配式混凝土结构表示方法及示例（剪力墙结构）》对图例符号统一了表达方式，

在结构施工图设计中应按图 2-40 使用。

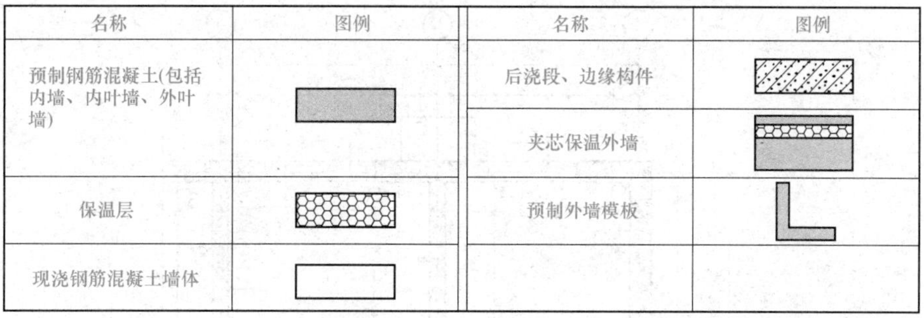

名称	图例	名称	图例
预制钢筋混凝土(包括内墙、内叶墙、外叶墙)		后浇段、边缘构件	
		夹芯保温外墙	
保温层		预制外墙模板	
现浇钢筋混凝土墙体			

图 2-40　图例符号

（5）预制构件标记方法可以按表 2-3 中代号、序号方法表示。

表 2-3　　　　　　　　　　　　　预制构件及构件后浇代号表示

预制构件类型	代号	序号	备注
预制外墙板	YWQ	××	含剪力墙板，外墙板
预制内墙板	YNQ	××	含剪力墙板，内隔墙板等
预制隔墙板	GQ	××	
预制叠合梁	DL	××	含全预制或叠合的框架梁、次梁、梯梁等
预制叠合连梁	DLL	××	
预制叠合楼面板	DLB	××	
预制叠合屋面板	DWB	××	
预制叠合悬挑板	DXB	××	
预制外墙模板	JM	××	
预制双跑楼梯	ST	××	
预制剪刀楼梯	JT	××	
预制阳台板	YYTB	××	含全预制或叠合的外挑或内凹阳台
预制女儿墙	YENQ	××	
预制空调板	YKTB	××	
约束边缘构件后浇段	YHJ	××	
构造边缘构件后浇段	GHJ	××	
边缘构件后浇段	AHJ	××	
叠合板底板接缝	JF	××	
叠合板底板密拼接缝	MF	××	
水平后浇带	SHJD	××	

例如，YWQ1 表示预制外墙板，序号为 1；YNQ5a 表示预制混凝土内墙板，内墙板序号为 5a；DL1 表示预制叠合梁，编号为 1；DLL3 表示预制叠合连梁，编号为 3；DLB3 表示楼板为叠合板，序号为 3；DWB2 表示屋面板为叠合板，序号为 2；DXB1 表示悬挑板为叠合板，序号为 1；JF1 表示叠合板之间的接缝，序号为 1；SPHJD3 表示水平后浇带，序号为 3；YHJ1 表示约束边缘构件后浇段，编号为 1；GHJ5 表示构造边缘构件后浇段，编号为 5；AHJ3 表示非边缘暗柱后浇段，编号为 3。

例：装配式建筑工程结构施工平面布置图，如图2-41所示。

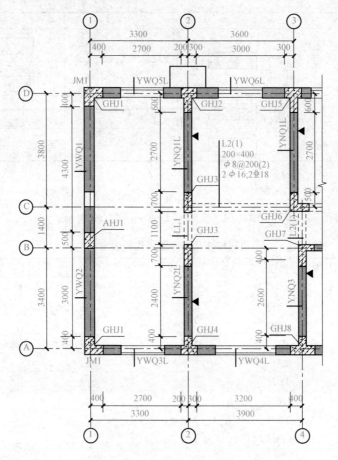

图2-41　结构施工（剪力墙）平面布置图（局部）

剪力墙梁表						
编号	所在层号	梁顶相对标高高差	梁截面 b×h	上部纵筋	下部纵筋	箍筋
LL1	4~20	0.000	200×500	2Φ16	2Φ16	Φ8@100(2)

预制墙板表									
平面图中编号	内叶墙板	外叶墙板	管线预埋	所在层号	所在轴号	墙厚(内叶墙)	构件重量(t)	数量	构件详图页码(图号)
YWQ1	——	——	见大样图	4~20	③-①①①	200	6.9	17	结施-01
YWQ2	——	——	见大样图	4~20	④-①①①	200	5.3	17	结施-02
YWQ3L	WQC1-3328-1514	wy-1 a-190 b-20	低区X=450 高区X=280	4~20	①-①①①	200	3.4	17	150365-1, 60、61
YWQ4L	——	——	见大样图	4~20	②-①①①	200	3.8	17	结施-03
YWQ5L	WQC1-3328-1514	wy-2 a-20 b-190 ca-590 da-80	低区X=450 高区X=280	4~20	①-①①①	200	3.9	17	150365-1, 60、61
YWQ6L	WQC1-3328-1514	wy-2 a-290 b-290 ca-590 da-80	低区X=450 高区X=480	4~20	①-①①①	200	4.5	17	150365-1, 64、65
YNQ1	NQ-2728	——	低区X=450 高区X=150	4~20	①-①①①	200	3.6	17	150365-1, 16、17
YNQ2L	NQ-2728	——	低区X=450 中区X=750	4~20	④-①①①	200	3.2	17	150365-2, 14、15
YNQ3	——	——	见大样图	4~20	④-①①①	200	3.5	17	结施-04
YNQ1a	NQ-2728	——	低区X=150 中区X=750	4~20	①-①①①	200	3.6	17	150365-2, 16、17

预制外墙模板表					
平面图中编号	所在层号	所在轴号	外叶墙板厚度	构件重量(t)	数量	构件详图页码(图号)
JM1	4~20	④①①①	60	0.47	34	15G365-1.218

二、装配式混凝土工程建筑施工图识读要点

（一）阅读图纸目录

图纸目录是了解整个建筑设计整体情况的目录，从其中可以明了图纸数量及出图大小和工程号还有建筑单位及整个建筑物的主要功能，如果图纸目录与实际图纸有出入，必须与建筑核对情况。要清楚建筑施工图有哪些内容，通过看图纸目录就能很清楚地找到答案。

（二）了解施工图设计说明

（1）了解依据性文件名称和文号，如批文、本专业设计所执行的主要法规和所采用的主要标准（包括标准名称、编号、年号和版本号）及设计合同等。

（2）了解项目概况。内容一般有建筑名称、建设地点、建设单位、建筑面积、建筑基底面积、项目设计规模等级、设计使用年限、建筑层数和建筑高度、建筑防火分类和耐火等级、人防工程类别和防护等级、人防建筑面积、屋面防水等级、地下室防水等级、主要结构类型、抗震设防烈度、项目内采用装配整体式结构单体的分布情况，范围、规模及预制构件种类、部位等，以及能反映建筑规模的主要技术经济指标，如住宅的套型和套数（包括每套的建筑面积、使用面积）、旅馆的客房间数和床位数、医院的门诊人次和住院部的床位数、车库的停车泊位数等；各装配整体式建筑单体的建筑面积统计，应列出预制外墙部分的建筑面积，说明外墙预制构件所占的外墙面积比例及计算过程，并说明是否满足不计入规划容积率的条件。

（3）掌握知道设计标高。搞清工程的相对标高与总图绝对标高的关系。

（4）熟悉知道用料说明和室内外装修情况。

1）墙体、墙身防潮层、地下室防水、屋面、外墙面、勒脚、散水、台阶、坡道、油漆、涂料等处的材料和做法，可用文字说明或部分文字说明，部分直接在图上引注或加注索引号，其中应包括节能材料的说明。

2）预制装配式构件的构造层次，当采用预制外墙时，应注明预制外墙外饰面做法。如预制外墙反打面砖、反打石材、涂料等。

3）室内装修部分除用文字说明以外亦可用表格形式表达，在表上填写相应的做法或代号。

（三）总平面图的功能与识读（见图集 15J939—14—05）

（1）了解保留的地形和地物。

（2）熟悉测量坐标网、坐标值。

（3）了解场地范围的测量坐标（或定位尺寸）、道路红线、建筑控制线、用地红线等的位置。

（4）掌握场地四邻原有及规划的道路、绿化带等的位置（主要坐标或定位尺寸），以及主要建筑物和构筑物及地下建筑物等的位置、名称、层数。

（5）掌握建筑物、构筑物（人防工程、地下车库、油库、储水池等隐蔽工程以虚线表示）的名称或编号、层数、定位（坐标或相互关系尺寸）。

（6）了解广场、停车场、运动场地、道路、围墙、无障碍设施、排水沟、挡土墙、护坡等的定位（坐标或相互关系尺寸）。如有消防车道和扑救场地，需注明。

（7）了解指北针或风玫瑰图。

（8）熟悉建筑物和构筑物名称编号表。

（9）掌握尺寸单位、比例、坐标及高程系统等。

（四）平面图识读（见图集 15J939-14-06、4-07、4-08）

（1）掌握了解承重墙、柱及其定位轴线和轴线编号，内外门窗位置、编号及定位尺寸，门的开启方向，注明房间名称或编号，库房（储藏）注明储存物品的火灾危险性类别。

（2）掌握轴线总尺寸（或外包总尺寸）、轴线间尺寸（柱距、跨度）、门窗洞口尺寸、分段尺寸。

（3）了解墙身厚度（包括承重墙和非承重墙），柱与壁柱截面尺寸（必要时）及其与轴线关系尺寸；当围护结构为幕墙时，标明幕墙与主体结构的定位关系；玻璃幕墙部分标注立面分格间距的中心尺寸。

（4）掌握预制装配式构件（柱、剪力墙、围护墙体、楼梯、阳台、凸窗等）图例符号及对应位置，以及预制装配式构件的板块划分位置。

（5）掌握变形缝位置、尺寸及做法索引。

（6）了解主要建筑设备和固定家具的位置及相关做法索引，如卫生器具、雨水管、水池、台、橱、柜、隔断等。

（7）了解电梯、自动扶梯及步道（注明规格）、楼梯（爬梯）位置和楼梯上下方向示意和编号索引。

（8）熟悉主要结构和建筑构造部件的位置、尺寸和做法索引，如中庭、天窗、地沟、地坑、重要设备或设备机座的位置尺寸、各种平台、夹层、人孔、阳台、雨篷、台阶、坡道、散水、明沟等。

（9）了解楼地面预留孔洞和通气管道、管线竖井、烟囱、垃圾道等位置、尺寸和做法索引，以及墙体（主要为填充墙、承重砌体墙）预留洞的位置、尺寸与标高或高度等。

（10）掌握室外地面标高、底层地面标高、各楼层标高、地下室各层标高。

（11）了解底层平面标注剖切线位置、编号及指北针。

（12）掌握有关平面节点详图或详图索引号。

（13）熟悉屋面平面图应有女儿墙、檐口、天沟、坡度、坡向、雨水口、屋脊（分水线）、变形缝、楼梯间、水箱间、电梯机房、天窗反挡风板、屋面上人孔、检修梯、室外消防楼梯及其他构筑物，必要的详图索引号、标高等；表述内容单一的屋面可缩小比例绘制。

（14）了解图纸名称、比例。

（五）立面图识读（见图集 15J939-14-09）

（1）了解两端轴线编号，立面转折较复杂时可用展开立面表示，但应准确注明转角处的轴线编号。

（2）掌握立面外轮廓及主要结构和建筑构造部件的位置，如女儿墙顶、檐口、柱、变形缝、室外楼梯和垂直爬梯、室外空调机搁板、外遮阳构件、阳台、栏杆、台阶、坡道、花台、雨篷、烟囱、勒脚、门窗及开启线、幕墙、洞口、门头、雨水管，以及其他装饰构件、线脚和粉刷分格线、预制装配式构件板块划分的立面分缝线、装饰缝和饰面做法。

（3）掌握建筑的总高度、楼层位置辅助线、楼层数和标高及关键控制标高的标注，如女儿墙或檐口标高，外墙的留洞应标注尺寸与标高或高度尺寸（宽×高×深及定位关系尺寸），等等。

（4）了解平、剖面图未能表示出来的屋顶、檐口、女儿墙、窗台及其他装饰构件、线脚等的标高或尺寸。

（5）了解在平面图上表达不清的窗编号。

（6）熟悉各部分装饰用料名称或代号，剖面图上无法表达的构造节点详图索引。

（7）了解图纸名称、比例。

（六）剖面图识读（见图集15J939-14-10、4-15）

（1）掌握墙、柱、轴线和轴线编号。

（2）了解剖切到或可见的主要结构和建筑构造部件，如室外地面、底层地（楼）面、地坑、地沟、各层楼板、夹层、平台、吊顶、屋架、屋顶、山屋顶烟囱、天窗、挡风板、檐口、女儿墙、爬梯、门、窗、外遮阳构件、楼梯、台阶、坡道、散水、平台、阳台、雨篷、洞口及其他装修等可见的内容；当为预制装配构件时，应用不同图例示意。

（3）掌握各外部尺寸：门、窗、洞口高度、层间高度、室内外高差、女儿墙高度、阳台栏杆高度、总高度；内部尺寸：地坑（沟）深度、隔断、内窗、洞口、平台、吊顶等。

（4）了解标高。主要结构和建筑构造部件的标高，如室内地面、楼面（含地下室）、平台、雨篷、吊顶、屋面板、屋面檐口、女儿墙顶、高出屋面的建筑物、构筑物及其他屋面特殊构件等的标高，室外地面标高。

（5）掌握节点构造详图索引号。

（6）了解图纸名称、比例。

（七）详图识读（见图集15J939-14-14）

（1）掌握楼梯、电梯、厨房、卫生间等局部平面放大和构造详图，注明相关的轴线和轴线编号及细部尺寸、设施的布置和定位、相互的构造关系及具体技术要求等。

（2）了解墙身大样详图、平面放大详图应表达预制构件与主体现浇之间、预制构件之间水平、竖向构造关系，表达构件连接、预埋件、防水层、保温层等交接关系和构造做法。

（3）了解室内外装饰方面的构造、线脚、图案等；看标注材料及细部尺寸、与主体结构的连接构造，如果预制外墙为反打面砖或石材时，要了解其铺贴排布方式等。

（4）了解门、窗、幕墙绘制立面图，了解对开启面积大小和开户方式，与主体结构的连接方式、用料材质、颜色等。

三、装配式混凝土工程结构施工图识读要点

（一）阅读图纸目录

（二）了解结构设计总说明

1. 了解工程结构概况

了解工程地点、工程分区、主要功能；知道各单体建筑的长、宽、高，地上与地下层数，各层层高，主要结构跨度，特殊结构及造型，装配式结构类型，各单体工程采用的预制结构构件布置情况等。

2. 了解设计依据

（1）主体结构设计的使用年限。

（2）自然条件：基本风压、基本雪压、气温（必要时提供）、抗震设防烈度等。

（3）工程地质勘察报告。

（4）装配式混凝土部分应采用装配式结构的相关法规与标准（国家行业标准和地方标准）。

（5）本行业设计所执行的主要法规和所采用的主要标准（包括标准的名称、编号、年号和版本号）。

3. 阅读图纸说明

（1）图纸中标高、尺寸的单位；设计±0.000标高所对应的绝对标高值。

（2）常用构件代码及构件编号说明，预制构件种类、常用代码及构件编号说明。

（3）各类钢筋代码说明，型钢代码及截面尺寸标记说明。

（4）采用混凝土结构采用平面整体表示方法时，要注明所采用的标准图名称及编号或提供标准图。

4. 了解建筑分类等级

应说明下列建筑分类等级及所依据的规范或批文。

（1）建筑结构安全等级。

（2）地基基础设计等级。

（3）建筑抗震设防类别。

（4）结构抗震等级。

（5）地下室防水等级。

（6）人防地下室的设计类别、防常规武器抗力级别和防核武器抗力级别。

（7）建筑防火分类等级和耐火等级。

（8）混凝土构件的环境类别。

5. 熟悉主要结构材料的使用情况

（1）混凝土强度等级、防水混凝土的抗渗等级、轻骨料混凝土的密度等级；注明混凝土耐久性的基本要求。

（2）砌体的种类及其强度等级、干表观密度，砌筑砂浆的种类及等级，砌体结构施工质量控制等级。

（3）钢筋种类、钢绞线或高强度钢丝种类及对应的产品标准，其他特殊要求（如强屈比等）。

（4）连接材料种类（包括连接套筒型号、浆锚金属波纹管、水泥基灌浆料性能指标、螺栓规格、螺栓所用材料、接缝所用材料、接缝密封材料及其他连接方式所用材料等）。

（5）成品拉索、预应力结构的锚具、成品支座（如各类橡胶支座、钢支座、隔震支座等）、阻尼器等特殊产品的参考型号、主要参数及所对应的产品标准。

6. 了解基础及地下室工程情况

（1）工程地质及水文地质概况，各主要土层的压缩模量及承载力特征值等；对不良地基的处理措施及技术要求，抗液化措施及要求等。

（2）基础的形式和基础持力层，采用桩基时应简述桩型、桩径、桩长、桩端持力层及桩进入持力层的深度要求，设计所采用的单桩承载力特征值（必要时应包括竖向抗拔承载力和水平承载力）等。

（3）地下室抗浮（防水）设计水位及抗浮措施，施工期间的降水要求及终止降水的条件等。

（4）基坑、承台坑回填要求。

（5）基础大体积混凝土的施工要求。

7. 熟悉钢筋混凝土工程情况

(1) 各类混凝土构件的环境类别及其受力钢筋的保护层最小厚度。

(2) 钢筋锚固长度、搭接长度、连接方式及要求；各类构件的钢筋锚固要求。

(3) 预应力结构采用后张法时的孔道做法及布置要求、灌浆要求等；预应力构件张拉端、固定端构造要求及做法，锚具防护要求等。

(4) 预应力结构的张拉控制应力、张拉顺序、张拉条件（如张拉时的混凝土强度等）、必要的张拉测试要求等。

(5) 梁、板的起拱要求及拆模条件。

(6) 后浇带或后浇块的施工要求（包括补浇时间要求）。

(7) 特殊构件施工缝的位置及处理要求。

(8) 预留孔洞的统一要求（如补强加固要求），各类预埋件的统一要求。

(9) 防雷接地要求。

8. 掌握装配式混凝土工程情况

(1) 预制结构构件钢筋接头连接方式及相关要求。

(2) 预制构件制作、安装注意事项，对预制构件提出质量及验收要求。

(3) 装配式结构的施工、制作、施工安装注意事项、施工顺序说明、施工质量检测、验收。

(4) 装配式结构构件在生产、运输、安装（吊装）阶段的强度和裂缝验算要求。

(三) 预读装配式结构专项说明

装配式混凝土结构专项说明可以与结构设计总说明合并阅读，阅读配套标准图集的构件和做法时，可参考选用图集的规定。在阅读具体工程结构施工图时，重点阅读以下内容：

(1) 所选用装配式混凝土结构表示方法标准图的图集号（如本图集号为 15G107－1），以免图集升版后在施工图中用错版本；选用的构件标准图集号；如结构中包括现浇混凝土部分，阅读时还需要查看运用的相应图集编号。

(2) 装配式混凝土结构的设计使用年限。

(3) 各类预制构件和现浇构件在不同部位所选用的混凝土强度等级和钢筋级别，了解相应预制构件预留钢筋的最小锚固长度及最小搭接长度等。

当采用机械锚固形式时，还应知道机械锚固的具体形式，必要的构件尺寸以及质量要求。

(4) 当标准构造详图有多种可选择的构造做法时，还要了解在何部位选用何种构造做法。

(5) 后浇段、纵筋，预制墙体分布筋等在具体工程中需接长时所采用的连接形式及有关要求，要清楚对接头的性能要求。

轴心受拉及小偏心受拉构件的纵向受力钢筋不得采用绑扎搭接，阅读时应知道在结构平面图中其平面位置及层数。

(6) 结构不同部位所处的环境类别。

(7) 上部结构的嵌固位置。

(8) 对具体工程中的特殊要求的附加说明。

(9) 结构施工图中对预制构件和后浇段的混凝土保护层厚度、钢筋搭接和锚固长度的注明。

（四）结构平面图识读（见图集 15G107 F-6、F-7、F-12、F-13、F-14、F-15）

（1）一般建筑的结构平面图，均应有各层结构平面图及屋面结构平面图。

具体内容有：定位轴线及梁、柱、承重墙、抗震构造柱位置、定位尺寸及编号和楼面结构标高。

重点内容有：

1）看图纸中哪些是现浇结构、哪些是预制结构，以及预制结构构件的位置及定位尺寸。

2）看预制板的跨度方向、板号，数量及板底标高，了解预留洞大小及位置；预制梁、洞口过梁的位置和型号、梁底标高；了解预制结构构件型号或编号及详图索引号。

3）看现浇板的板厚、板面标高、配筋，看标高或板厚变化处的局部剖面，及预留孔、埋件、已定设备基础的规格与位置，洞边加强措施。

4）了解预制构件连接用预埋件详图及布置，对应平面图中表示施工后浇带的位置及宽度；电梯间机房的吊钩平面位置与详图；楼梯间的编号与所在详图号。

5）屋面结构平面布置图内容与楼层平面类同，当结构找坡时要了解屋面板的坡度、坡向、坡向起终点处的板面标高；当屋面上有预留洞或其他设施时要知道其位置、尺寸与详图，女儿墙或女儿墙构造柱的位置、编号及详图；当选用标准图中节点或另绘节点构造详图时，要知道平面图中注明详图的索引号。

（2）装配式混凝土结构施工图应包括以下内容。

1）构件布置图区分现浇部分及预制部分构件。

2）装配式混凝土结构的连接详图，包括连接节点，连接详图等。

3）绘出预制构件之间和预制与现浇构件间的相互定位关系、构件代号、连接材料、附加钢筋（或埋件）的规格、型号，并注明连接方法及对施工安装、后浇混凝土的有关要求等。

4）采用夹芯保温墙板时，应绘制拉结件布置及连接详图。

（五）详图（见图集 15G107 F-17、F-18、F-25）

1. 钢筋混凝土构件详图

（1）看现浇构件（现浇梁，板、柱及墙等详图）。

1）纵剖面、长度、定位尺寸、标高及配筋，梁和板的支座（可利用标准图中的纵剖面图）；现浇预应力混凝土构件尚应绘出预应力筋定位图，并提出锚固及张拉要求。

2）横剖面、定位尺寸、断面尺寸、配筋（可利用标准图中的横剖面图）；必要时绘制墙体立面图；若钢筋较复杂不易表示清楚时，宜将钢筋分离绘出。

3）对构件受力有影响的预留洞、预埋件，应注明其位置、尺寸、标高、洞边配筋及预埋件编号等；曲梁或平面折线梁宜绘制放大平面图，必要时可绘展开详图。

4）一般的现浇结构的梁、柱、墙可采用"平面整体表示法"绘制，标注文字较密时，纵、横向梁宜分两幅平面绘制。

5）总说明已叙述外还需特别说明的附加内容，尤其是与所选用标准图不同的要求（如钢筋锚固要求、构造要求等）。

6）对建筑非结构构件及建筑附属机电设备与结构主体的连接，应绘制连接或锚固详图。

（2）看预制构件。

1）构件模板图。应表示模板尺寸、预留洞及预埋件位置、尺寸，预埋件编号、必要的标高等；后张预应力构件尚需表示预留孔道的定位尺寸、张拉端、锚固端等。

2）构件配筋图。纵剖面表示钢筋形式、箍筋直径与间距，配筋复杂时宜将非预应力筋分离绘出；横剖面注明断面尺寸、钢筋规格、位置、数量等。

3）补充说明的内容。

2. 混凝土结构节点构造详图

（1）看节点构造详图，一般结合标准设计和配套的图集中的详图来看。

（2）看一些补充说明的内容。

3. 其他图纸

（1）看楼梯图。了解每层楼梯结构平面布置及剖面图、注明尺寸、构件代号、标高、梯梁、楼梯配件详图及连接节点大样图（可用列表法绘制）。

（2）看预埋件。掌握其平面、侧面或剖面形状，尺寸大小，钢材和锚筋的规格、型号、性能、焊接要求等。

第三章　装配式混凝土预制构件生产工艺

预制混凝土构件（简称PC）是装配式建筑的基础组件，其质量和产量直接影响建筑工业化的进程。预制构件生产装备（PC生产线）直接决定了预制混凝土构件的成本和质量，采用机械化、现代化的生产线可以减少工人劳动强度，提高产品质量和生产效率。预制构件产品在现代化的生产线的支撑下，通过采用大量的新技术、新工艺，不仅降低了预制混凝土构件的成本，提高了预制混凝土构件的质量，还可实现装配式建筑行业的持续、快速发展。

第一节　预制构件生产线的组成

流水生产组织是批量生产产品的典型组织形式。按流水生产要求设计和组织的生产线叫流水生产线，简称流水线。在流水生产组织中，劳动对象按制定的工艺路线及生产节奏，连续不断地顺序通过各个工位，最终形成产品的一种组织方式。其特征是：工艺过程封闭，各工序时间基本相等或成简单的倍比关系，生产节奏性强，过程连续性好。其优势在于能采用先进、高效的技术装备，能提高工人的操作熟练程度和效率，缩短生产周期，装配式混凝土构件生产流水线如图3-1所示。

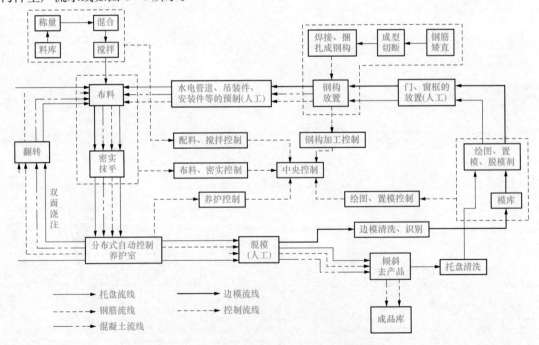

图3-1　智能化装配式混凝土构件生产流水线

一、预制构件生产线类型

（一）按构件移动方式分类

1. 固定方式

固定方式是模具布置在固定的位置上，构件在一个固定的台位上完成全部工序，通常是在特制的地坪、台座上进行生产。固定方式有固定模台工艺、立模工艺和预应力工艺等。

2. 移动方式

移动方式是模具在流水线上移动，模台绕固定线路循环运行（也称流水生产线），有手控流水生产线、半自动流水生产线和全自动流水生产线三种。全自动流水生产线如图3-2所示。

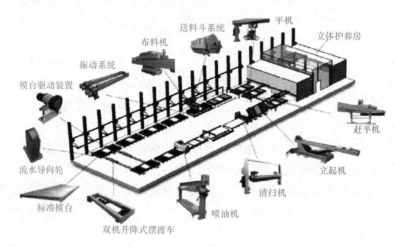

图3-2 预制构件自动流水生产线

（二）按构件品种分类

1. 多功能生产线

多功能生产线是指一条生产线可以生产叠合楼板、夹芯保温墙、实心墙体、外挂墙板、叠合双面墙等平面化的构件，梁、柱、阳台、楼梯也可以在生产线上预制。

2. 特定构件生产线

特定构件生产线是针对各种尺寸的叠合楼板、夹芯保温墙、实心墙体、外挂墙板、叠合双面墙等专门设计的生产线，基本只针对其中的一种产品，专用性强、生产效率高、产能可以很大，适合大型居住区楼盘的建造。

二、预制构件工厂设施布置

预制构件工厂设计的核心内容之一是厂内设施布置，即合理选择厂内设施（如混凝土搅拌、钢筋加工、预制、存放等生产设施，以及实验室、锅炉、配电室、生活区、办公室等辅助设施）的合理位置及关联方式，使得各种资源以最高效率组合为产品服务。

按照系统工程的观点，设施布置在提高设施系统整体功能上的意义比设备先进化程度更大。PC构件生产厂几种典型布置形式如图3-3～图3-5所示。

预制构件工厂在进行设施布置时，要尽可能考虑遵守以下原则，并考虑搬运要求。

（1）系统性原则。整体优化，不能追求个别指标先进。

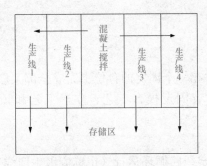

图 3-3　预制构件生产厂布置形式（一）

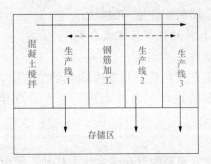

图 3-4　预制构件生产厂布置形式（二）

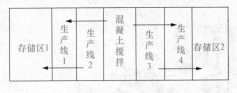

图 3-5　预制构件生产厂布置形式（三）

（2）近距离原则。在环境与条件允许的情况下，设施之间距离最短，减少无效运输，降低物流成本。

（3）场地与空间有效利用原则。空间充分利用，有利于节约资金。

（4）机械化原则。既要有利于自动化的发展，还要留有适当的余地。

（5）安全方便原则。保证安全，不能一味追求运输距离最短。

（6）投资建设费用最小原则。使用最少的投资达到系统功能要求。

（7）便于科学管理和信息传递原则。信息传递与管理是实现科学管理的关键。

三、装配式混凝土构件制作工艺

（一）固定台模工艺

固定台模工艺是 PC 构件制作应用最广泛的工艺，固定模台是一块平整度较高的钢结构平台，也可以是高平整度高强度的水泥基材料平台，固定模台作为 PC 构件的底模，在模台固定构件侧模，组合成完整的模具。固定模台工艺的设计主要是根据生产规模，车间里布置一定数量的固定模台，组模、放置钢筋与预埋件，浇注、振捣混凝土，养护构件和拆模都在固定模台上进行。固定模台可以生产柱、梁，楼板、墙板、楼梯、飘窗、阳台板、转角构件等各式构件，它的最大优势是适用范围广，灵活方便，适应性强，启动资金较少。

有些构件的模具自带底模，如立式浇筑的柱子，在 U 形模具中制作的梁、柱等。自带底模的模具不用固定在固定模台上，其他工艺流程与固定模台工艺一样。

（二）立模工艺

立模工艺是 PC 构件固定生产方式的一种。立模工艺与固定模台工艺的区别是：固定模台工艺构件是"躺着"浇筑的，而立模工艺构件是立着浇筑的。立模有独立立模和组合立模。立着浇筑的柱子或侧立浇筑的楼梯板的模具属于立模；成组浇筑的墙板模具属于组合立模。

组合立模的模板可以在轨道上平行移动，在安放钢筋、套筒、预埋件时，模板移开一定距离，留出足够的作业空间，安放钢筋等结束后，模板移动到墙板宽度所要求的位置，然后再封堵侧模。

立模工艺适合无装饰面层、无门窗洞口的墙板、清水混凝土柱子和楼梯等。其最大优势是节约用地。立模工艺制作的构件，立面没有抹压面，脱模后也无须翻转。立模不适合楼板、梁、夹芯保温板、装饰一体化板制作；侧边出筋复杂的剪力墙板也不大适合；柱子也仅限于要求 4 面光洁的柱子，因为柱立模成本较高。

（三）预应力工艺

预应力工艺是 PC 构件固定生产方式的一种（也称长线台模工艺），分为先张法工艺和后张法工艺。

先张法工艺用于制作大跨度预应力混凝土楼板、预应力叠合楼板或预应力空心楼板。先张法预应力工艺是在固定的钢筋张拉台上制作构件，钢筋张拉是一个长条平台，两端是钢筋张拉设备和固定端，钢筋张拉后在长条台上浇筑混凝土，养护达到要求后，拆卸边模和肋模，然后卸载钢筋拉力，切割预应力楼板。除钢筋张拉和楼板切割，其他工艺环节与固定模台工艺接近。

后张法工艺主要用于制作预应力梁、板或预应力叠合梁，其工艺方法与固定模台工艺接近。构件预留预应力钢筋（或钢绞线）孔，钢筋张拉在构件达到要求强度后才进行。

（四）流水线工艺

1. 平模传送流水工艺

平模传送流水线工艺是将模台（也称移动台模或托盘）放置在滚轴或轨道上，使其移动。首先在组模区组模；然后移动到放置钢筋和预埋件的作业区段，进行钢筋和预埋件的入模作业；然后再移动到浇筑振捣平台上进行混凝土浇筑；完成浇筑后，模台下的平台振动，对混凝土进行振捣，之后，模台移动到养护窑进行养护；养护结束出窑后，移到脱模区脱模，构件成被吊起，或在翻转台翻转后吊起，然后运送到构件存放区存放。

流水线工艺适合非预应力叠合楼板、双面空心墙板和无装饰层墙板的制作。有手控、半自动和全自动三种类型的流水线。对于类型单一、出筋不复杂、作业环节不复杂的构件，流水线可达到很高的自动化和智能化水平；全自动的流水线可自动清扫模具、自动涂刷脱模剂、计算机在模台上画出模具边线和预埋件位置、机械臂安放磁性边模和预埋件、自动化加工钢筋等网；自动布料浇筑振捣、养护窑计算机控制养护温度与湿度、自动脱模翻转、自动回收边模等。

2. 平模机组流水工艺

生产线一般建在厂房内，适合生产板类构件，如民用建筑的楼板、墙板、阳台板、楼梯段，工业建筑的屋面板等。在模内布筋后，用吊车将模板吊至指定工位，利用浇灌机往模内灌筑混凝土，经振动梁（或振动台）振动成型后，再用吊车将模板连同成型好的构件送去养护。这种工艺的特点是主要机械设备相对固定，模板借助吊车的吊运，在移动过程中完成构件的成型。

（五）压力成型工艺

压力成型工艺是预制混凝土构件工艺的新发展。特点是不用振动成型，可以消除噪声。如荷兰、联邦德国、美国采用的滚压法，混凝土用浇灌机灌入钢模后，用滚压机碾实，经过压缩的板材进入隧道窑内养护。又如英国采用大型滚压机生产墙板的压轧法等。

第二节 预制构件的制作规程

一、一般规定

（1）预制构件生产企业应有保证生产质量要求的生产工艺和设备设施，且应有健全的质量管理及安全保证体系。

（2）预制构件制作深化设计的内容包括：

1）预制构件模板图、钢筋图、预埋件及细部构造图等。

2）采用饰面装饰效果的构件应绘制饰面排版图。

3）预制混凝土夹芯保温板内外叶墙板连接件布置图及保温板排版图。

4）预制构件脱模、翻转及吊装过程中混凝土构件及连接件的强度验算。

（3）预制构件生产企业应绘制模具加工图和钢筋翻样图等。

（4）预制构件制作应编制生产计划、加工方案、质量控制、成品保护、运输方案等，由技术负责人审批后，方可实施。

（5）预制构件的各项性能指标应符合现行国家标准、设计文件及合同的有关规定。对合格产品应有出厂质量合格证明、进场验收记录；对不合格产品应标识、记录、评价、隔离并按规定处置。

二、前期准备

（1）根据施工企业的构件进场计划，预制构件生产企业应编制构件生产计划，生产车间根据生产任务单安排生产。

（2）原材料进场后，材料部门应组织验收，包括收取料单、材料质保书及产品合格证，并对材料的生产厂家、产地、型号、规格、种类、数量及材料外观进行验收，设立专用台账登记。同时应通知实验室取样，对进场材料进行复试。原材料进场验收合格后，方可进入堆场并分仓堆放，严禁混仓。

（3）埋入灌浆套筒的预制构件生产前，应对不同钢筋生产企业的进场钢筋进行接头工艺检验，当更换钢筋生产企业，或同生产企业生产的钢筋外形尺寸与已完成工艺检验的钢筋有较大差异时，应再次进行工艺检验。接头工艺检验应符合下列规定。

1）工艺检验应按模拟施工条件制作接头试件，并应按接头提供单位的施工操作要求进行。

2）每种规格钢筋应制作 3 个对中套筒灌浆连接接头，并应检查灌浆质量。

3）采用灌浆料拌和物制作的 40mm×40mm×160mm 试件不应少于 1 组。

4）接头试件及灌浆料试件应在标准养护条件下养护 28 天。

5）每个接头试件的抗拉强度、屈服强度应符合《钢筋套筒灌浆连接应用技术规程》（JGJ 355—2015）第 3.2.2 条、第 3.2.3 条的规定，3 个接头试件残余变形的平均值应符合《钢筋套筒灌浆连接应用技术规程》（JGJ 355—2015）表 3.2.6 的规定；灌浆料抗压强度应符合《钢筋套筒灌浆连接应用技术规程》（JGJ 355—2015）第 3.1.3 条规定的 28 天强度的要求。

6）接头试件在量测残余变形后可再进行抗拉强度试验，并应按现行行业标准《钢筋机械连接技术规程》（JGJ 107—2016）规定的钢筋机械连接型式检验单向拉伸加载制度进行试验。

7）第一次工艺检验中 1 个试件抗拉强度或 3 个试件的残余变形平均值不合格时，可再抽 3 个试件进行复检，复检仍不合格判为工艺检验不合格。

8）工艺检验应由专业检测机构进行，并应按《钢筋套筒灌浆连接应用技术规程》（JGJ 355—2015）附录 A 第 A.0.2 条规定的格式出具检验报告。

（4）构件生产企业的机械设备管理人员应对运行的机械设备进行日常巡检，发现有违反岗位纪律、机械运转异常、保养不良、事故隐患、记录不全等情况，应立即采取措施予以纠正或排除，并做好检查记录。

三、模具制作与拼装

1. 模具制作

（1）模具设计应兼顾周转使用次数和经济性原则，合理选用模具材料，以标准化设计、组合式拼装、通用化使用为目标。在保证模具品质和周转次数的基础上，尽可能减轻模具重量，方便人工组装。

（2）模具构造应保证拆卸方便，连接可靠，定位准确，且应保证混凝土构件顺利脱模。

（3）模具底模可采用固定式钢模台，侧模宜采用钢材或铝合金。当预制构件造型或饰面特殊时，宜采用硅胶模与钢模组合等形式。

（4）钢模必须具有足够的承载力、刚度和稳定性，其设计及制造应符合行业标准《预制混凝土构件钢模板》（JG/T 3032—1995）的有关规定。

（5）铝模在加工厂成批投产前和投产后都应进行荷载试验，检验模板的强度、刚度和焊接质量等综合性能，经检验被评定为合格后，签发产品合格证方准出厂，并附说明书。

（6）硅胶模作为饰面底模时，制作尺寸可适当放大，待拼装完成后做最后裁边。

（7）模具经检查不能满足使用和质量要求时应禁止使用并做好登记手续。

2. 模具拼装

（1）模具到厂定位后的精度必须复测，试生产实物预制构件的各项检测指标均在标准的允许公差内，方可投入正常生产。

（2）侧模和底模应具有足够的刚度、强度和稳定性，并符合构件精度要求，且模具尺寸应符合表 3-1 的规定。

表 3-1　　　　　　　　　　　　　　模具尺寸的允许偏差

检验项目及内容		允许偏差（mm）	检验方法
长度	≤6m	1，−2	用钢尺量平行构件高度方向，取其中偏差绝对值较大处
	>6m 且≤12m	2，−4	
	>12m	3，−5	
截面尺寸	墙板	1，−2	用钢尺测量两端或中部，取其中偏差绝对值较大处
	其他构件	2，−4	
对角线差		3	用钢尺量纵、横两个方向对角线
侧向弯曲		$L/1500$ 且≤5	拉线，用钢尺量侧向弯曲最大处
翘曲		$L/1500$	对角拉线测量交点间距离值
底模表面平整度		2	用 2m 靠尺和塞尺检查
组装缝隙		1	用塞片或塞尺量
端模与侧模高低差		1	用钢尺量

注　L 为模具与混凝土接触面中最长边的尺寸。

（3）侧模和底模的材料宜选用钢材，所选用的材料应有质量证明书或检验报告。

（4）模具与底模固定方式分为定位销加螺栓固定方式和磁力盒固定方式。当采用磁力盒固定模具时，应选择符合模具特征和生产厂规定的磁力盒规格及布置要求。

（5）模具每次使用后，应清理干净，和混凝土接触部分不得留有水泥浆和混凝土残渣。

（6）使用硅胶模作为饰面底模时，硅胶模宜固定在底模上。硅胶模尺寸宜比模具内净尺寸大1～2mm，使硅胶模周边与侧模挤紧。

（7）硅胶模每次使用后，应储存于干燥的室内空间；表面需覆盖一层深色或黑色的塑料膜或其他防水材料；表面不能长期放置重载、尖硬的物品。

（8）预制混凝土构件在钢筋骨架入模前，应在模具表面均匀涂抹脱模剂。用石材或面砖饰面的预制混凝土构件应在饰面入模前涂抹脱模剂，饰面与模具接触面不得涂抹脱模剂。艺术造型构件的硅胶造型模具应采用专用的脱模剂。

四、饰面制作

（1）外装饰石材、面砖的图案、分割、色彩、尺寸应符合设计文件的有关要求。

（2）预制构件外饰面采用石材或面砖时宜采用水平浇筑反打成型工艺。

（3）外装饰石材、面砖铺贴之前应清理模具，并在底模上绘制安装控制线，按控制线校正饰面铺贴位置并采用双面胶或硅胶固定。

（4）外装饰石材、面砖与底模之间应设置橡胶垫或保护胶带，防止饰面污染。

（5）石材和面砖铺设后表面应平整，接缝应顺直，接缝的宽度和深度应符合设计要求。

（6）石材入模铺设前，应根据板材排版图核对石材尺寸，并提前在背面安装锚固卡钩和涂刷防泛碱处理剂，卡钩的使用部位、数量和方向按预制构件设计深化图纸确定：

1）锚固卡钩宜选用不锈钢304及以上牌号，直径宜选用4mm。

2）饰面石材宜选用材质较为致密的花岗岩等材料，厚度宜大于25mm。

3）石材锚固卡钩每平方米使用数量应根据项目选用的锚固卡钩形式、石材品种、石材厚度做相应的拉拔及抗剪试验后由设计确定。

（7）石材在铺设时应在石材间的缝隙中嵌入硬质橡胶进行定位，且橡胶厚度应与设计板缝一致。

（8）面砖入模铺设前，应先将单块面砖根据构件加工图的要求分块制成套件，套件的尺寸应根据构件饰面砖的大小、图案、颜色取一个或若干个单元组成，每块套件的尺寸不宜大于300mm×600mm。

（9）面砖薄膜的粘贴不得有折皱，不应伸出面砖，端头应平齐。面砖上的薄膜应压实，嵌条上的薄膜宜采用钢制铁棒沿接缝将嵌缝条压实。

（10）石材或面砖需要调换时，应采用专用修补材料，并对接缝进行修整，保证与原来接缝的外观质量一致。

（11）外墙板石材、面砖粘贴的允许偏差应符合表3-2的规定。

表3-2　　　　　　　　　　外墙板石材、面砖粘贴的允许偏差

项目	允许偏差（mm）	检验方法
表面平整度	2	2m靠尺和塞尺检查
阳角方正	2	角尺检查
上口平直	2	拉线，钢直尺检查
接缝平直	3	钢直尺和塞尺检查
接缝深度	1	
接缝宽度	1	钢直尺检查

（12）清水饰面的构件表面应平整、光滑，棱角、线槽应顺畅，大于 1mm 的气孔应进行填充修补。

五、钢筋骨架制作与安装

1. 钢筋骨架制作

（1）钢筋应有产品合格证，并应按有关标准规定进行复试检验，钢筋的质量必须符合现行有关标准的规定。

（2）钢筋骨架尺寸应准确，钢筋规格、数量、位置和连接方法等应符合有关标准规定和设计文件要求。

（3）钢筋配料应根据构件配筋图，先绘制出各种形状和规格的单根钢筋简图并进行编号，然后分别计算钢筋下料长度和根数，填写配料单，申请加工。

（4）钢筋的切断方法分为手动切断和自动切断两种，在切断过程中，如发现钢筋有劈裂、缩头或严重的弯头等必须切除；发现钢筋的硬度与该钢筋品种有较大的出入，宜做进一步的检查。钢筋的断口不得有马蹄形或起弯等现象。

（5）钢筋弯曲应先画线定出弯曲长度，再试弯以确定弯曲弧度，最后弯曲成型，其形状、尺寸应符合设计要求。

（6）钢筋骨架中钢筋接头连接方式一般采用焊接、绑扎等。绑扎连接需要较长的搭接长度，浪费钢筋，宜限制使用；焊接方法较多，成本较低，宜优先选用。

（7）钢筋加工生产线宜采用自动化数控设备，如自动弯箍机、钢筋网片机等，提高钢筋加工的精度、质量和效率；钢筋加工半成品应集中妥善放置，便于后期调度使用。

2. 钢筋骨架安装

（1）钢筋网和钢筋骨架在整体装运、吊装就位时，应采用多吊点的起吊方式，防止发生扭曲、弯折、歪斜等变形。吊点应根据其尺寸、重量及刚度而定，宽度大于 1m 的水平钢筋网宜采用四点起吊，跨度小于 6m 的钢筋骨架宜采用二点起吊，跨度大、刚度差的钢筋骨架宜采用横吊梁（铁扁担）四点起吊。为了防止吊点处钢筋受力变形，宜采取兜底吊或增加辅助用具。

（2）钢筋入模时，应平直、无损伤，表面不得有油污、颗粒状或片状老锈，且应轻放，防止变形。

（3）保护层垫块应根据钢筋规格和间距按梅花状布置，与钢筋网片或骨架连接牢固，保护层厚度应符合国家现行标准和设计要求。

（4）构件连接埋件、开口部位，特别要求配置加强筋的部位，应根据图纸要求配制加强筋。加强筋应有两处以上部位绑扎固定。

（5）绑扎丝的末梢应向内侧弯折。

（6）钢筋网片或骨架安装位置的允许偏差应符合表 3-3 的规定。

表 3-3　　　　　　　　　　　**钢筋网和钢筋骨架尺寸允许偏差**

项目		允许偏差（mm）	检验方法
钢筋网片	长、宽	±5	钢尺检查
	网眼尺寸	±5	钢尺量连续三挡，取最大值
钢筋骨架	长	±5	钢尺检查
	宽、高	±5	钢尺检查

项目			允许偏差（mm）	检验方法
受力钢筋	间距		±5	钢尺量两端、中间各一点，取最大值
	排距		±5	
	保护层	柱、梁	±5	钢尺检查
		板、墙	±3	钢尺检查
钢筋、横向钢筋间距			±5	钢尺量连续三挡，取最大值
钢筋弯起点位置			15	钢尺检查

六、预埋件安装

（1）预埋件安装位置应准确，并满足方向性、密封性、绝缘性和牢固性等要求。

（2）金属预埋件要固定在产品尺寸允许误差范围以内的位置，且预埋件必须全部采用夹具固定。

（3）当预埋件为混凝土表面平埋的钢板，且其短边的长度大于200mm时，应在中部加开排气孔；当预埋件带有螺丝牙时，其外露螺牙部分应先用黄油满涂，再用韧性纸或薄膜包裹保护，构件安装时方可剥除。

（4）固定在模板上的预埋件、预留孔和预留洞的安装位置的偏差应符合表3-4的规定。

表3-4   **预埋件和预留孔洞的允许偏差**

项目			允许偏差（mm）	检验方法
预埋钢筋锚固板	中心线位置		3	钢尺检查
	安装平整度		0，−3	靠尺和塞尺检查
预埋管、预留孔	中心线位置		3	钢尺检查
	孔尺寸		±3	钢尺检查
门窗口	中心线位置		3	钢尺检查
	宽度、高度		±2	钢尺检查
插筋	灌浆套筒外露钢筋	中心线位置	+2，0	钢尺检查
		外露长度	+10，0	钢尺检查
	其他	中心线位置	3	钢尺检查
		外露长度	+5，0	钢尺检查
预埋吊环	中心线位置		3	钢尺检查
	外露长度		+8，0	钢尺检查
预留洞	中心线位置		3	钢尺检查
	尺寸		±3	钢尺检查
预埋螺栓	螺栓中心线位置		2	钢尺检查
	螺栓外露长度		±2	钢尺检查
钢筋套筒	中心线位置		1	钢尺检查
	平整度		±1	钢尺检查

七、门窗框安装

（1）门窗框应在浇筑混凝土前预先安装于模具中，窗框的位置、预埋深度应符合设计要求：

1）应根据门窗位置及门窗台的尺寸设计上下模具。

2）安装时先将下窗模固定于底模上，按开启方向将门窗安装于下窗模上，然后安装上窗模并固定，最后按要求安装锚固件。

3）上下模具与门窗之间宜设置橡胶等柔性密封材料。

（2）门窗框在构件制作、驳运、堆放、安装过程中，应进行包裹或遮挡，避免污染、划伤和损坏门窗框。

（3）门窗框安装位置应逐件检验，允许偏差应符合表3-5的规定。

表3-5　　　　　　　　　　门框和窗框安装允许偏差和检验方法

项目		允许偏差（mm）	检验方法
锚固脚片	中心线位置	5	钢尺检查
	外露长度	+5，0	钢尺检查
门窗框位置		±1.5	钢尺检查
门窗框高、宽		±1.5	钢尺检查
门窗框对角线		±1.5	钢尺检查
门窗框的平整度		1.5	靠尺检查

八、保温材料铺设

（1）带夹芯保温材料的预制构件宜采用平模工艺成型，当采用一次成型工艺时，应先浇筑外叶混凝土层，再安装保温材料和连接件，最后在外叶混凝土初凝前成型内叶混凝土层；当采用二次成型工艺时，应先浇筑外叶混凝土层，再安装连接件，隔天再铺装保温板和浇筑内叶混凝土层。

（2）当采用立模工艺生产时，应同步浇筑内外叶混凝土层，生产时应采取可靠措施保证内外叶混凝土厚度、保温材料及连接件的位置准确。

（3）保温板铺设前应按设计图纸和施工要求，确认连接件和保温板满足要求后，方可安放连接件和铺设保温板，保温板铺设应紧密排列。

（4）夹芯保温墙板主要采用FRP连接件或金属连接件将内外叶混凝土层连接，在构件成型过程中，应确保FRP连接件或金属连接件的锚固长度，且混凝土坍落度宜控制在140～180mm范围内，以保证混凝土与连接件间的有效握裹力。

（5）当使用FRP连接件时，保温板应预先打孔，且在插入过程中应使FRP塑料护套与保温材料表面平齐并旋转90°。

（6）当使用垂直状态金属连接件时，可轻压保温板使其直接穿过连接件；当使用非垂直状态金属连接件时，保温板应预先开槽后再铺设，且对铺设过程中损坏部分的保温材料补充完整。

九、混凝土浇筑

（1）混凝土强度等级、混凝土所用原材料、混凝土配合比设计、耐久性和工作性应满足现行国家标准和工程设计要求。

（2）混凝土浇筑前，应检查和控制模板、钢筋、保护层和预埋件等的尺寸、规格、数量和位置，其偏差值应满足相关规定。此外，还应检查模板支撑的稳定性及模板接缝的密合情况。模板和隐蔽工程项目应分别进行预检和隐蔽验收。符合要求时，方可进行浇筑。

（3）混凝土浇筑前，应清理干净模板内的垃圾和杂物，且封堵金属模板中的缝隙和孔洞、钢筋连接套筒及预埋螺栓孔。

（4）混凝土浇筑时应控制混凝土从搅拌机卸料到浇筑完毕的时间，不宜超过表 3-6 的规定。

表 3-6　　　　　　　　混凝土运输、浇筑和间歇的适宜时间

混凝土强度等级	气温	
	≤25℃	>25℃
>C30	60min	45min
≥C30	45min	30min

（5）混凝土浇筑时投料高度不宜大于 500mm，且应均匀摊铺。

（6）混凝土浇筑宜一次完成，必须分层浇筑时，其分层厚度应符合表 3-7 的规定，浇筑次层混凝土时，振捣应深入前层 20～50mm，且应在前层混凝土出机未超过表 3-6 规定的时间内进行。

表 3-7　　　　　　　　混凝土浇筑层的厚度

序号	捣实混凝土的方法		浇筑层厚度
1	插入式振捣器		振捣器作用部分的长度的 1.25 倍
2	表面振捣器		200mm
3	人工捣固	在基础、无筋混凝土或配筋稀疏的结构中	250mm
		在梁、墙板、柱结构中	200mm
		在配筋密列的结构中	150mm
4	轻骨料混凝土	插入式振捣	300mm
		表面振捣（振动时需加荷）	200mm

（7）混凝土浇筑成型应采用机械振捣密实，振动器包括内部振动器（振动棒）、外部振动器（附着式）、表面振动器（平面振动器）、平台振动器四大类。

（8）混凝土浇筑过程应连续进行，同时观察模板、钢筋、预埋件和预留孔洞的情况，当发现有变形、移位时，应立即停止浇筑，并在已浇筑混凝土初凝前对发生变形或移位的部位进行调整，完成后方可进行后续浇筑工作。

十、构件面层处理

（1）预制构件混凝土收水抹面可分为木质抹刀收平和金属抹刀收光，收水抹面一般要进

行 3~4 遍，第 1 道收水抹面应在振捣完成后完成，最后 1 道收水抹面应在将要初凝前几分钟完成，中间几道收水抹面应根据混凝土浇筑环境、构件规格及操作工人的经验和操作方法完成。

（2）预制构件与后浇混凝土的结合面或叠合面应按设计要求制成粗糙面和键槽，粗糙面可采用拉毛处理方法，也可采用化学和其他物理处理方法。

（3）采用拉毛处理方法时应在混凝土达到初凝状态前完成，粗糙面的凹凸度差值不宜小于 4mm。拉毛操作时间应根据混凝土配合比、气温及空气湿度等因素综合把控，过早拉毛会导致粗糙度降低，过晚会导致拉毛困难甚至影响混凝土表面强度。

（4）采用化学缓凝剂方法时应根据设计要求选择适宜缓凝深度的缓凝剂，使用时应将缓凝剂均匀涂刷模板表面或新浇混凝土表面，待构件养护结束后用高压水冲洗混凝土表面，最后确认粗糙面深度是否满足要求。如无法满足设计要求，可通过调整缓凝剂品种解决。

十一、构件养护

（1）预制构件养护可采用自然养护和加热养护等养护方式，具体可根据气温、生产进度、构件类型等影响因素选择合适的养护方式。

（2）根据场地条件及预制工艺的不同，加热养护方式可分为：平台加罩养护和立体养护窑等，分别适用于固定台座和机组流水线生产组织方式，其中立体养护窑占地面积小，而且单位养护能耗较低。

（3）预制构件加热养护制度应分静停、升温、恒温和降温四个阶段，养护过程应符合下列规定。

1）静停时间为混凝土全部浇捣完成后到进入养护室前的时间，不宜少于 2h。

2）升温速度不得大于 15℃/h。

3）恒温时养护最高温度不宜超过 55℃，恒温时间不宜少于 3h。

4）降温速度不宜大于 10℃/h。

5）采用加热养护时应注意预埋热塑性等部件的变形情况。

6）加热养护完成后，预制混凝土构件表面温度与环境温度的温度差不高于 20℃时，方可运出养护室进行脱模工作。

十二、构件脱模

（1）构件脱模宜先从侧模开始，先拆除固定预埋件的夹具，再打开其他模板。脱侧模时，不应损伤预制构件，不得使用振动方式脱模。

（2）预制构件起吊前，应确认构件与模具间的连接部分完全拆除后方可起吊。

（3）预制构件脱模起吊前应检验其同条件养护的混凝土试块抗压强度，如无特殊要求时，达到 15MPa 以上方可脱模起吊；否则应按起吊受力验算结果并通过实物起吊验证确定安全起吊混凝土强度值。

（4）预制构件起吊的吊点设置，除强度应符合设计要求外，还应满足平稳起吊的要求，平吊吊运宜不少于 4 个且不多于 6 个吊点，侧吊吊运宜不少于 2 个不多于 4 个吊点，且宜对称布置。

（5）复杂预制构件应设置临时固定工具，且吊点和吊具应进行专门设计。

十三、构件修整

（1）预制构件脱模后如需修整，应符合下列要求。

1）在预制构件堆放区域旁应设置专门的整修场地，在整修场地内可对刚脱模的构件进行清理、质量检查和修补。

2）对于构件各种类型的外观缺陷，预制构件生产企业应制订相应的修补方案，并配有相应的修补材料和工具。

3）预制构件应在修补合格后再驳运至合格品堆放场地。

（2）密封条的黏结位置应根据设计图纸施工，长度裁剪准确，防止密封条尺寸过长或过短。

（3）粘贴密封条时，应确认黏结面干燥洁净，黏结剂应在混凝土和密封条两面均匀涂刷，且粘贴时从两端至中央开始，密封条不能过度张拉或压缩。

十四、构件标识

（1）构件应在脱模起吊至整修堆场或平台时进行标识，标识的内容应包括工程名称、产品名称、型号、编号、生产日期、制作单位和检查合格标识等。其中编号的内容应包括楼号、楼层（楼层范围）、构件名称等。

（2）标识应标注在构件显眼、容易辨识的位置，且在堆放与安装过程中不容易被损毁。

（3）标识应采用统一的编制形式，宜采用喷涂法或印章方式制作标识。

（4）基于预制构件生产信息化的要求，宜采用 RFID 芯片制作标识，用于记录构件生产过程中的各项信息。

第三节 预制构件的生产流程

预制构件生产的一般流程如图 3-6 所示。首先，脱模后的空模具经滚轮架线和码垛机运输到指定位置进行模具清理，经清理机除去混凝土残渣等杂物后，空模具被运送到模具画线机工作位置，模具画线机根据构件特征信息进行数控画线工作以确定侧模、窗模及预埋件等的安装位置。然后，经滚轮架线空模具依次被移至指定位置，进行侧模的安装和脱模剂的喷涂，为后续的浇筑工作进行准备。在混凝土浇筑前，需要根据构件型号在空模具上布置满足要求的钢筋及吊环等埋件。在混凝土的浇筑和振捣设备上，空模具经混凝土浇筑和振捣后，被转运到下一工作位置进行构件表面压平修饰。压平修饰后，模具被运送到码垛机等待下一步的蒸汽养护工作。码垛机将运送来的待蒸养构件按照一定的次序依次送入立体蒸养室进行蒸汽养护。在一定的温度和湿度条件下，达到蒸养时间的构件连同模具被码垛机运送到模具脱模设备上进行脱模，至此，构件的生产完成一个工作循环。生产好的构件经过检验后标注入库存放，准备出厂。下面重点介绍常见预制构件的生产工艺流程。

一、内墙制作工艺流程（见图 3-7）

1. 前期准备工作

（1）安装模具：按图施工确定模具具体尺寸。

（2）清理模具：保证模具上无固体尘杂、无散落细小构件。

（3）涂刷脱模剂：模具按材料分为两种，门窗洞口及暗梁处为铁制，其他为铝合金（铝合金部分：涂刷脱模剂；铁制部分：涂刷机油，防止模具生锈）。

（4）安装预埋固定件。

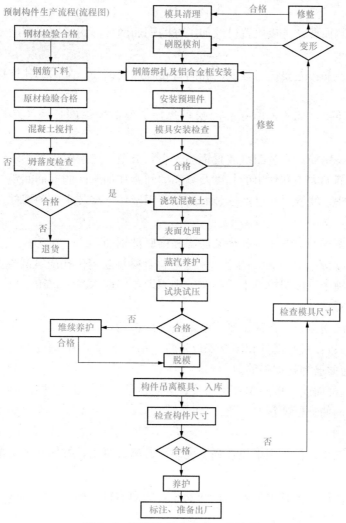

图 3-6 预制构件生产的一般流程

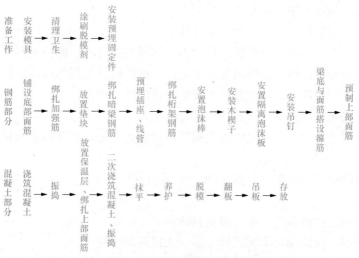

图 3-7 内墙制作工艺流程

2. 钢筋部分

（1）铺设底部面筋：直接放置已经加工好的钢筋网片。用老虎钳剪断多余部分。多余的留作修补用。

（2）绑扎加强筋：主要是对板四周和洞口布置加强钢筋。采用绑扎连接到每层的钢筋网片上。

（3）放置垫块：底部放置 10mm 的塑料垫块。保证钢筋网片统一抬高 10mm，无下陷区域。

（4）绑扎暗梁钢筋：安装图纸放置钢筋大小和类型，严按图控制梁端钢筋伸出形式、长度。按图放置箍筋的大小和伸出的长度及箍筋的间距和加密区的箍筋间距。

（5）预埋插座、线管：在已经安装好的预埋固定件上安装水电预埋件。区分预埋正反面的位置。

（6）绑扎桁架钢筋：按图绑扎桁架底部和梁底部钢筋。

（7）安置泡沫棒：用 20mm 的泡沫棒填堵叠合梁箍筋定位孔浇筑混凝土时防止漏浆。

（8）安装木楔子：按照模具上面预留的小洞埋置门窗木楔子，用于以后门框安装。木楔的数目必须满足要求。

（9）安置隔离泡沫板：按照图纸安装隔离泡沫板的位置和长度。

（10）安装吊钉：对照模具和图纸安放吊钉，吊钉下部采用绑扎的方式固定。

（11）梁底与面筋绑扎加强筋。

（12）绑扎上部面筋：按照模具尺寸放置上层钢筋网片，配置加强四周和洞口加强钢筋。但不要绑扎上部面筋、桁架钢筋、梁。

3. 混凝土部分

（1）浇筑混凝土：按照图纸设计强度浇筑以合格混凝土，按照企业标准随机取样。

（2）一次振捣。

（3）放置保温层、绑扎上部面筋：在安装好的泡沫板上铺放已经绑扎好的上部面筋，绑扎桁架和面筋及梁与面筋。

（4）二次浇筑混凝土振捣：按照图纸设计强度浇筑，以合格混凝土按照企业标准随机取样。第二次振捣时间要少于一次振捣。

（5）抹平：采用机械（人工）收光工具抹平。

（6）养护：养护采取洒水、覆膜、喷涂养护剂等养护方式，养护时间不少于 14 天。

（7）脱模：对达到合格的构件采取人工脱模。拆除构件上部和门窗模具，清理预埋件表面薄膜。注意不能使用蛮力拆除模具，会破坏构件的整体性。

（8）翻板：采用挂钩或者卸爪挂住构件进行翻板。

（9）吊板：起吊机起吊，起吊时检查预制构件是否合格，并粘贴合格证。

（10）存放：按照顺序摆放整齐。

二、隔墙板制作工艺流程（见图 3-8）

1. 前期准备工作

（1）安装模具：按图施工，确定模具具体尺寸。

（2）清理模具：保证模具上无固体尘杂、无散落细小构件。

（3）涂刷脱模剂：模具按材料分为两种，门窗洞口及暗梁处为铁制，其他为铝合金（铝合金部分：涂刷脱模剂；铁制部分：涂刷机油，防止模具生锈）。

（4）安装预埋固定件。

2. 钢筋部分

（1）铺设底部面筋：直接放置已经加工好的钢筋网片。用老虎钳间断多余部分，多余的留作修补用。

（2）绑扎加强筋：主要是对板四周和洞口布置加强钢筋。采用绑扎连接到每层的钢筋网片上。

（3）放置垫块：底部放置 10mm 的塑料垫块。保证钢筋网片统一抬高 10mm，无下陷区域。

（4）预埋插座、线管：在已经安装好的预埋固定件上安装水电预埋件。注意区分预埋正反面的位置。

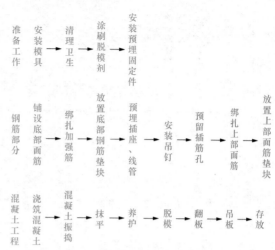

图 3-8　隔墙板制作工艺流程

（5）安装吊钉：对照模具和图纸安放吊钉，吊钉下部采用绑扎的方式固定。

（6）预留插筋孔。

（7）绑扎上部面筋：按照模具尺寸放置上层钢筋网片，配置四周和洞口加强钢筋。但不要绑扎上部面筋及桁架钢筋和梁。

（8）放置上部面筋垫块：放置 75mm 的塑料垫块。保证钢筋网片统一高 75mm，无下陷区域。

3. 混凝土部分

（1）浇筑混凝土：按照图纸设计强度浇筑，以合格混凝土按照企业标准随机取样。

（2）混凝土振捣：振捣完成后查看预埋件是否存在跑位，如有跑位采用人工归正。

（3）抹平：采用机械（人工）收光工具抹平。

（4）养护：养护采取洒水、覆膜、喷涂养护剂等养护方式，养护时间不少于 14 天。

（5）脱模：对达到和格的构件采取人工脱模。清理预埋件表面薄膜。不能使用蛮力拆除模具，会破坏构件的整体性。

（6）翻板：采用挂钩或者卸爪挂住构件进行翻板。

（7）吊板：起吊机起吊，起吊后检查预制构件是否合格，并粘贴合格证。

（8）存放：按照施工顺序摆放整齐。

三、外挂板制作工艺流程（见图 3-9）

1. 前期准备工作

（1）安装模具：按图施工，确定模具具体尺寸。

（2）清理模具：保证模具上无固体尘杂、无散落细小构件。

（3）涂刷脱模剂：模具按材料分为两种，门窗洞口及暗梁处为铁制，其他为铝合金（铝合金部分：涂刷脱模剂；铁制部分：涂刷机油，防止模具生锈）。

2. 钢筋部分

（1）铺设底部面筋：直接放置已经加工好的钢筋网片。用老虎钳剪断多余部分。多余的留作修补用。

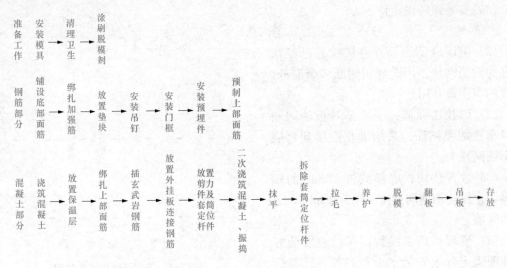

图 3-9　外挂板制作工艺流程

（2）绑扎加强筋：绑扎底部加强筋，同时绑扎上部加强筋。

（3）放置垫块：底部放置 10mm 的塑料垫块。保证钢筋网片统一抬高 10mm，无下陷区域。

（4）安装吊钉。

（5）安装门框：用螺丝钻孔固定。

（6）安装预埋件：在已经安装好的预埋固定件上安装水电预埋件。区分预埋正反面的位置。

（7）绑扎上部面筋：按照模具尺寸放置上层钢筋网片，绑扎预制好的加强四周和洞口加强钢筋。但不要绑扎上部面筋及桁架钢筋和梁。

3. 混凝土部分

（1）浇筑混凝土：按照图纸设计强度浇筑，以合格混凝土按照企业标准随机取样。

（2）放置保温层。

（3）绑扎上部面筋。

（4）插玄武岩钢筋：按照图纸要求放置玄武岩钢筋，摆放完成后用锤子轻轻击入保温板。

（5）放置外挂板连接钢筋。

（6）定尺寸放置剪力键及套筒定位杆件。

（7）二次浇筑，混凝土振捣。

（8）抹平：采用机械（人工）收光工具抹平。

（9）拆除套筒定位杆件。

（10）拉毛：减少光滑度，防止结合不牢，提高黏结力。

（11）养护：养护采取洒水覆膜，喷涂养护剂等养护方式，养护时间不少于 14 天。

（12）脱模：对达到和格的构件采取人工脱模。用撬棍轻击至顶部模具脱离并拆除构件上部和门窗模具，清理预埋件表面薄膜，不能使用蛮力拆除模具，会破坏构件的整体性，然后采用机械起吊脱模。

（13）翻板：采用挂钩或者卸爪挂住构件进行翻板。

（14）吊板：起吊机起吊，起吊时检查预制构件是否合格并粘贴合格证。

（15）存放：按照顺序摆放整齐。

四、叠合楼板制作工艺流程（见图 3 - 10）

1. 前期工作

（1）安装模具。

（2）清理模具：保证模具上无固体尘杂、无散落细小构件。

（3）涂刷脱模剂：模具按材料分为两种，门窗洞口及暗梁处为铁制，其他为铝合金（铝合金部分：涂刷脱模剂；铁制部分：涂刷机油，防止模具生锈）。

2. 钢筋工程

（1）铺设底部面筋：直接放置已

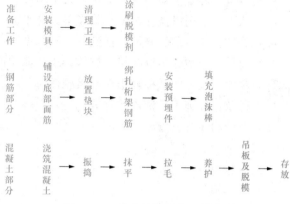

图 3 - 10 叠合楼板制作工艺流程

经加工好的钢筋网片。用老虎钳间断多余部分。多余的留作修补用。

（2）放置垫块：底部放置 10mm 的塑料垫块。保证钢筋网片统一抬高 10mm，无下陷区域。

（3）绑扎桁架钢筋：按图绑扎桁架与底部钢筋。

（4）安装预埋件：在已经安装好的预理固定件上安装水电预埋件。区分预埋正反面的位置。

（5）填塞泡沫棒：周边空缺处填塞泡沫棒，防止浇筑时漏浆。

3. 混凝土部分

（1）浇筑：混凝土采用机械浇筑，人工填补。

（2）振捣：平面振捣时如有预制构件需人工用手按压，防止跑位。

（3）抹平：采用机械（人工）收光工具抹平。

（4）拉毛：减少光滑度，防止结合不牢，提高黏结力。

（5）养护：养护采取洒水、覆膜、喷涂养护剂等养护方式。养护时间不少于 14 天。

（6）吊板及脱模：起吊机直接起吊脱模，吊钩挂于桁架钢筋即可起吊，并粘贴合格证。

（7）存放：按照顺序摆放整齐。

五、预制梁制作工艺流程（见图 3 - 11）

1. 前期准备工作

（1）清理模具：用锤子或铲子轻击模具，使模具中残留混凝土脱落，然后清扫干净。

（2）涂刷脱模剂：铝合金部分：涂刷脱模剂；铁制部分：涂刷机油，防止模具生锈。

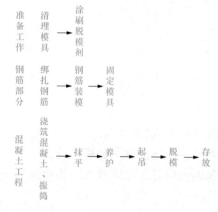

图 3 - 11 预制梁制作工艺流程

2. 钢筋部分

(1) 绑扎钢筋：按照图纸要求提前绑扎钢筋，统一堆放。

(2) 钢筋装模：钢筋入模后人工调整其整齐度，避免钢筋位置偏移。

(3) 固定模具：用螺旋杆件固定模具，避免混凝土浇筑引起跑模。

3. 混凝土部分

(1) 浇筑：混凝土采用泵车浇筑，人工填补。

(2) 抹平：采用机械（人工）收光工具抹平。

(3) 养护：统一摆放养护，达到一定凝结度时可拆除侧模。

(4) 起吊：小型起吊机起吊，挂钩钩于预制梁两侧起吊筋上。

(5) 脱模：人工用铁棍轻击至模具脱落。

(6) 存放：按施工日期依次存放。

六、楼梯制作工艺流程（见图 3-12）

1. 前期准备工作

(1) 安装模具。

(2) 清理模具。

(3) 预埋螺杆。

(4) 上部吊钉预埋。

(5) 喷涂脱模剂四周需喷涂到位，方便脱模。

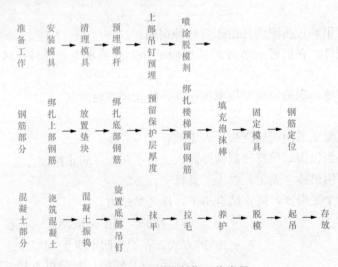

图 3-12 楼梯制作工艺流程

2. 钢筋部分

(1) 绑扎上部钢筋：按图纸要求摆放钢筋，用钢丝绑扎。

(2) 放置垫块：将垫块用钢丝绑扎在上部钢筋上，浇筑后形成保护层。

(3) 绑扎底部钢筋：用钢筋架起底部纵向筋，并用钢丝绑扎提前预留的横向筋。

(4) 预留保护层厚度抽离：架起钢筋，用钢丝将底部钢筋网悬吊在模具上，预留混凝土保护层厚度。

(5) 绑扎楼梯：预留钢筋。

（6）填充泡沫棒：防止混凝土浇筑时漏浆。

（7）固定模具：避免跑模。

（8）钢筋定位：用 PC 管对预留钢筋进行定位。

3. 混凝土部分

（1）浇筑：混凝土泵车浇筑混凝土，细部采用人工补齐。

（2）混凝土振捣：人工采用振捣棒振捣，达到一定密实度后可以拆除用于设置保护层厚度的钢筋。

（3）放置底部吊钉：倒插至混凝土中，安放距离要求离上部吊钉 300mm。

（4）抹平：表面洒水后人工抹平。

（5）拉毛：混凝土初凝后对底部表面进行拉毛处理。

（6）养护：浇筑完成后现场存放养护。

（7）脱模：拧开固定螺丝，用锤子和撬棍轻击至模具脱落。

（8）起吊。

（9）存放。

第四章　装配式混凝土预制构件质量验收

预制构件自身质量是整个工程质量的关键，但由于我国建筑工业化起步相对较晚，标准体系不够健全，专业人员和产业技术工人匮乏，预制构件质量通病时有发生。为了提升预制混凝土构件生产的技术水平，保障预制混凝土构件整体制作质量，实现生产管理工作的科学化、规范化、标准化，在认真总结国内外在预制混凝土构件生产实践中的经验和借鉴相关技术标准、成果，许多省市在广泛征求设计、施工、生产、监理、质检、建设单位意见的基础上制定了相应的预制构件质量验收标准，对预制构件生产做出了相应的要求。

第一节　预制构件质量验收基本规定

一、构件生产厂家质量责任

（1）构件生产厂家要根据施工图设计文件、预制构件深化设计文件和相关技术标准编制构件生产制作方案，方案应包含预制构件生产工艺、模具、生产计划、技术质量控制措施、成品保护措施、检测验收、堆放及运输、质量常见问题防治等内容，并综合考虑建设（监理）、施工单位关于质量和进度等方面要求，经企业技术负责人审批后实施。

（2）预制构件生产前，应当就构件生产制作过程关键工序、关键部位的施工工艺向工人进行技术交底；预制构件生产过程中，应当对隐蔽工程和每一检验批按相关规范进行验收并形成纸质及影像记录；预制构件施工安装前，应就关键工序、关键部位的安装注意事项向施工单位进行技术交底。

（3）预制构件用混凝土所需原材料及其存放条件、搅拌站（楼）或搅拌设备、制备、试验等均应满足《建筑施工机械与设备　混凝土搅拌站（楼）》（GB/T 10171—2016）及其他混凝土相关现行规定要求。

（4）建立健全原材料质量检测制度，检测程序、检测方案等应符合《建设工程质量检测管理办法》（原建设部令 141 号）、《房屋建筑和市政基础设施工程质量检测技术管理规范》（GB 50618—2011）等现行规定。

（5）建立健全预制构件制作质量检验制度。应与施工单位委托有资质的第三方检测机构对钢筋连接套筒与工程实际采用的钢筋、灌浆料的匹配性进行工艺检验。

（6）建立构件成品质量出厂检验和编码标识制度。应在构件显著位置进行唯一性信息化标识，并提供构件出厂合格证和使用说明书，预制构件出厂前质量检验及信息化标识应满足《预制构件出厂检验内容及要求》的要求。

（7）预制构件存放及运输过程中，应采取可靠措施避免预制构件受损、破坏。

（8）及时收集整理预制构件生产制作过程的质量控制资料，并作为出厂合格证的附件提供给施工单位，生产制作过程按相关规定全程进行信息化管理。

（9）参加首层或首个有代表性施工段试拼装及装配式混凝土结构子分部工程质量验收，对施工过程中所发现的生产问题提出改进措施，并及时对预制构件生产制作方案进行调整改进。

二、构件生产厂家的基本条件和要求

（1）预制构件生产企业应符合相应的资质等级管理要求，并建立完善的预制构件生产质量管理体系，应有预制构件生产必备的试验检测能力。

（2）预制构件加工制作前应审核预制构件加工图，具体内容包括：预制构件模具图、配筋图、预埋吊件及有关专业预埋件布置图等。加工图需要变更或完善时应及时办理变更文件。

（3）预制构件制作前应编制生产方案，具体内容包括生产计划及生产工艺、模具方案及模具计划、技术质量控制措施、成品码放、保护及运输方案等内容。必要时应进行预制构件脱模、吊运、码放、翻转及运输等相关内容的承载力验算。

（4）预制构件生产企业的各种检测、试验、张拉、计量等设备及仪器仪表均应检定合格，并在有效期内使用。

（5）预制构件所用的原材料质量，钢筋加工和焊接的力学性能，混凝土的强度，构件的结构性能，装饰材料、保温材料及拉接件的质量等均应根据现行有关标准进行检查试验，出具试验报告并存档备案。

（6）预制构件制作前，应依据设计要求和混凝土工作性要求进行混凝土配合比设计。必要时在预制构件生产前，应进行样品试制，经设计和监理认可后方可实施。

（7）预制构件的质量检验应按模具、钢筋、混凝土、预制构件等四个检验项目进行，检验时对新制作或改制后的模具、钢筋成品和预制构件应按件检验；对原材料、预埋件、钢筋半成品、重复使用的定型模具等应分批随机抽样检验；对混凝土拌和物工作性及强度应按批检验。

（8）模具、钢筋、混凝土和预制构件的制作质量，均应在班组自检、互检、交接检的基础上，由专职检验员进行检验。

（9）对检验合格的检验批，宜做出合格标识；检验批质量合格应符合下列规定。

1）主控项目的质量经抽样检验合格。

2）一般项目的质量经抽样检验合格。当采用计数检验时，除专门要求外，一般项目的合格点率应达到80%及以上，不合格点的偏差不得超过允许偏差的1.5倍，且不得有严重缺陷。

3）具有完整的生产操作依据和质量检验记录。

（10）检验资料应完整，其主要内容应包括混凝土、钢筋及受力埋件质量证明文件、主要材料进场复验报告、构件生产过程质量检验记录、结构试验记录（或报告）及其必要的试验或检验记录。

（11）质量检验部门应根据钢筋、混凝土、预制构件的试验、检验资料，评定预制构件的质量。当上述各检验项目的质量均合格时，方可评定为合格产品。预制构件部分非主控项目不合格时，允许采取措施修理后重新检验，合格后仍可评定为合格。

（12）对合格的预制构件应做出标识，标识内容应包括工程名称、构件型号、生产日期、生产单位、合格标识等。

（13）检验合格的预制构件应及时向使用单位出具"预制混凝土构件出厂合格证"；不合格的预制构件不得出厂。

（14）预制构件在生产、运输、存放过程中应采取适当的防护措施，防止预制构件损坏或污染。

（15）预制构件出厂必须提供标识与产品合格证。

1）按本规程要求检验合格后，工厂质检人员应对查合格的产品（半成品）签发合格证和说明书，并在预制混凝土构件表面醒目位置标注产品代码。标识不全的构件不得出厂。

2）预制构件应根据构件设计制作及施工要求设置编码系统，并在构件表面醒目位置设置标识。标识内容包括工程名称、构件型号、生产日期、生产单位、合格标识、监理签章等。

3）预制构件编码系统应包括构件型号、质量情况、安装部位、外观尺寸、生产日期（批次）、出厂日期及（合格）字样。

4）对条件具备的生产厂家，构件可同时进行表面喷涂和埋置 RFID 芯片两种形式标识。编码应在构件右下角表面醒目位置标识，RFID 芯片埋置位置应与表面喷涂位置一致。

5）预制构件出厂交付时，应向使用方提供验收材料有：隐蔽工程质量验收表；成品构件质量验收表；钢筋进厂复验报告；混凝土留样检验报告；保温材料、拉结件、套筒等主要材料进厂复验检验报告；产品合格证；其他相关的质量证明文件等资料。

第二节 模具质量验收

一、一般规定

（1）模具应具有足够的承载力、刚度和稳定性，保证在构件生产时能可靠承受浇筑混凝土的重量、侧压力及工作荷载。

（2）模具应支、拆方便，且应便于钢筋安装和混凝土浇筑、养护。

（3）隔离剂应具有良好的隔离效果，且不得影响脱模后混凝土表面的后期装饰。

二、主控项目

（1）用作底模的台座、胎模、地坪及铺设的底板等均应平整光洁，不得下沉、裂缝、起砂或起鼓。

（2）模具及所用材料、配件的品种、规格等应符合设计要求。

检查数量：全数检查。

检验方法：观察、检查设计图纸要求。

（3）模具的部件与部件之间应连接牢固；预制构件上的预埋件均应有可靠固定措施。

检查数量：全数检查。

检验方法：观察、摇动检查。

（4）清水混凝土构件的模具接缝应紧密，不得漏浆、漏水。

检查数量：全数检查。

检验方法：观察或测量。

三、一般项目

（1）模具内表面的隔离剂应涂刷均匀、无堆积，且不得沾污钢筋；在浇筑混凝土前，模具内应无杂物。

检查数量：全数检查。

检验方法：观察。

（2）板类构件、墙板类构件模具安装尺寸允许偏差应符合表4-1所示的规定。

检查数量：新制或大修后的模具应全数检查；使用中的模具应定期检查。

检验方法：观察或测量。

表 4-1　　　　　　　　　　板类构件、墙板类构件模具尺寸允许偏差

项次	检验项目		允许偏差（mm）
1	长（高）	墙板	0，-2
		其他板	±2
2	宽		0，-2
3	厚		±1
4	翼板厚		±1
5	肋宽		±2
6	檐高		±2
7	檐宽		±2
8	对角线差		$\Delta 4$
9	表面平整	清水面	$\Delta 1$
		普通面	$\Delta 2$
10	侧向弯曲	板	$\Delta L/1000$ 且 $\leqslant 4$
11		墙板	$\Delta L/1500$ 且 $\leqslant 2$
12	扭翘		$L/1500$
13	拼板表面高低差		0.5
14	门窗口位置偏移		2

注　L 为构件长度（mm），Δ 表示不允许超偏差项目。

（3）梁柱类构件模具的安装尺寸允许偏差应符合表4-2所示的规定。

检查数量：全数检查。

检验方法：观察和用尺量。

表 4-2　　　　　　　　　　梁柱类构件模具安装尺寸允许偏差

项次	检验项目		允许偏差（mm）
1	长	梁	±2
		薄腹梁、桁架、桩	±5
		柱	0，-3
2	宽		+2，-3
3	高（厚）		0，-2

续表

项次	检验项目		允许偏差（mm）
4	翼板厚		±2
5	侧向弯曲	梁、柱	$\Delta L/1000$ 且≤5
		薄腹梁、桁架、桩	$\Delta L/1500$ 且≤5
6	表面平整	清水面	$\Delta 1$
		普通面	$\Delta 2$
7	拼板表面高低差		0.5
8	梁设计起拱		±2
9	桩顶对角线差		3
10	端模平直		1
11	牛腿支撑面位置		±2

注　L 为构件长度（mm），Δ 表示不允许超偏差项目。

（4）固定在模具上的预埋件、预留孔和预留洞均不得遗漏，且应安装牢固，其偏差应符合表4-3所示的规定。

表4-3　　　　　　　　　　预埋件和预留孔洞的尺寸允许偏差

项次	检验项目		允许偏差（mm）
1	预埋钢板中心线位置		3
2	预埋管、预留孔中心线位置		3
3	插筋	中心线位置	5
		外露长度	+10，0
4	预埋螺栓	中心线位置	2
		外露长度	+5，0
5	预留洞	中心线位置	3
		尺寸	+3，0

第三节　钢筋及预埋件质量验收

一、一般规定

（1）钢筋、预应力筋及预埋件入模安装固定后，浇筑混凝土前应进行构件的隐蔽工程质量检查，其内容如下。

1）纵向受力钢筋的牌号、规格、数量、位置等。

2）钢筋的连接方式、接头位置、接头数量、接头面积百分率等。

3）箍筋、横向钢筋的牌号、规格、数量、间距等。

4）预应力筋的品种、规格、数量、位置等。

5）预应力筋锚具的品种、规格、数量、位置等。

6）预留孔道的规格、数量、位置，灌浆孔、排气孔、锚固区局部加强构造等。

7）预埋件的规格、数量、位置等。

（2）钢筋焊接应按现行行业标准《钢筋焊接及验收规程》（JGJ 18—2012）的规定制作试件进行焊接工艺试验，试验结果合格后方可进行焊接生产。

（3）采用钢筋机械连接接头及套筒灌浆连接接头的预制构件，应按国家现行相关标准的规定制作接头试件，试验结果合格后方可用于构件生产。

二、主控项目

（1）钢筋、预应力筋等应按国家现行有关标准的规定进行进场检验，其力学性能和重量偏差应符合设计要求或标准规定。

检查数量：按批检查。

检验方法：检查力学性能及重量偏差试验报告。

（2）冷加工钢筋的抗拉强度、延伸率等物理力学性能必须符合现行有关标准的规定。

检查数量：按批检查。

检验方法：检查出厂合格证和进场复验报告。

（3）预应力筋用锚具、夹具和连接器应按国家现行有关标准的规定进行进场检验，其性能应符合设计要求或标准规定。

检查数量：按批检查。

检验方法：检查出厂合格证和进场复验报告。

（4）预埋件用钢材及焊条的性能应符合设计要求。

检查数量：按批检查。

检验方法：检查出厂合格证。

（5）钢筋焊接接头及钢筋制品的焊接性能应按规定进行抽样试验，试验结果应符合现行国家标准《钢筋焊接及验收规程》规定。

检查数量：按批检查。

检验方法：检查焊接试件试验报告。

（6）钢筋接头的方式、位置、同一截面受力钢筋的接头百分率、钢筋的搭接长度及锚固长度等应符合设计要求或标准规定。

检查数量：全数检查。

检验方法：观察和量测。

三、一般项目

（1）钢筋、预应力筋表面应无损伤、裂纹、油污、颗粒状或片状老锈。

检查数量：全数检查。

检验方法：观察。

（2）锚具、夹具、连接器，金属螺旋管、灌浆套筒、结构预埋件等配件的外观应无污物、锈蚀、机械损伤和裂纹。

检查数量：全数检查。

检验方法：观察。

（3）钢筋半成品的外观质量要求应符合表4-4所示的规定。

检查数量：每一工作班检验次数不少于一次，每次以同一班组同一工序的钢筋半成品为一批，每批随机抽件数量不少于3件。

检验方法：观察。

表 4 - 4　　　　　　　　　钢筋半成品外观质量要求

项次	工序名称	检验项目		质量要求
1	冷拉	钢筋表面裂纹、断面明显粗细不匀		不应有
2	冷拔	钢筋表面斑痕、裂纹、纵向拉痕		不应有
3	调直	钢筋表面划伤、锤痕		不应有
4	切断	断口马蹄形		不应有
5	冷镦	镦头严重裂纹		不应有
6	热镦	夹具处钢筋烧伤		不应有
7	弯曲	弯曲部位裂纹		不应有
8	点焊	脱点、漏点	周边两行	不应有
9			中间部位	不应有相邻两点
10		错点伤筋、起弧蚀损		不应有
11	对焊	接头处表面裂纹、卡具部位钢筋烧伤		HPB300、HRB335 级钢筋有轻微烧伤 HRB400、HRB500 级钢筋不应有
12	电弧焊	焊缝表面裂纹、较大凹陷、焊瘤、药皮不净		不应有

（4）钢筋半成品及预埋件的尺寸偏差应符合表 4 - 5 所示的规定。

检查数量：每一工作班检验次数不少于一次，每次以同一工序同一类型的钢筋半成品或预埋件为一批，每批随机抽件数量不少于 3 件。

检验方法：观察和用尺量。

表 4 - 5　　　　　　　　　钢筋半成品及预埋件尺寸允许偏差

项次	工序名称	检验项目		允许偏差（mm）
1	冷拉	盘条冷拉率		$\pm 1\%$
		热镦头预应力筋有效长度		$+5, 0$
2	冷拔	非预应力钢丝直径	$\leqslant \phi^b 4$	± 0.1
3			$> \phi^b 4$	± 0.15
4		钢丝截面椭圆度	$\leqslant \phi^b 4$	0.1
5			$> \phi^b 4$	0.15
6	调直	局部弯曲	冷拉调直	4
7			调直机调直	2
8	切断	长度	切断机切断　非预应力钢筋	$+5, -5$
9			预应力钢筋	± 2
10	冷镦	镦头	直径	$\geqslant 1.5d$
11			厚度	$\geqslant 0.7d$
12			中心偏移	1
13		同组钢丝有效长度极差		2

续表

项次	工序名称	检验项目		允许偏差（mm）
14	热镦	镦头	直径	≥1.5d
15			中心偏移	2
16		同组钢筋有效长度极差	长度≥4.5m	3
17			长度<4.5m	2
18	弯曲	箍筋	内径尺寸	±3
19		其他钢筋	长度	0，−5
20			弓铁高度	0，−3
21			起弯点位移	15
22			对焊焊口与起弯点距离	>10d
23			弯勾相对位移	8
24		折叠	成型尺寸	±10
25	点焊	焊点压入深度应为较小钢筋直径的百分率	热乳钢筋点焊	18%～25%
26			冷拔低碳钢丝点焊	18%～25%
27	对焊	两根钢筋的轴线	折角	<2°
28			偏移	≤0.1d 且≤1
29	电弧焊	帮条焊接接头中心线的纵向偏移		≤0.3d
30		两根钢筋的轴线	折角	<2°
31			偏移	≤0.1d 且≤1
32		焊缝表面气孔和夹渣	2d 长度上	≤2 个且≤6mm²
33			直径	≤3
34		焊缝厚度		−0.05d
35		焊缝宽度		+0.1d
36		焊缝长度		−0.3d
37		横向咬边深度		≤0.05d 且≤0.5
38	预埋件钢筋埋弧压力焊	钢筋咬边深度		≤0.5
39		钢筋相对钢板的直角偏差		≤2°
40		钢筋间距		±10
41	钢板冲剪与气割	规格尺寸	冲剪	0，−3
42			气割	0，−5
43		串角		3
44		表面平整		2
45	焊接预埋铁件	规格尺寸		0，−5
46		表面平整		2
47		锚爪	长度	±5
48			偏移	5

注 d 为钢筋直径（mm）。

（5）绑扎成型的钢筋骨架周边两排钢筋不得缺扣，绑扎骨架其余部位缺扣、松扣的总数量不得超过绑扣总数的 20%，且不应有相邻两点缺扣或松扣。

检查数量：全数检查。

检验方法：观察及摇动检查。

（6）焊接成型的钢筋骨架应牢固、无变形。焊接骨架漏焊、开焊的总数量不得超过焊点总数的 4%，且不应有相邻两点漏焊或开焊。

检查数量：全数检查。

检验方法：观察及摇动检查。

（7）钢筋成品尺寸允许偏差应符合表 4-6 所示的规定。

检查数量：以同一班组同一类型成品为一检验批，在逐件目测检验的基础上，随机抽件 5%，且不少于 3 件。

检验方法：观察和用尺量。

表 4-6 钢筋成品尺寸允许偏差

项次	检验项目			允许偏差（mm）
1	绑扎钢筋网片		长、宽	±5
			网眼尺寸	±10
2	焊接钢筋网片		长、宽	±5
			网眼尺寸	±10
			对角线差	5
			端头不齐	5
3	钢筋骨架		长	0、−5
			宽	±5
			厚	±5
			主筋间距	±10
			主筋排距	±5
			起弯点位移	15
			箍筋间距	±10
			端头不齐	5
4	受力钢筋	保护层	柱梁	±5
			板墙	±3

第四节　混凝土质量验收

一、一般规定

（1）混凝土应按国家现行标准《普通混凝土配合比设计规程》（JGJ 55—2011）的有关规定，根据混凝土强度等级、耐久性和工作性等要求进行配合比设计。

对有特殊要求的混凝土，其配合比设计尚应符合国家现行有关标准的专门规定。

（2）混凝土的计量系统应采用计算机控制系统，并应具有生产数据实时储存、查询等功能。

（3）混凝土试件应在混凝土浇筑地点随机抽取，取样频率应符合下列规定。

1）每拌制 100 盘且不超过 100m³ 的同配合比混凝土，取样不得少于 1 次。

2）每工作班拌制的同一配合比的混凝土不足 100 盘时，取样不得少于 1 次。

3）每次制作试件不少于 3 组，其中取 1 组进行标准养护。

（4）蒸汽养护的预制构件，其强度评定混凝土试件应随同构件蒸养后，再转入标准条件养护共 28d。

构件脱模起吊、预应力张拉或放张的混凝土同条件试件，其养护条件应与构件生产中采用的养护条件相同。

二、主控项目

（1）混凝土原材料的质量必须符合国家现行有关标准的规定。

检查数量：按批检查。

检验方法：检查出厂合格证和进场复验报告。

（2）拌制混凝土所用原材料的品种及规格，必须符合混凝土配合比的规定。

检查数量：每工作班检验不应少于 1 次。

检验方法：按配合比通知单内容逐项核对，并做出记录。

（3）预制构件的混凝土强度应按现行国家标准《混凝土强度检验评定标准》（GB/T 50107—2010）的规定进行分批评定，混凝土强度评定结果应合格。

检查数量：按批检查。

检验方法：检查混凝土强度报告及混凝土强度检验评定记录。

（4）预制构件的混凝土耐久性指标应符合设计规定。

检查数量：按同一配合比进行检查。

检验方法：检查混凝土耐久性指标试验报告。

三、一般项目

（1）拌制混凝土所用原材料的数量应符合混凝土配合比的规定。混凝土原材料每盘称量的偏差不应大于表 4-7 的规定。

表 4-7　　混凝土原材料每盘称量的允许偏差

项次	材料名称	允许偏差
1	胶凝材料	±2%
2	粗、细骨料	±3%
3	水、外加剂	±1%

检查数量：每工作班不应少于 1 次。

检验方法：检查复核称量装置的数值。

（2）拌和混凝土前，应测定砂、石含水率，并根据测定结果调整材料用量，提出混凝土施工配合比。当遇到雨天或含水率变化大时，应增加含水率测定次数，并及时调整水和骨料的重量。

检查数量：每工作班不应少于 1 次。

检验方法：检查砂、石含水率测量记录及施工配合比。

（3）混凝土拌和物应搅拌均匀、颜色一致，其工作性应符合混凝土配合比的规定。

检查数量：同一强度等级每台班至少检查1次。

检验方法：观察、用混凝土坍落度筒或维勃稠度仪抽样检查。

（4）预制构件成型后应按生产方案规定的混凝土养护制度进行养护。当采用加热养护时，升温速度、恒温温度及降温速度应不超过方案规定的数值。

检查数量：按批检查。

检验方法：检查养护及测温记录。

第五节 预制构件质量验收

一、一般规定

（1）批量生产的梁板类简支受弯构件应进行结构性能检验；在采取加强材料和制作质量检验措施确保构件制作质量的前提下，对非标构件或生产数量较少的简支受弯构件可不进行结构性能检验。

（2）构件生产时应制定措施避免出现预制构件的外观质量缺陷。预制构件的外观质量缺陷根据其影响预制构件的结构性能和使用功能的严重程度，可按表4-8规定划分严重缺陷和一般缺陷。

表4-8　　　　　　　　　　　　预制构件外观质量缺陷

名称	现象	严重缺陷	一般缺陷
露筋	构件内钢筋未被混凝土包裹而外露	纵向受力钢筋有露筋	其他钢筋有少量露筋
蜂窝	混凝土表面缺少水泥砂浆而形成石子外露	构件主要受力部位有蜂窝	其他部位有少量蜂窝
孔洞	混凝土中孔穴深度和长度均超过保护层厚度	构件主要受力部位有孔洞	其他部位有少量孔洞
夹渣	混凝土中夹有杂物且深度超过保护层厚度	构件主要受力部位有夹渣	其他部位有少量夹渣
疏松	混凝土中局部不密实	构件主要受力部位有疏松	其他部位有少量疏松
裂缝	缝隙从混凝土表面延伸至混凝土内部	构件主要受力部位有影响结构性能或使用功能的裂缝	其他部位有少量不影响结构性能或使用功能的裂缝
连接部位缺陷	构件连接处混凝土缺陷及连接钢筋、连接件松动	连接部位有影响结构传力性能的缺陷	连接部位有基本不影响结构传力性能的缺陷
外形缺陷	缺棱掉角、棱角不直、翘曲不平、飞边凸肋等	清水混凝土构件有影响使用功能或装饰效果的外形缺陷	其他混凝土构件有不影响使用功能的外形缺陷
外表缺陷	构件表面麻面、掉皮、起砂、沾污等	具有重要装饰效果的清水混凝土构件有外表缺陷	其他混凝土构件有不影响使用功能的外表缺陷

（3）拆模后的预制构件应及时检查，并记录其外观质量和尺寸偏差；对于出现的一缺陷应按技术方案要求对其进行处理，并对该构件重新进行检查。

二、主控项目

(1) 预制构件的脱模强度应满足设计要求；设计无要求时，应根据构件脱模受力情况确定，且不得低于混凝土设计强度的 75%。

检查数量：全数检查。

检验方法：检查混凝土试验报告。

(2) 采用先张法生产的构件，在混凝土成型时预应力筋出现断裂或滑脱应及时予以更换。采用后张法生产的预制构件，预应力筋出现断裂或滑脱总根数不得超过 2%，且同一束预应力筋中钢丝不得超过一根。

检查数量：逐件检验。

检验方法：观察，检查张拉记录。

(3) 先张构件预应力筋预应力有效值与检验规定值偏差的百分率不应超过 ±5%。

检查数量：每工作班应抽查 1%，但不应少于 1 件。

检验方法：用千斤顶或应力测定仪必须在张拉后 1h 量测检查。

(4) 后张构件预应力筋的孔道灌浆应密实、饱满。

检查数量：逐件检验。

检验方法：观察和检查灌浆记录。

(5) 预制构件的预埋件、插筋、预留孔的规格、数量应符合设计要求。

检查数量：逐件检验。

检验方法：观察和量测。

(6) 预制构件的叠合面或键槽成型质量应满足设计要求。

检查数量：逐件检验。

检验方法：观察和量测。

(7) 陶瓷类装饰面砖与构件基面的黏结强度应满足现行行业标准《建筑工程饰面砖粘结强度检验标准》(JGJ/T 110—2017) 的规定。

检查数量：按同一工程、同一工艺的预制构件分批抽样检验。

检验方法：检查试验报告单。

(8) 夹芯保温外墙板用的保温材料类别、厚度、位置应符合设计要求。

检查数量：抽样检验。

检验方法：观察、量测，检查保温材料质量证明文件及复验报告。

(9) 夹芯保温外墙板的内外层混凝土板之间的拉接件类别、数量及使用位置应符合设计要求。

检查数量：抽样检验。

检验方法：检查拉接件质量证明文件及其隐蔽工程检查记录。

(10) 预制构件外观质量不应有严重缺陷。

检查数量：全数检查。

检验方法：观察。

(11) 批量生产的梁板类标准构件，其结构性能应满足设计或标准规定。

检查数量：应按同一工艺正常生产的不超过 1000 件且不超过 3 个月的同类产品为 1 批；当连续检验 10 批且每批的结构性能检验结果均符合要求时，对同一工艺正常生产的构件，可改为不超过 2000 件且不超过 3 个月的同类型产品为 1 批。在每批中随机抽取 1 件有代表性构件进行检验。

检验方法：按国家现行标准《混凝土结构工程施工质量验收规范》（GB 50204—2015）规定进行。

三、一般项目

（1）预制构件外观质量不应有一般缺陷；对出现的一般缺陷应进行修整并达到合格。

检查数量：全数检查。

检验方法：观察。

（2）预制构件尺寸偏差应分别符合表 4-9～表 4-11 的要求。

检查数量：同一工作班生产的同类型构件，抽查 5% 且不少于 3 件。

检验方法：观察和用尺量。

表 4-9　　　　　　　　　　预制楼板类构件外形尺寸允许偏差及检验方法

项次	检查项目			允许偏差（mm）	检验方法
1	规格尺寸	长度	<12m	±5	用尺量两端及中间部，取其中偏差绝对值较大值
			≥12m 且 <18m	±10	
			≥18m	±20	
2		宽度		±5	用尺量两端及中间部，取其中偏差绝对值较大值
3		厚度		±5	用尺量板四角和四边中部位置共8处，取其中偏差绝对值较大值
4		对角线差		6	在构件表面，用尺量测两对角线的长度，取其绝对值的差值
5	外形	表面平整度	内表面	4	用2m靠尺安放在构件表面上，用楔形塞尺量测靠尺与表面之间的最大缝隙
			外表面	3	
6		楼板侧向弯曲		$L/750$ 且 ≤20mm	拉线，钢尺量最大弯曲处
7		扭翘		$L/750$	四对角拉两条线，量测两线交点之间的距离，其值的2倍为扭翘值
8	预埋部件	预埋钢板	中心线位置偏差	5	用尺量测纵横两个方向的中心线位置，取其中较大值
			平面高差	0，−5	用尺紧靠在预埋件上，用楔形塞尺量测预埋件平面与混凝土面的最大缝隙
9		预埋螺栓	中心线位置偏移	2	用尺量测纵横两个方向的中心线位置，取其中较大值
			外露长度	+10，−5	用尺量
10		预埋线盒、电盒	在构件平面的水平方向中心位置偏差	10	用尺量
			与构件表面混凝土高差	0，−5	用尺量

续表

项次	检查项目		允许偏差（mm）	检验方法
11	预留孔	中心线位置偏移	5	用尺量测纵横两个方向的中心线位置，取其中较大值
		孔尺寸	±5	用尺量测纵横两个方向尺寸，取其最大值
12	预留洞	中心线位置偏移	5	用尺量测纵横两个方向的中心线位置，取其中较大值
		洞口尺寸、深度	±5	用尺量测纵横两个方向尺寸，取其最大值
13	预留插筋	中心线位置偏移	3	用尺量测纵横两个方向的中心线位置，取其中较大值
		外露长度	±5	用尺量
14	吊环、木砖	中心线位置偏移	10	用尺量测纵横两个方向的中心线位置，取其中较大值
		留出高度	0，−10	用尺量
15	桁架钢筋高度		+5，0	用尺量

表 4-10   **预制墙板类构件外形尺寸允许偏差及检验方法**

项次	检查项目			允许偏差（mm）	检验方法
1	规格尺寸	高度		±4	用尺量两端及中间部，取其中偏差绝对值较大值
2		宽度		±4	用尺量两端及中间部，取其中偏差绝对值较大值
3		厚度		±3	用尺量板四角和四边中部位置共8处，取其中偏差绝对值较大值
4	对角线差			5	在构件表面，用尺量测两对角线的长度，取其绝对值的差值
5	外形	表面平整度	内表面	4	用2m靠尺安放在构件表面上，用楔形塞尺量测靠尺与表面之间的最大缝隙
			外表面	3	
6		侧向弯曲		L/1000 且≤20mm	拉线，钢尺量最大弯曲处
7		扭翘		L/1000	四对角拉两条线，量测两线交点之间的距离，其值的2倍为扭翘值
8	预埋部件	预埋钢板	中心线位置偏移	5	用尺量测纵横两个方向的中心线位置，取其中较大值
			平面高差	0，−5	用尺紧靠在预埋件上，用楔形塞尺量测预埋件平面与混凝土面的最大缝隙
9		预埋螺栓	中心线位置偏移	2	用尺量测纵横两个方向的中心线位置，取其中较大值
			外露长度	+10，−5	用尺量
10		预埋套筒、螺母	中心线位置偏移	2	用尺量测纵横两个方向的中心线位置，取其中较大值
			平面高差	0，−5	用尺紧靠在预埋件上，用楔形塞尺量测预埋件平面与混凝土面的最大缝隙

续表

项次	检查项目		允许偏差（mm）	检验方法
11	预留孔	中心线位置偏移	5	用尺量测纵横两个方向的中心线位置，取其中较大值
		孔尺寸	±5	用尺量测纵横两个方向尺寸，取其最大值
12	预留洞	中心线位置偏移	5	用尺量测纵横两个方向的中心线位置，取其中较大值
		洞口尺寸、深度	±5	用尺量测纵横两个方向尺寸，取其最大值
13	预留插筋	中心线位置偏移	3	用尺量测纵横两个方向的中心线位置，取其中较大值
		外露长度	±5	用尺量
14	吊环、木砖	中心线位置偏移	10	用尺量测纵横两个方向的中心线位置，取其中较大值
		与构件表面混凝土高差	0，−10	用尺量
15	键槽	中心线位置偏移	5	用尺量测纵横两个方向的中心线位置，取其中较大值
		长度、宽度	±5	用尺量
		深度	±5	用尺量
16	灌浆套筒及连接钢筋	灌浆套筒中心线位置	2	用尺量测纵横两个方向的中心线位置，取其中较大值
		连接钢筋中心线位置	2	用尺量测纵横两个方向的中心线位置，取其中较大值
		连接钢筋外露长度	+10，0	用尺量

表 4-11   **预制梁柱桁架类构件外形尺寸允许偏差及检验方法**

项次	检查项目			允许偏差（mm）	检验方法
1	规格尺寸	长度	<12m	±5	用尺量两端及中间部，取其中偏差绝对值较大值
			≥12m 且<18m	±10	
			≥18m	±20	
2		宽度		±5	用尺量两端及中间部，取其中偏差绝对值较大值
3		高度		±5	用尺量板四角和四边中部位置共8处，取其中偏差绝对值较大值
4	表面平整度			4	用 2m 靠尺安放在构件表面上，用楔形塞尺量测靠尺与表面之间的最大缝隙
5	侧向弯曲	梁柱		L/750 且≤20mm	拉线，钢尺量最大弯曲处
		桁架		L/1000 且≤20mm	

续表

项次	检查项目			允许偏差（mm）	检验方法
6	预埋部件	预埋钢板	中心线位置偏移	5	用尺量测纵横两个方向的中心线位置，取其中较大值
			平面高差	0，−5	用尺紧靠在预埋件上，用楔形塞尺量测预埋件平面与混凝土面的最大缝隙
7		预埋螺栓	中心线位置偏移	2	用尺量测纵横两个方向的中心线位置，取其中较大值
			外露长度	+10，−5	用尺量
8	预留孔		中心线位置偏移	5	用尺量测纵横两个方向的中心线位置，取其中较大值
			孔尺寸	±5	用尺量测纵横两个方向尺寸，取其最大值
9	预留洞		中心线位置偏移	5	用尺量测纵横两个方向的中心线位置，取其中较大值
			洞口尺寸、深度	±5	用尺量测纵横两个方向尺寸，取其最大值
10	预留插筋		中心线位置偏移	3	用尺量测纵横两个方向的中心线位置，取其中较大值
			外露长度	±5	用尺量
11	吊环		中心线位置偏移	10	用尺量测纵横两个方向的中心线位置，取其中较大值
			留出高度	0，−10	用尺量
12	键槽		中心线位置偏移	5	用尺量测纵横两个方向的中心线位置，取其中较大值
			长度、宽度	±5	用尺量
			深度	±5	用尺量
13	灌浆套筒及连接钢筋		灌浆套筒中心线位置	2	用尺量测纵横两个方向的中心线位置，取其中较大值
			连接钢筋中心线位置	2	用尺量测纵横两个方向的中心线位置，取其中较大值
			连接钢筋外露长度	+10，0	用尺量测

第五章　装配式混凝土预制构件生产管理

我国的装配式混凝土预制构件生产工厂，大部分都由建筑行业企业来设立。相对制造业而言，建筑业管理比较粗放。因此，预制构件的生产运营管理应当按照现代制造业模式，借鉴制造业的"团队建设的理念和经验，团队之间的默契配合，人机间的高度融合，先进的管理理念和手段"等经验，引进精益生产理念；建立 ISO 质量管理体系；现场以 6S 管理为手段；以制度的建立和强有力的执行力强化预制构件的生产运营管理。预制构件生产工厂鸟瞰图如图 5-1 所示。

图 5-1　某预制构件生产工厂鸟瞰图

第一节　预制构件工厂管理概述

一、预制构件生产企业基本要求

（1）预制构件生产企业应建立完整的质量、职业健康安全与环境管理体系。

（2）预制构件生产场所应具备必要的原材料、半成品和成品试验检验能力，并建立完善的技术资料管理体系。

（3）预制构件生产企业应具备与设计单位和施工单位的沟通能力，企业相关部门应根据图纸和施工要求，在构件生产前与生产部门做好技术交底工作。

（4）预制构件生产企业应根据预制构件生产工艺要求，对相关员工进行专业操作技能的岗位培训。

（5）预制构件生产企业应对原材料、半成品和成品等进行标识，并应对检验合格的预制构件出具合格证明文件，标识系统应满足唯一性、溯源性要求。

（6）预制构件生产企业宜在构件生产过程中运用信息化技术，包括建筑信息模型（BIM）和无线射频识别（RFID）芯片等。

（7）预制构件生产企业应根据生产场地条件、生产构件的类型及生产规模等条件选择合适的生产组织方式。

（8）构件生产线设备应有合格证明，且在安装完毕后应进行试运转，经验收合格后方可投产使用，并定期检查和维护。

二、预制构件生产管理内容

（一）原材料储存管理

（1）砂、石子不得露天堆放，其堆场应为硬质地面且有排水措施。

（2）粉状物料采用筒仓储存型式，由专用散装车送达。

（3）外加剂储存于具有耐腐蚀和防沉淀功能的箱体内。

（4）钢筋及配套部件应分别设置专用室内场地或仓库进行存放，场地应为硬质地坪且设有相应排水和防潮措施。

（5）粉状物料必须选用密闭输送设备；砂石输送选用非密闭输送设备时，应装有防尘罩。输送设备应有维修平台，并带有安全防护栏。

（6）筒仓内壁应光滑且设有破拱装置，仓底的最小倾角应大于 50°，不得有滞料的死角区。

（7）筒仓顶部应设透气装置和自动收尘装置，且性能可靠、清理方便。

（8）水泥采用散装船运输时，宜设置水泥中间储库和输送系统。

（二）混凝土配料及搅拌管理

（1）称量设备必须满足各种原材料所要求的称量精度，应符合表 5-1 所示的要求。

表 5-1　　　　　　　　　　　　原材料的称量精度

原材料名称	称量精度
水泥、掺和料、水、外加剂	±1%
粗、细骨料	±2%

（2）称量设备应设置自动计量系统，且与搅拌机配置相适应。

（3）对于粉状物料，在称量工艺系统中，各设备连接部分予以密封，不能实现密封的亦应采取有效的收尘措施。

（4）混凝土搅拌机应符合《混凝土搅拌机》（GB/T 9142—2000）中的相关规定。

（5）混凝土搅拌机的类型和产能必须满足构件生产对混凝土拌和物的数量、质量及种类要求。

（6）混凝土搅拌完毕，应及时通过混凝土储料输送设备运送至构件生产车间。

（7）混凝土储料输送设备应设防泄漏措施，对输送线路周边设置安全防护措施。

（三）钢筋加工管理

（1）钢筋加工应在室内车间进行生产；车间内设置起重设备。

（2）车间内各加工设备的加工能力应满足混凝土构件产能的需求。

（3）车间工艺布置时，尽量避免材料的往返、交叉运输。

（4）车间内应当考虑设备检修场地、运输通道和足够数量的中转堆场。

（5）车间一般可布置成单跨或双跨，单跨跨度不宜小于 12m。

（四）构件生产管理

（1）应根据构件产品选择机组流水法、流水传送法和固定台座法等生产组织方式，确定全部加工工序，完成各工序的工艺方法。

（2）构件成型车间内不宜布置辅助车间生产线。

（3）车间内应设置起重设备，吊钩起吊高度宜大于 8m。

（4）车间内应设专用人行通道。

（5）采用流水传送法生产工艺，车间跨度一般不宜小于 24m，长度宜大于 120m。

（6）构件养护宜采用加热养护，应根据构件生产工艺合理选择养护池、隧道式养护窑、立式养护窑、养护罩等型式。

（7）应根据混凝土拌和物特性、构件特点，合理采取振动台振动、附着式振动、插入式振捣器等方式，使混凝土获得良好的密实效果。

（8）墙板生产线宜设置平台顶升装置，用于构件垂直吊运。

（9）采用流水传送法生产时，应根据生产各种产品工艺上差异、混凝土浇捣前检验和整改过程等因素，宜在流水线上设置工序间的中转工位。

（五）试验室管理

（1）室内要求宽敞，便于操作，采光良好。室内层高应满足最高设备的安装和使用。

（2）室内应设有给排水管道，电气设备必须接地。

（3）混凝土室应考虑冲洗产生的废水和废渣排出。

（4）试验设备四周的通道不小于1m，操作面应留有足够的操作空间。

（5）养护室应保持恒温、恒湿，满足《普通混凝土力学性能试验方法标准》（GB/T 50081—2002）的要求。

（六）设备管理

（1）设备维修要符合要求，时刻保持设备的清洁。

（2）设备的维修现场要保持洁净。

（3）设备操作工每天要做好设备的点检。

（七）环境管理

（1）时刻保持现场卫生，每个工位实行区域管理，各司其职。

（2）安全通道和公共区域要设专人管理，包括搅拌车间、钢筋车间、异形件车间、生产线车间、锅炉房、仓库、堆场等。

（八）产品质量管理

（1）车间现场要严格执行工艺规程。

（2）严格实行完工报检制度。

三、预制构件生产人员管理

从组织的角度来看，预制构件生产人员管理可以分为一线操作者、基层管理、中层管理、高层管理。制造企业生产线员工是属于一线的操作者，他们负责直接从事某项具体的工作或者任务，不具有管理职责。

1. 管理层人员配置

装配式预制构件生产企业内部一般实行矩阵式管理，管理层级扁平化，由若干个管理部门（如综合部、财务部、营销部、生产部、技术部、质检部、设备部、物资部）组成。一般设经理（厂长）1人，技术负责（总工）1人，副经理（厂长）1人，根据部门和生产实体的重要程度，一般初期设管理人员30～35人，开始运营以后根据实际情况逐步增加，以满足管理需要为限。某装配式预制构件工厂管理组织机构如图5-2所示。

2. 操作层人员配置

一线操作工人根据生产需要灵活调整，大致与产量和生产工艺对应。其他辅助人员（试验室、安保、后勤等）根据公司运营状况适当配置，某装配式预制构件工厂操作工人配置见表5-2。人员进场后，对操作者进行了入场教育、设备的操作培训、安全生产培训、技术交底等入厂培训，并进行了考核建档。

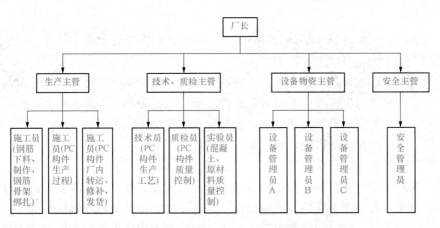

图 5-2 某大型装配式预制构件工厂管理组织机构

表 5-2 某大型装配式预制构件工厂操作工人配置表

序号	工 种	配备人数
1	钢筋下料	4
2	钢筋弯曲、调直	3
3	钢筋套丝	2
4	钢筋绑扎	12
5	模板吊运	4
6	组模	8
7	清模	4
8	涂脱模剂、缓凝剂	2
9	钢筋入模、装预埋件	6
10	混凝土浇筑	5
11	拉毛、压光	4
12	构件养护	1
13	脱模	8
14	构件出池，冲刷	1
15	记录	1
16	修饰	1
17	桁车司机	4
18	运输	2
19	质量检查及控制	2
20	设备维修	2
合计		76

第二节　装配式混凝土预制构件生产安全管理

我国的安全生产方针是"安全第一、预防为主"。"安全第一"要求认识安全与生产辩证统一的关系，在安全与生产发生矛盾时，坚持安全第一的原则。"预防为主"要求安全工作要事前做好，要依靠安全科学技术进步，加强安全科学管理，搞好事故的科学预测与分析；从本质安全入手，强化预防措施，保证生产安全化。

一、生产车间安全生产基本要求

装配式混凝土结构凭借着易控制、节能、施工周期短等特点，在我国推行的绿色环保政策下，具备越来越强的竞争优势。预制构件从一定程度上可以说是在现代化的工厂生产的建筑产品，即预制构件在固定的生产车间内生产。因此预制构件生产安全管理应当符合制造业工厂车间的安全生产管理基本要求。

（一）安全生产总则

（1）"安全生产，人人有责"。所有员工必须严格遵守安全技术操作规程和各项安全生产规章制度。

（2）工作前，必须按规定穿戴好防护用品，女工要把发辫放入帽内，旋转机床严禁戴手套操作。不准穿拖鞋、赤脚、赤膊、敞衣、戴头巾、围巾工作；上班前不准饮酒。

（3）工作中，应集中精力，坚守岗位，不准擅自把自己的工作交给他人；不准打闹、睡觉和做与本职工作无关的事；凡运转设备，不准跨越、传递物件和触动危险部位；不准用手拉、嘴吹铁屑；不准站在砂轮的正前方进行磨削；不准超限使用设备；中途停电，应关闭电源开关。

（4）严格执行交接班制度，末班人员下班前必须切断电源、汽源、熄灭火种，清理现场。

（5）公司内行人要走指定通道，注意各种警标，严禁跨越危险区；严禁从行驶中的机动车辆爬上、跳下、抛卸物品；车间内不准骑自行车。

（6）严禁任何人攀登吊运中的物件及在吊钩下通过和停留。

（7）操作工必须熟悉其设备性能、工艺要求和设备操作规程。设备要定人操作，使用本工种以外的设备时，须经有关领导批准。

（8）非电气人员不准装修电气设备和线路。

（二）员工安全职责

（1）要自觉遵守各项安全操作规程和各项安全规章制度，杜绝违章作业现象。不准擅自拆除安全装置（包括信号装置和警告标志）正确使用各类设备和工夹用具。

（2）积极参加各项安全活动，经常进行安全技术学习，监护、检查、帮助新工人做到安全生产，带有徒工和实习生的员工应对他们的安全生产负责。

（3）每日做好对生产岗位、作业环境的安全检查和交接班工作，为交接班创造安全生产的良好条件。

（4）正确分析、判断和处理各种事故苗头，把事故消灭在萌芽状态。

（5）上岗必须按规定着装，正确使用、妥善保管各种防护用品和器具，不得无故不用或损坏或送给他人。

（6）按时巡回检查、发现异常及时处理，如遇有特别紧急不安全情况时，有责任指令任何人员停止生产，并立即向有关领导汇报，遇有领导强令冒险蛮干，有权拒绝，并向安技部门报告。

（三）安全文明生产"班后六不走"

安全生产与文明生产密切相关。除了随时随地按"五S"要求之外，每天班后每名操作工人，应做到以下要求。

（1）设备设施工具未切断电源不走。不断电，不仅清扫维护有危险，他人触及更危险。

（2）工件材料未整理、未堆放好不走。成品、半成品、毛坯件等均应分类整理好，堆放不超高、不倾斜。

（3）工卡量具未擦拭、未放好不走。不仅是安全的需要，也是质量的要求，并可防止丢失。

（4）作业现场卫生未清理不走。规定的卫生区至少应在每班后彻底清扫，将杂物分类放至指定处。

（5）设备设施与吊索具未保养不走。天天保养工作量小，延长寿命，发现缺陷可及时处理。

（6）工具箱未整理、未锁好不走。最后一道是工具箱的整理，各放回其位，勿忘上锁。

二、生产车间安全常识

（一）生产车间机械伤害事故预防

1. 机械伤害的类型

（1）绞伤：外露的皮带轮、齿轮、丝杠直接将衣服、衣袖裤脚、手套、围裙、长发绞入机器中，造成人身的伤害。

（2）物体打击：旋转的机器零部件、卡不牢的零件、击打操作中飞出的工件造成人身伤害。

（3）压伤：冲床、压力机、剪床、锻锤造成的伤害。

（4）砸伤：高处的零部件、吊运的物体掉落造成的伤害。

（5）挤伤：将人体或人体的某一部位挤住造成的伤害。

（6）烫伤：高温物体对人体造成的伤害。如铁屑、焊渣、溶液等高温物体对人体的伤害。

（7）刺割伤：锋利物体尖端物体对人体的伤害。

2. 机械伤害的原因

（1）机械的不安全状态。

1）防护、保险、信号装置缺乏或有缺陷。

2）设备、设工具、附件有缺陷。

3）个人防护用品、用具缺少或有缺陷。

4）场地环境问题。

（2）操作者的不安全行为。

1）忽视安全、操作错误。

2）用手代替工具操作。

3）使用无安全装置的设备或工具。

4) 违章操作。

5) 不按规定穿戴个人防护用品、使用工具。

6) 进入危险区域、部位。

(3) 管理上的因素。

1) 设计、制造、安装或维修上的缺陷或错误。

2) 领导对安全工作不重视，在组织管理方面存在缺陷，教育培训不够。

3) 操作者业务素质差，缺乏安全知识和自我保护能力。

3. 机械伤害事故的预防

现代工业生产中所用到的机械设备种类繁多，且各具特点，但也具有很多共性。因此可从机械设备的设计、制造、检验；安装、使用；维护保养；作业环境诸方面加强机械伤害事故的预防。

(1) 设计和制造过程中的预防措施。

1) 设置防护装置。要求是，以操作人员的操作位置所在平面为基准，凡高度在 2m 之内的所有传动带、转轴、传动链、联轴节、带轮、齿轮、飞轮、链轮、电锯等危险零部件及危险部位，都必须设置防护装置。对防护装置的要求有：安装牢固，性能可靠，并有足够的强度和刚度；适合机器设备操作条件，不妨碍生产和操作；经久耐用，不影响设备调整、修理、润滑和检查等；防护装置本身不应给操作者造成危害；机器异常时，防护装置应具有防止危险的功能；自动化防护装置的电气、电子、机械组成部分，要求动作准确、性能稳定、并有检验线路性能是否可靠的方法。

2) 机器设备的设计，必须考虑检查和维修的方便性。必要时，应随设备供应专用检查、维修工具或装置。

3) 为防止运行中的机器设备或零部件超过极限位置，应配置可靠的限位装置。

4) 机器设备应设置可靠的制动装置，以保证接近危险时能有效地制动。

5) 机器设备的气、液传动机械，应设有控制超压、防止泄漏等装置。

6) 机器设备在高速运转中易于甩出的部件，应设计防止松脱装置，配置防护罩或防护网等安全装置。

7) 机器设备的操作位置高出地面 2m 以上时，应配置操作台、栏杆、扶手、围板等。

8) 机械设备的控制装置应装在使操作者能看到整个设备的操作位置上，在操纵台处不能看到所控制设备的全部时，必须在设备的适当位置装设紧急事故开关。

9) 各类机器设备都必须在设计中采取防噪声措施，使机器噪声低于国家规定的噪声标准。

10) 凡工艺过程中产生粉尘、有害气体或有害蒸汽的机器设备，应尽量采用自动加料、自动卸料装置，并必须有吸入、净化和排放装置，以保证工作场所排放的有害物浓度符合《工业企业设计卫生标准》（GBZ 1—2010）有关要求。

11) 设计机器设备时，应使用安全色。易发生危险的部位，必须有安全标志。安全色和标志应保持颜色鲜明、清晰、持久。

12) 机器设备中产生高温、极低温、强辐射线等部位，应有屏护措施。

13) 有电器的机器设备都应有良好的接地（或接零），以防止触电，同时注意防静电。

(2) 安装和使用过程中的预防措施。

1）要按照制造厂提供的说明书和技术资料安装机器设备。自制的机器设备也要符合《生产设备安全卫生设计总则》（GB 5083—1999）的各项要求。

2）要按照安全卫生"三同时"的原则，在安装机器设备时设置必要的安全防护装置，如防护栏栅，安全操作台等。

3）设备主管或有关部门应制定的设备操作规程、安全操作规程及设备维护保养制度，并贯彻执行。

（二）生产车间易发的其他安全事故预防

生产车间易发生的安全事故除了机械伤害外，还有触电、坠落、被夹卷、受物体打击和火灾等伤害，为了防止这些伤害事故发生，我们也必须具备必要的安全常识和技能。

1. 电气安全事故预防

触电事故是指人体接触到机械设备的带电部分，从而产生对人体的伤害事故，且其后果一般都相当严重。生产车间里用电设备很多，每位作业人员接触电气的机会较多，故需具备各项用电安全知识并按要求执行。

（1）所有设备的电气安装、检查与维修必须由电气专业人员进行，任何人员不得私自操作。

（2）车间内的电气设备不得随意启动等操作，只可依本人从事的岗位所涉及的机械设备并依其操作指引进行正确操作，不可超越规定的操作权限。严禁私自操作自己目前岗位以外的电气设备。

（3）本岗位使用的设备和工具等的电气部分出了故障，不得私自维修，也不得带故障运行；需及时汇报自己的上级联络专业人员处理。

（4）自己经常接触和使用的配电箱、配电板、闸刀开关、按钮开关、插销及导线等，必须保持完好、安全，不得将破损或带电部分裸露出来。

（5）在操作闸刀开关和磁力开关时，必须将盖盖好以防止万一短路时发生电弧或保险丝熔断飞溅伤人。

（6）所使用的电气设备其外壳按有关安全规程，必须进行防护性接地或接零；并对于接地或接零的设施要经常进行检查，一定要确保连接牢固、接地或接零的导线不得有任何断开之处，否则接地或接零就不起任何作用了。

（7）需移动某些非固定安装的电气设备时，必须先切断电源再移动，并收好电导线且不得在地面上拖来拉去，以防磨损；若导线被硬物卡住，切忌硬拉，以防拉断导线。

（8）对于电源连接必须使用符合电气安全要求的插座和插头配合使用，并确保其接触良好和插脚无裸露，严禁不用插头直接将导线插入插座供电。

（9）对于确需移动使用的设备工具如吸尘器、手动电钻等，必须安设漏电保护器，同时工具的金属外壳应进行防护性接地或接零，并减少导线的扭曲和他物的重压或穿刺，以防漏电的发生。

（10）在放置液体状物品时，应置于不易碰翻及即使碰翻而液体也不会渗入机器设备内且引发安全事故的位置。

（11）在擦拭设备时，严禁用水冲洗或湿抹布擦拭电气设施，以防止短路和触电事故发生。

（12）当插头长期（一般为一年以上）插入插座，则至少每年一次拨出清扫插头处的积尘，以防止积尘引致短路和电击事故。

2. 坠落事故的预防

坠落系指人在高处处于不安全行为和物处于不安全状态下而坠落，坠落可能导致人员重伤乃至死亡。法规规定：高度在2m以上的作业场所均为"高处"，但并不是说只有2m以上才危险。即使从1m高处摔下来，若身体要害部位碰到利物或硬物也可能导致重伤或死亡。故在登高作业时需注意相关的安全事项。

（1）作业人员不可站于多个小物体重叠或可以滚动的物体上从事作业，如更换日光灯不可将转椅置于工作台上作业，因挪动脚时转椅旋转致身体失去平衡而摔下来。

（2）原则上规定使用人字梯从事临时性的高处作业，必须确保人字梯中间有连接（避免其跨开）和四脚有防滑耐磨塑胶套，且选用高度适中的人字梯，尽量避免直接站于顶部作业。

（3）在高处需用大力的作业，必须控制用力不可过猛，必要时于腰间配安全带固定于固定物上。如在高处拆卸螺钉等用力过猛，扳手拧空致身体失衡而摔下来。

（4）在爬梯子时必须用一手扶着梯子，并观察梯层逐级而上；杜绝发生脚踏空而从梯上摔下。

（5）在高处搬运物件时，必须保证行走路线畅通无异物和不打滑并用眼观看路面，防止因物绊倒而失去平衡从高处摔下去。

（6）搬运大件物品上楼梯时，需逐级稳步拾级而上，杜绝因物遮挡导致看不见梯面而掉落滚下楼梯。

（7）在下楼梯时，需眼观梯面逐级而下，杜绝因急步不看梯面或多级而下致脚踩空或滑落而从高处摔下。

（8）在开口处调运物品时，尽量使用护栏、保证地面不打滑、作业鞋不打滑和稳站立后方可拉动物品。杜绝物品摇摆而将人拽向开口处致使坠落。

3. 被夹卷事故的预防

生产车间发生的被夹卷事故常发生在作业人员麻痹大意，忽视了工作中的潜在的危险。故在作业中需注意如下事项以防止被夹卷事故的发生。

（1）生产设备运行移动过程中，必须与其保持一定的距离，以免设备运行异常而被夹击。

（2）在保养、维修机器和进入机器护栏内时，必须停机并设警告标示牌注明机器正处于"保养中"或"禁止开机"。

（3）在多人从事同一工作中，需相互提醒，并执行手示呼叫确认安全。

（4）作业人员须依公司规定戴好安全帽、收拢头发于工帽内，并将工衣袖口扎好等，防止运动部件夹卷头发和衣服导致对人体的伤害事故发生。

（5）在搬运和堆放四角规整的物品时，需小心轻放，逐端抬起或放下后，将手逐渐伸入底部或移出边缘再抬起或放下；防止手指被夹伤。

4. 物体打击的预防

物体打击事故系被飞溅或落下的物体击中人体而导致的事故。故需在工作中注意如下事项以防止物体打击人体事故的发生。

（1）物体在堆放时，必须逐层堆放，相近两层物体需交叉兼压而不直接向上叠加；并依其重量所规定的限制高度堆放，防止其散塌、倾倒发生打击事故。

（2）物品取用时采用逐层下减搬运，防止单列取用致某列过高单独放置而倾倒发打击事故。

（3）高处作业的人员需将物品或工具放置于安全处，使用和更换工具时，小心轻放并确保手执稳定，杜绝跌落而致打击事故。

（4）拆装物件时，需一手扶住物体或用其他物体支撑，另一只手进行操作，杜绝物件跌落致打击事故。

（5）人与人之间传递物品原则上要求亲手传递，在确认接物者已拿稳后传物者才松手，禁止从远处抛物和投掷物体。

（6）在物品吊运现场，吊钩上的吊绳必须锁紧，并禁止人员在吊运物体的运行路线下站立和从事其他作业。

5. 易燃易爆危险品造成的事故预防

生产车间我们经常使用一些易燃易爆的危险物品，如酒精、松香、油漆和洗板水等，在使用、运输和储存过程中一旦管理不善或使用不当，极易造成火灾和爆炸事故，造成人员伤亡、设备损坏等，给工厂造成不可估量的损失，因此防火防爆是一项十分重要的工作。

（1）依厂规严禁在生产车间吸烟，在吸烟区域严禁乱扔烟头。

（2）各类易燃易爆物品在使用中必须用规定的密封容器存放，并准确保证易于识别，严禁使用矿泉水瓶盛放任何物品。

（3）在工作现场使用明火作业，需汇报生产经理批准并在必要的安全防护措施。

（4）不要在易燃易爆物品的存放场所使易产生电火花的电器，如手机、焊接机和电磨机等。

（5）生产车间布置的消防设施如灭火器、消防栓应随时检查，并学习和掌握其使用方法和适用范围；任何人员在未发生火灾时任意开封、调整存放位置等。

（6）易燃易爆危险品存放应专门规划远离电源箱、机器设备的区域，并指定专人负责检查和管理。

（7）严禁任何人员使用天腊水清洗车间地面和机器设备。

（三）生产车间事故应急处理

在生产车间发生诸如割破了手指、发生了烫伤或夹压伤等，都需要我们冷静、及时地进行处理。正确的应急处理不仅能减轻伤者的痛苦，而且可以促使伤体早日康复。在去医院之前进行简单的、短时间的、正确的应急处理非常重要，故作为生产车间作业一员的我们确需具备如下应急处理知识和技能。

1. 紧急事故处理

（1）保持镇定，把有关意外的发生地点、受伤人数等清楚准确地汇报上级。

（2）依紧急事故的严重程度决定是否报警，若必要则须尽快报警并召救护车到现场。

（3）若有伤者，不可随意移动伤者。

（4）尽量保持事故现场的原状，以方便事故调查。

（5）无人受伤事故也必须向车间管理人员汇报，切忌侥幸心理和隐瞒不报。

2. 火灾事故处理的四懂四会

（1）懂本岗位的火灾危险性，会报火警。发现火灾迅速拨打火警电话119，报警时要讲清详细地址、起火部位、着火物质、火势大小、报警人姓名和电话号码，并安排人员到路口迎候消防车。

（2）懂预防火灾措施，会选择和使用正确的灭火器。

扑救火灾的方法一般有三种：隔离法、窒息法、冷却法。目前灭火器的种类较多，不同的灭火器灭火对象不同，使用方法也不同。

1）泡沫灭火器：适用于扑灭汽油、柴油和木柴等引起的火灾，使用时应一手握提环，一手托底部，将灭火器颠倒晃动几下，泡沫即喷射出来；不要打开瓶盖，不要和水一起喷射。

2）干粉灭火器：是一种通用灭火器材，用于扑救油类、可燃性气体及电气设备的火灾。使用时，拔除插销，一手握住瓶嘴对准火源，一手向上提起拉环，即可喷出浓云般的粉雾，覆盖燃烧区，达到灭火的目的。保存时要注意防止受潮或日晒，严防漏气；每次使用后要重新装粉、充气。

3）1211灭火器：为一种新型的压力式灭火器，具有性能高、毒任小、腐蚀小、不易变质和灭火后不留痕迹等特点，适用于扑灭油类、仪器仪表、图书资料等火灾。使用时要先拔掉安全销，一手握压把，一手将瓶嘴对准火源左右扫射、快速推进。

（3）懂灭火方法，会灭初起火灾。

1）对于办公家私等一般性可燃物起火时，可直接用水扑灭。

2）对发生电气火灾时，首先要关闭电源开关以切断电源，再用沙土或干粉灭火器或1211灭火器扑灭。

3）灭火的原则是越快越好，无论哪种火灾发生时，在发生初期5～7min是最好的灭火时机。

（4）懂逃生方法，会安全疏散。

1）平时必须清楚生产车间的安全通道、出口的位置和宽度，且随时保证安全畅通、无异物阻塞和保持必要的应急照明设备等。发生火灾时，切不可惊慌失措，在管理人员的组织下有序安全地从安全通道撤离。

2）如果人体衣服着火，千万不要奔跑，因为奔跑会形成一股风使火越烧越旺，且还可能作为火源引燃新的燃烧点。采取的措施为先设法把衣服、帽等脱掉，若来不足也可就地卧倒在地面上滚而把火苗压灭，或就近跳入水池或水缸等内把火苗扑灭。

3. 人身伤害事故处理

（1）割伤。身体某部位被割伤出血，切勿惊慌，应确定割伤部位和立即止血。因惊慌会加快心跳，出血量将更多。如果是小割伤，一般用医用酒精消毒清洗后，用创可贴包扎，即可止住流血。如果血止不住，则采用止血点（比伤口离心脏更近部位的动脉）压迫法压住止血点，并尽量将伤口位置抬高至高于心脏的位置；并用绷带紧紧缠住，即使止血了也不要松开绷带，需尽快送医院治疗。

对于手指或手掌深度割伤，需手指轻微弯曲，用消毒后的纱布包好，并用辅助品固定，注意不要伸直手指，这样不易止住血且伤口愈合也慢。

（2）烫伤。被热水烫伤时，必须用凉水彻底冷却，轻度烫伤需冷却几分钟，严重烫伤时需冷却30min。在充分冷却后用干净的布包好伤处并接受医生治疗，原则上在医生诊断前不要涂抹任何药膏，以防细菌感染。为了不使伤处留下痕迹，不要自己碰破水肿泡等，需依医生要求处理。

对于生产中使用的烘烤炉、回流焊接炉和波峰焊接炉等热源引致的烫伤，也需要进行冷却，轻微的烫伤可用"京万红"涂擦，严重者需及时送医处理。

（3）碰伤。碰伤后基本的处理是冷却和静养。若为轻度碰伤，立即冷却受伤部位；若碰伤为身体活动次数的部位，可能会造成内出血，故需静养。尽可能将受伤部位在一段时间内保持高于心脏，疼痛难忍且不能动弹或不能自然弯曲，则可能是脱臼和骨折，需送医院外科治疗。

（4）刺伤。

1）刺伤时，伤口内部的伤害要比外表的更大，深处受伤由于细菌感染可能引起败血症和破伤风，故必须充分消毒。即使扎了刺，也不可用指甲去拔，而应使用消过毒的小镊子等夹取。刺进的东西拔出后，需压伤口周围使血液流出，垫上消毒纱布用绷带缠好。

2）当被铁刺异物扎伤，伤口容易产生细菌和破伤风菌，应急处理后要接受医生治疗，请求注射破伤风预防针。不要拨弄伤口内部，涂抹消毒药时需涂在伤口周围，因涂到伤口内部会导致细菌不易出来。

3）当被钩形物刺伤时，应先推挤钩的端部使尖端露出，然后从根部用钳子剪断再拔出，无法拔出时应找医生诊治。

（5）眼睛异常。

1）眼睛进入异物进行擦拭时，注意不要损伤角膜和结膜，若造成角膜损伤，就有造成失明的危险。

2）眼睛被刺伤：千万不要试图拔出刺入之物，不要冲洗眼睛，不要转动眼球和不要触摸眼球和刺入之物；应用干净的纱布轻轻盖上眼睛，立即送往医院眼科治疗。

3）眼睛磕碰：眼睛周围受伤，处理时不要让药物进入眼内；当眼睛有疼痛感、出血或视力出现障碍时，必须立即送医院眼科接受诊治。

4）眼睛进入异物：翻开上下眼皮，用干净的手绢端部或沾水棉签取出；或者在装有清洁水的盆内眨眼；或用干净水冲洗眼睛。

（6）人体触电。当发生触电事故时，立即拉开电源开关或拔掉电源插头，无法直接切断电源时，可用干燥的木棒、竹竿等将电线拨开，使伤员脱离电源。检查伤员的神志是否清醒、心跳是否存在，以及呼吸是否存在，若神志清醒、心跳和呼吸均存在，则让其静卧保暖并严密观察。其余任何情况必须立即送医院诊治抢救。

三、预制构件生产设备的安全操作

（一）生产设备安全使用管理的基本要求

（1）企业应为安全生产设备设置明显的警示标志，相关设备使用区域、场所实施严格的出入管理制度，进入安全生产设备运行区域、场所的人员需要按规定进行安全检查，通过安检后方可登记进入。

（2）生产设备正式投运前，应对设备的初始状态进行检测，设备检查的主要目标包括：设备电源电压、控制系统状态、油温油压、防护系统状态及工作环境等。在设备检测过程中发现安全隐患的情况下，应采取针对性的措施加以解决，排除隐患后方可正式投运。

（3）生产设备使用时应采用现场巡检保证工作过程的安全性，管理人员详细检查记录设备运行工况，依据前期制定的设备运行管理要求进行检测，同时进行适当的调整，维持设备处于理想工况，降低设备运行能耗。

（4）生产设备出线故障时，应第一时间切断运行，启用备用设备。部分未设置备用设备的情况，应停止生产，组织抢修排除故障，通过安全检测后方可继续生产。系统保护设备动作切断运行的情况下，应根据保护系统提示处理故障，针对故障环节进行全面的排查，记录故障情况与原因。在设备故障较为严重，存在巨大人员生命财产安全隐患的情况下，应立即组织安全防护与人员撤离，防止事故扩大。

（5）生产设备存在明显缺陷，改造、维修价值较低的情况下，应进行报废处理。设备报废同样应依据流程执行，由安全设备管理部门提交报废申请，辖属地区设备安全监察科审核后办理报废注销。

（6）企业安全生产管理部门应根据设备的使用状况与规范要求组织维护管理工作，结合企业的生产安排编制周期性维护管理方案，明确维护检修目标，规定相应的检修周期。相应维护管理方案应具有针对性，结合不同设备或不同设备部件的运行特征制订详细的维护方案，对老化、磨损及易发故障的设备或部件进行重点维护，设备中存在破损、变形问题的部件，应按照同等级替换的原则更换部件。

（7）生产设备维护工作人员应在实际工作中进一步了解掌握相应设备的运行规律，探索设备老化、磨损特征，以此制订维护保养工作方案。相应维护保养方案的制订应以维护设备处于最佳工况为目标，维护保养工作及时可行，应在设备出现运行故障前完成隐患处理与维修。在不影响维修保养质量的前提下，大力提倡修旧利废。增强设备维修人员节支降耗意识，减少或降低维修保养的物料消耗。

（8）生产设备维护工作应全面深入，在维修保养操作、维修流程以及资料档案记录等方面均需要严格按照规章制度进行。设备使用部门的管理人员应随时掌握维护保养计划的落实情况，并负责监督检查，使设备维修保养制度化、规范化。同时，设备维修质量高低，取决于维修人员的专业技术水平。各部门应加大维修人员专业技术培训的力度，使其不断学习新知识，掌握新技术，才能满足本单位硬件设施设备不断更新的技术要求。

（9）在出现安全生产设备故障的情况下，维护检修人员应第一时间到达现场，根据故障现象与安全系统提示，研究分析故障成因，采取相应措施排除故障。在完成设备、部件故障处理后，应对故障点周边部位进行检查，全面排除其他安全隐患。完成维护工作后，进行设备试运行，工况正常后方可正式投运。

（二）机械设备操作的一般安全规定

1. 机械设备的电气装置的安全要求

（1）供电的导线必须正确安装，不得有任何破损的地方。

（2）电击绝缘应良好，接线板应有盖板防护。

（3）开关、按钮应完好无损其带电部分不得裸露在外。

（4）应有良好的接地或接零装置，导线连接牢固，不得有断开的地方。

（5）局部照明灯应使用 36V 的电压；禁用 220V 电压。

2. 操作手柄及脚踏开关的要求

重要的手柄应有可靠的定位及锁定装置，同轴手柄应有明显的长短差别。脚踏开关应有防护罩藏入床身的凹入部分，以免掉下的零部件落到开关上，启动机械设备而伤人。

3. 环境要求和操作要求

机械设备的作业现场要有良好的环境，即照度要适宜，噪声和振动要小，零件、工夹具等要摆放整齐。每台机械设备应根据其性能、操作顺序等制定出安全操作规程及检查、润滑、维护等制度，以便操作者遵守。

4. 机械设备操作的安全要求

（1）要保证机械设备不发生事故，不仅机械设备本身要符合安全要求，而且更重要的是要求操作者严格遵守安全操作规程。安全操作规程因设备不同而异，但基本安全守则大同小异。

（2）必须正确穿戴好个人防护用品和用具。

（3）操作前要对机械设备进行安全检查，要空车运转确认正常后，方可投入使用。

（4）机械设备严禁带故障运行，千万不能凑合使用，以防出事故。

（5）机械设备的安全装置必须按规定正确使用，更不准将其拆掉使用。

（6）机械设备使用的刀具、工夹具及加工的零件等一定要安装牢固，不得松动。

（7）机械设备在运转时，严禁用手调整，也不能用手测量零件，或进行润滑、清扫杂物等。

（8）机械设备在运转时，操作者不得离开岗位，以防发生问题无人处置。

（9）工作结束后，应切断电源，把刀具和工件从工作位置退出，并整理好工作场地将零件、夹具等摆放整齐，打扫好机械设备的卫生。

（三）预制构件生产设备安全操作的注意事项

为保障生产安全，确保设备正常运行，使用操作预制构件生产设备的人员应是经过专门培训的专业技术人员，具有与本机有关的电气、机构、液压、气动、润滑等知识。具有计算机的基本知识，熟悉本机的安全知识，安全警戒标号、标识。了解水泥、外加剂等的物理、化学性能。非设备操作人员严禁操作设备。操作人员在操作使用设备之前，需经过良好的职业安全培训，了解国家和当地政府颁发的安全、环保政策。详细阅读相关操作规程及《设备操作说明书》，并完全理解其内容，具备操作设备的能力后方可操作。

1. 操作维修人员应注意的事项

（1）设立操作规程，杜绝误动作造成人员和设备的事故。

（2）在设备开机前必须确认已经没有任何危险情况。

（3）在生产过程中非管理和操作维修人员不得进入生产现场（特别是控制室、各种设备的底部等部位）。

（4）在设备启动后操作人员不得离开控制室。

（5）所有的电控柜门在设备作业时必须保持关闭状态。

2. 用户在使用设备过程中务必严格遵守的内容

（1）不允许生产超过设备所规定范围内的产品。

（2）严禁拆卸安全装置。

（3）不得为了工作效率而减少维护、不对设备和仪表进行检查。

（4）严禁未经同意授权对设备进行更改。

（5）确保润滑油的品牌、物理、化学性能符合使用说明书的要求；确保设备使用的电源、水源符合要求。

第三节　信息化技术在 PC 预制构件生产管理中的应用

一、信息化管理概述

装配式建筑通过将预制构件的生产与安装分离，使得工厂化的生产与管理方式在预制构件生产中得以运用。预制构件生产中需要进行深化设计、生产作业计划等多项决策，还需要对进度、质量、库存等大量信息进行管理。目前相关企业通常采用基于建筑信息模型（Building Information Modeling，BIM）的深化设计软件进行预制构件深化设计，建立基于 BIM 技术的信息化工厂管理系统，为预制构件工厂的生产技术和管理带来了质的飞跃。基于 BIM 技术的预制构件生产管理系统配置图如图 5-3 所示。该系统采用 BIM 全流程信息监控平台，建立和应用信息化管理，实现全过程监控。

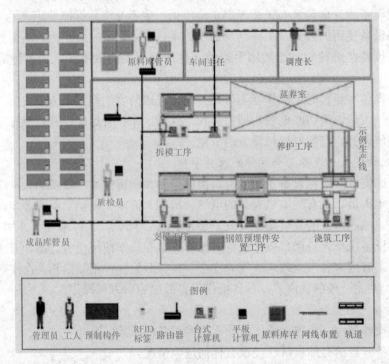

图 5-3　基于 BIM 技术的预制构件生产管理系统配置图

其中车间主任及调度长配备台式计算机，以控制配置本系统管理员端；生产车间各条生产线上的每个工作站都配备台式计算机，以控制配置本系统生产人员端；质检员配备平板计算机，以控制配置本系统质检员端；库管员配备平板计算机，以控制配置本系统库管员端。

二、信息化工厂管理系统的特点

（一）全面的数据采集

信息化工厂管理系统数据采集模块从数据广度和深度两方面获取数据，不仅通过从自动化设备、加装关键测试点、人员行为检测装置、企业各类管理系统中获取实时数据，而且将每个机构的动作信息，每次换件、维修、停机等的信息都采集上来，信息量大，真实性强。

（二）设备生命周期管理

信息化工厂管理系统设备管理的核心是建立设备生命周期模型，以设备主机部套树为基准设计部套、子部套、分布套和零件的生命周期模型，建立一套以真实设备数据为参考的在线设备维修评价体系。

（三）在线 3D 可视化技术

信息化工厂管理系统将 3D 可视化技术引入工厂管理系统中来，以更直观、更及时的方式进行生产管理、设备管理和质量管理，促进管理方法的突破。

三、信息化工厂管理系统的应用

（一）生产运行中的应用

（1）根据订单规划物料采购、生产计划、成品堆放等生产前期工作。

（2）使建筑、结构、机电等各专业在同一平台工作，生成构件图纸、生产数据，同时获得生产量和生产成本的信息。

（3）完成组织生产和构件堆放规划，提供图纸、钢筋加工单、构件标签代码、堆放表、技术文件等各项生产数据资料。

（4）每一块预制构件宜有唯一的标签代码，达到从物流到安装的全程控制。

（二）生产维护中的应用

（1）建立设备的使用期限、维护情况、所处位置和供应商等信息，随时掌握设备运行状况，对需要维修或更换的设备进行预警。

（2）分析评价设备及工序位置的合理性，改善系统资源利用率，提高生产能力。

四、基于 RFID（射频识别技术）的预制混凝土构件生产智能技术

（一）RFID 技术

RFID 即无线射频识别技术，是一种非接触式自动识别技术。其利用无线射频信号的电磁感应或电磁传播的空间综合实现对被标识物体的自动识别。RFID 系统因应用不同，其组成也会有所不同，建筑中用的 FRID 系统主要由射频标签、读写器、FRID 中间件、应用系统软件四部分组成。给每个标签一个编码，这个编码是唯一性的，这个编码代表这个构件的身份，如同人的身份证编号一样。应用时，射频标签被放入构件内部；利用读写器对射频标签进行信息读写，两者之间不用直接接触，完成对标签存储的数据的获取。然后将这些信息传给中间件和应用系统软件，实现信息的解码、识别和管理。

（二）RFID 在装配式建筑构件生产管理的模式

一个项目的构件有上万个，构件厂会制订生产的进度计划在工程项目的实际实施过程中，由于各种不确定因素的影响，常常使工程项目实际的施工进度与计划的施工进度产生偏差。如果这种偏差得不到及时的调整和纠正，必然会对项目施工进度目标的完成造成很大的影响。由于装配式住宅的预制构件都是体积大，重量很沉，不易搬运的混凝土块，放在库房不易查找，且部分外形尺寸接近很难分辨，要想准确无误地识别每一个构件，保障生产计划准确完成，使构件准确及时运送到施工现场，采用 RFID 对预制构件进行管理势在必行，如图 5-4 所示。

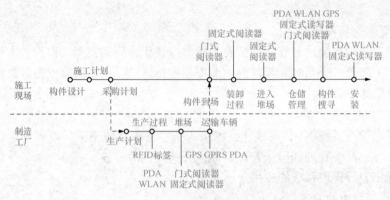

图 5-4　RFID 在装配式预制构件生产与施工中的应用

1. 电子标签制作

电子标签如果在构件表明就容易在运输和施工过程中的对被破坏，为了避免被破坏将电子标签植入混凝土中。这样也使得电子标签的使用环境非常恶劣，钢筋对射频信号有一定的干扰性，标签在混凝土的埋入随深度增加而读取衰减，蒸汽养护时混凝土预制构件内部温度可能会达到 50~60℃，也对 RFID 系统的使用产生影响，还有标签要防水。只有选择了合适的电子标签才能很好地进行读取信息、识别构件、信息管理等工作。

高频标签的读取距离在普通环境下可以满足工作的需要，但是植入混凝土中之后读取距离衰减非常大，而且对数据读取的稳定性也产生了一定的影响，所以使用超高频标签。对在无封装标签和两层封装的标签读取距离衰减比较大，一层封装的标签读取距离衰减比较小。普通的标签衰减大，防水标签和抗金属标签读取距离比较大，而且数据读取的稳定性较好。因此最适用于预制混凝土构件识别和信息管理的是超高频标签、有一层封装的标签、防水抗金属的标签。

2. 构件编码命名

（1）RFID 标签的编码原则。

1）唯一性。所谓唯一性是指在某一具体建筑模型中，每一个实体与其标识代码一一对应，即一个实体只有一个代码，一个代码只标识一个实体。实体标识代码一旦确定，不会改变。在整个建筑实体模型中，各个实体间的差异，是靠不同的代码识别的。假如把两种不同实体用同一代码标识，自动识别系统就把它们视为同一个实体，认为编码有误，将会对其做优化处理而剔除其中的冗余信息。这样就会由于某一个编码的无效性而导致整个编码系统的无效性。如果同一个实体有几个代码，自动识别系统将视其为几种不同的实体，这样不仅大大增加数据处理的工作量，而且会造成数据处理上的混乱。因此，确保每一个实体必须有唯一的实体代码就显得格外重要。唯一性是实体编码最重要的一条原则。

2）可扩展性。编码应考虑各方面的属性，并预留扩展区域。而针对不同的建筑项目，或者是针对不同的名称，相应的属性编码之间是独立的，不会互相影响。这样就保证了编码体系的大样本性，确保了足够的容量为大量的各种各样的建筑实体服务。

3）有含义，确保编码卡的可读性和简单性。有含义代码其代码本身及其位置能够表示实体特定信息。使用有含义编码反而可以加深编码的可阅读性，易于完善和分类，最重要的是这种有含义的编码在数据处理方面的优势是无含义编码所不具有的。

（2）编码体系（见图 5-5）。

i	1	3	7	0	1	0	2	0	0	0	1	0	0	1	0	2	2	1	3
4	5	0	5	2	0	1	5	0	0	0	0	1	9	9	9	9	9	9	9

图 5-5　编码体系

1）第 1 位：ISO 位，编码跟节点（均为 1 升头）。

2）第 2 位：码制位，1. QR 码；2. 龙贝码；3. GM 码（构件二维码码制）。

3）第 3～8 位：制造企业地域位，按照身份证号码前六位进行编制。

4）第 9～14 位：企业在建筑物联系统中的注册号。

5）第 15～16 位：部品用途，10. 产品；30. 业务；40. 公共设施。

6）第 17～24 位：部品分类号，按照装配整体式混凝土结构部品分类规范进行编码。

7）第 25～28 位：工程申报年份。

8）第 29～33 位：工程编号（政府编制的工程号，当号码长度不足时，前面补 0）。

9）第 34～40 位：企业内部管理用的部品编号。

混凝土预制构件编码体系随着项目类型和构件形式的不同是可以进一步进行优化的。但是不管怎么优化一定要做到唯一性。

3. RFID 管理信息系统的功能

（1）构件管理。对各种构件进行管理，构件的分类、编号及各种技术参数值、尺寸、图片等进行增加、修改、查询等。

（2）生产管理。对每天生产的构件一对一进行 RFID 电子标签绑定，建立电子身份信息。系统自动生成每天生产数据统计。对生产过程中每个环节进行管理如钢筋成品质量检验、混凝土浇筑、板类构件质量检验、墙板类构件质量检验、光柱类构件质量检验记录管理等。

（3）仓库管理。对构件的出入库进行管理，并记录出入库记录、经办人等。可通过指纹机来确认交接。以及仓库构件的查询、盘点等。

（4）安装管理。在装配过程中对构件的识别，并记录构件的装配位置。在装配过程中查看构件 CAD 图纸等。

（5）维护管理。在维护过程中对构件的识别，并记录构件的维护记录。在装配过程中查看构件的 CAD 设计图纸、安装时间等。

（6）统计报表。可实现用户的权限控制，只有具有相应权限的操作员才能烧制报表，同时能将报表导出到 Excel 等格式的文件。

4. RFID 在构件生产厂的管理模式

（1）构件生产。构件生产前，需将生产的全部任务输入到 RFID 管理信息系统。构件厂与施工单位进行沟通确定施工进度计划，预制厂就可以根据自身情况、任务要求和施工进度计划进行总体考虑，做出生产进度计划。构件厂计划员下发生产任务单，制作 RFID 标志，生产工人在构件成品上设置 RFID 标签是构件生产 RFID 管理信息系统的关键（见图 5-6、图 5-7）。

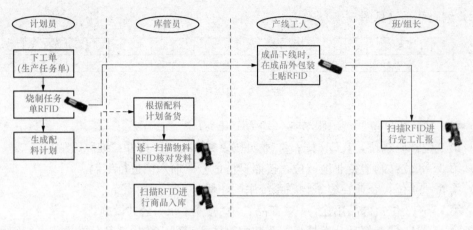

图 5-6　RFID 在构件生产阶段的作用

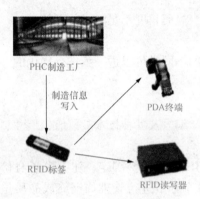

图 5-7　RFID 信息标签读写

（2）构件入库。在 RFID 管理信息系统中建立仓库的地形图，在入库时将构件所放位置输入到基于 RFID 管理信息系统，通过此系统，管理人员不必到现场就可以知道构件的仓储情况，不用经常到仓库盘点。通过这个仓储管理系统，管理人员可以合理地安排生产进度，避免造成生产不足或是生产过量的问题（见图 5-8）。

（3）构件出厂。预制构件厂生产的带有 RFID 信息的预制混凝土标准构件，在出厂时通过 RFID 管理系统可提供定位信息，掌握和控制构件的流向（见图 5-9）。

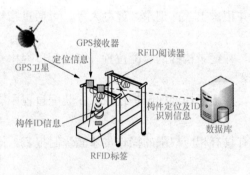

图 5-8　RFID 在构件入库时的作用

图 5-9　RFID 在构件出厂时的作用

第六章 装配式混凝土结构工程施工技术

第一节 装配式混凝土结构工程施工概述

装配式建筑工程施工是将构件厂加工生产好的构件，通过特制的构件运输车辆搬运到施工现场通过吊装机械等设备来进行安装的。装配式混凝土结构工程施工的关键要素是：预制构件的工厂制作、过程质量控制、运输和现场存放；现场装配构件的吊装及临时固定连接措施；施工配套机械的选用；预制构件安装和节点连接施工。

一、装配式混凝土结构工程施工原理

（1）装配式混凝土结构工程施工原理是将传统的现浇结构拆分成若干混凝土预制构件，即将柱、梁、板、楼梯、阳台、外墙等构件拆分，在工厂进行标准化预制生产，施工现场采用塔吊等大型设备安装，安装形成房屋建筑。实现现场施工向工厂化施工的转变，削弱天气环境对施工条件的制约。

（2）装配式混凝土结构工程施工充分利用构件节点连接的新工艺、新技术，将预制构件拼装组合形成建筑物。一般采用套筒灌浆连接、浆锚连接、间接搭接、机械连接、焊接连接或其他连接方式，通过后浇混凝土或灌浆使预制构件具有可靠传力和承载力、刚度，且延性不低于现浇结构，使装配式结构等同于现浇结构。

二、装配式混凝土结构工程施工流程

预制装配式建筑的施工流程主要分成基础工程、主体结构工程、装饰工程三个部分。基础工程部分与装饰装修部分与现浇式混凝土结构建筑大体相同，主体结构部分的工艺流程包括：构配件工厂化预制、运输、吊装；构件支撑固定；钢筋连接、套筒灌浆，后浇部位钢筋绑扎、支模、预埋件安装；后浇部位混凝土浇筑、养护；直至顶层（见图6-1、图6-2）。

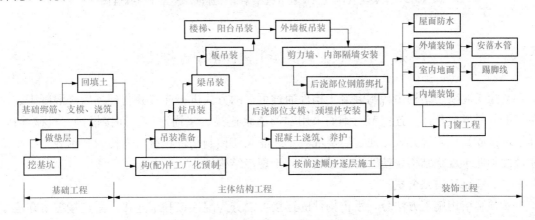

图6-1 装配式混凝土结构工程施工流程

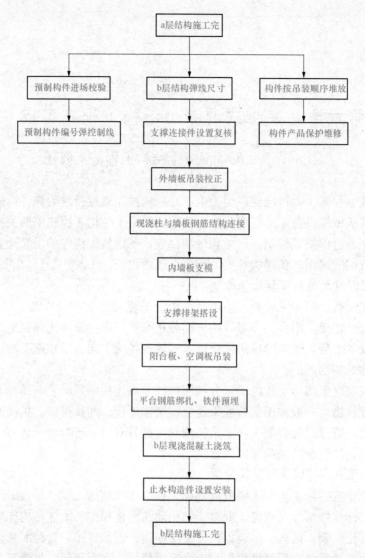

图 6-2 某装配式混凝土工程（框架结构）标准层施工工艺流程图

第二节 装配式混凝土构件常用连接技术

装配式混凝土结构由预制混凝土构件通过可靠的方式进行连接并与现场后浇混凝土、水泥基灌浆料形成整体。连接节点钢筋采用套筒灌浆连接、浆锚连接、间接搭接、机械连接、焊接连接或其他连接方式，通过后浇混凝土或灌浆使预制构件具有可靠传力和承载力、刚度和延性不低于现浇结构，使装配式结构等同于现浇结构。

一、按施工方法分类

从预制结构施工方法分，承重构件的连接可以分为湿连接和干连接。湿连接需要在连接的两构件之间浇筑混凝土或灌注水泥浆。为确保连接的完整性，浇筑混凝土前，从连接的两构件伸出钢筋或螺栓，焊接或搭接或机械连接。在通常情况下，湿连接是预制结构连接中常用且便利的连接方式，结构整体性能更接近于现浇混凝土。干连接则是通过在连接的构件内植入钢板或其他钢部件，通过螺栓连接或焊接达到连接的目的。

（一）预制框架结构连接方式

预制混凝土框架结构中连接部位较多，施工方法大致可分为湿连接和干连接。湿连接包括普通现浇连接、底模现浇连接、浆锚连接、预应力技术后浇连接、灌浆拼装等；干连接包括牛腿连接、钢板连接、螺栓连接、焊接连接、机械套筒连接等。

（二）预制剪力墙连接方式

预制剪力墙连接方式也比较多。湿连接目前常用的主要有现浇带连接、套筒灌浆连接、预留孔浆锚搭接连接、预留金属波纹管灌浆连接；干连接主要包括螺栓连接、后张无黏结预应力连接、预埋钢板焊接连接等方式。

二、按连接工艺分类

目前常用的预制墙、柱和梁、板连接工艺有：套筒灌浆连接，约束浆锚搭接和后浇混凝土连接和以焊接和螺栓连接为主的干连接等。

（一）套筒连接

1. 套筒灌浆连接原理

套筒连接也称套筒浆锚连接，如图 6-3 所示，分半灌浆连接和全灌浆连接。

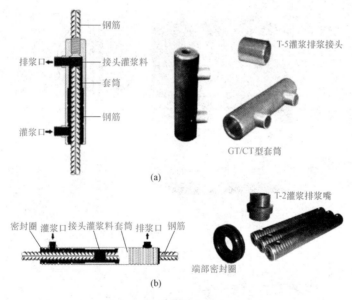

图 6-3　套筒灌浆连接原理
（a）半灌浆连接；（b）全灌浆连接

半灌浆连接通常是上端钢筋采用直螺纹、下端钢筋通过灌浆料与灌浆套筒进行连接。一般用于预制剪力墙、框架柱主筋连接，所用套筒为 GT/CT 系列灌浆直螺纹连接套筒，简称灌浆套筒。

全灌浆连接是两端钢筋均通过灌浆料与套筒进行的连接。一般用于预制框架梁主筋的连接。所用套筒为 CTH 系列灌浆连接套筒，简称灌浆套筒。

2. 套筒灌浆连接方式的应用

套筒灌浆连接方式是在上层预制墙内预埋有上柱竖向钢筋,下层预制墙内预埋有下柱竖向钢筋,上柱竖向钢筋和下柱竖向钢筋正对布置。上层预制墙内预埋有套筒,套筒上朝着墙体正面开有上排浆口和下灌浆口。使用时,下柱竖向钢筋从套筒进入上层预制墙,并和上柱竖向钢筋正向对齐,再从下灌浆口灌入浆料,多余的浆料进入上层预制墙和下层预制墙的缝隙中,或者从上排浆口流出。待浆料凝固后,将上层预制墙和下层预制墙固定(见图6-4~图6-7)。

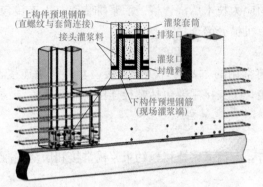

图6-4 套筒灌浆用于预制混凝土剪力墙

3. 套筒灌浆连接工艺技术要求及操作注意事项

(1)采用钢筋套筒灌浆连接时,应符合下列规定。

1)灌浆前应制定钢筋套筒灌浆操作的专项质量保证措施,套筒内表面和钢筋表面应洁净,被连接钢筋偏离套筒中心线的角度不应超过7°,灌浆操作全过程应有监理人员旁站。

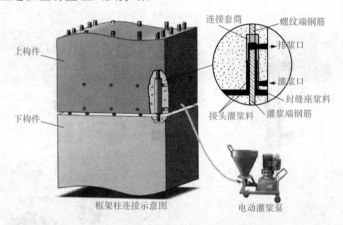

图6-5 套筒灌浆用于预制混凝土框架柱

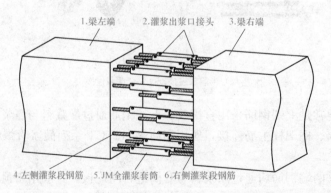

图6-6 套筒灌浆用于预制混凝土的框架梁图

2）灌浆料应由经培训合格的专业人员按配置要求计量灌浆材料和水的用量，经搅拌均匀后测定其流动度满足设计要求方可灌注。

3）浆料应在制备后 30min 内用完，灌浆作业应采取压浆法从下灌浆口灌注，当浆料从上排浆口流出时应及时封堵，持续压 30s 后再封堵下口，灌浆后 24h 内不得使构件和灌浆层受到振动、碰撞。

4）灌浆作业应及时做好施工质量检查记录，并按要求每工作班制作不少于 2 组尺寸为 40mm×40mm×160mm 的长方体试件，1 组标准养护 1 组同条件养护。

5）灌浆施工时环境温度不应低于 5℃；当连接部位温度低于 10℃时，应对连接处采取加热保温措施。

6）灌浆作业应留下每块墙体的影像资料，作为验收资料。

（2）操作注意事项。

1）清理墙体接触面：墙体下落前应保持预制墙体与混凝土接触面无灰渣、无油污、无杂物。

2）铺设高强度垫块：采用高强度垫块将预制墙体的标高找好，使预制墙体标高得到有效的控制。

3）安放墙体：在安放墙体时应保证每个灌浆口通畅，预留孔洞满足设计要求，孔洞内无杂物。

4）调整并固定墙体：墙体安放到位后采用专用支撑杆件进行调节，保证墙体垂直度、平整度在允许误差范围内。

5）墙体两侧密封：根据现场情况，采用砂浆对两侧缝隙进行密封，确保灌浆料不从缝隙中溢出，减少浪费。

6）润湿注浆孔：灌浆前应用水将灌浆口润湿，减少因混凝土吸水导致灌浆强度达不到要求，且与灌浆口连接不牢靠。

7）拌制灌浆料：搅拌完成后应静置 3～5min，待气泡排除后方可进行施工。灌浆料流动度在 200～300mm 为合格。

8）进行灌浆：采用专用的灌浆机进行灌浆，该灌浆机使用一定的压力，将灌浆料由墙体下部灌浆口注入，灌浆料先流向墙体下部 20mm 找平层，当找平层注满后，灌浆料由上部排气孔溢出，视为该孔洞灌浆完成，并用泡沫塞子进行封堵。至该墙体所有上部注浆孔均有浆料溢出后视为该面墙体灌浆完成。

9）进行个别补灌：完成灌浆半个小时后检查上部注浆孔是否有因灌浆料的收缩、堵塞不及时、漏浆造成的个别孔洞不密实情况。如有则用手动灌浆器对该孔洞进行补灌。

10）进行封堵：灌浆完成后，通知监理进行检查，合格后进行注浆孔的封堵，封堵要求与原墙面平整，并及时清理墙面上、地面上的余浆（见图 6-8）。

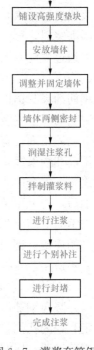

图 6-7 灌浆套筒钢筋
连接注浆工序

清理墙体接触面

铺设高强度垫块

安放墙体

调整并固定墙体

墙体两侧密封

润湿注浆孔

拌制灌浆料

进行注浆

进行个别补注

进行封堵

完成注浆

图 6-8 灌浆施工

（二）浆锚连接

1. 浆锚连接原理

浆锚连接技术是将搭接钢筋拉开一定距离后进行搭接的方式，连接钢筋的拉力通过剪力传递给灌浆料，再传递到灌浆料和周围混凝土之间的界面。即混凝土预制构件一端为预留连接孔，通过灌注专用水泥基高强无收缩灌浆料与螺纹钢筋连接，适用于大小不同直径钢筋的连接。

钢筋约束浆锚搭接方式是在上层预制墙内预埋有上柱竖向钢筋，下层预制墙内预埋有下柱竖向钢筋，上柱竖向钢筋和下柱竖向钢筋错开布置。上层预制墙内预留有箍筋孔，箍筋孔上朝着墙体正面开有上出浆孔和下灌浆孔。约束螺旋箍筋预埋在上层预制墙内，缠绕着上柱竖向钢筋和约束螺旋箍筋。使用时，下柱竖向钢筋从箍筋孔进入上层预制墙，再从下灌浆孔灌入浆料，多余的浆料进入上层预制墙和下层预制墙的缝隙中，或者从上排浆口流出。待浆料凝固后，将上层预制墙和下层预制墙固定。

与钢筋套筒灌浆连接技术相比较而言，钢筋套筒灌浆连接技术更加成熟，适用于较大直径钢筋的连接；钢筋浆锚搭接连接适用于较小直径的钢筋（$d \leqslant 20\text{mm}$）的连接，连接长度较大，不适用于直接承受动力荷载构件的受力钢筋连接。

2. 常用浆锚连接技术应用

（1）竖向钢筋留洞浆锚间接搭接如图 6-9 所示。其做法是在预制混凝土墙的下端，预留一定直径的孔洞，孔洞及预制墙内连接的竖向钢筋外围设置直径 4～6mm，螺距 50mm 左右的螺旋箍筋，留洞搭接钢筋搭接长度为 400mm，相比套筒试件，留洞搭接试件所需钢筋量与灌浆量大，施工时对精度要求较高。用螺旋箍筋将套筒钢筋约束，对其起到套箍作用，提高连接件的承载能力。

（2）螺旋箍筋套筒浆锚搭接如图 6-10 所示。连接螺旋箍筋套筒浆锚搭接连接也是将上下两面墙体的纵向钢筋间隔一定距离后搭接在一起，这种连接方式采用螺纹套筒，再插入纵向钢筋后用螺纹箍筋绑扎在一起，起到约束核心混凝土的作用，施工完成后套筒不拆除，只起连接件的作用。

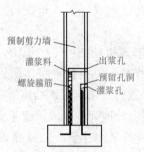
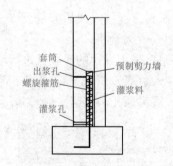

图 6-9　竖向钢筋留洞浆锚间接搭接　　图 6-10　螺旋箍筋套筒浆锚搭接连接

（3）预埋波纹管成孔的约束浆锚搭接。金属波纹管连接方式在上层预制墙内预埋有金属波纹管，下层预制墙内预埋有下柱竖向钢筋，金属波纹管上朝着墙体正面开有灌浆孔。使用时，下柱竖向钢筋从金属波纹管进入上层预制墙，再从灌浆孔灌入浆料，多余的浆料进入上层预制墙和下层预制墙的缝隙中。待浆料凝固后，将上层预制墙和下层预制墙固定（见图 6-11）。

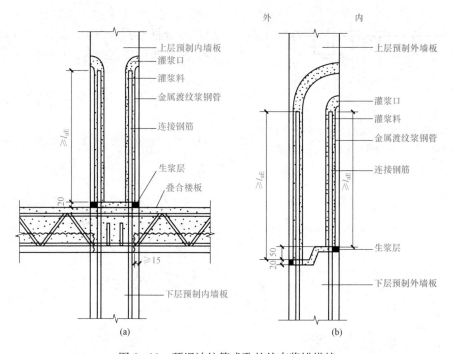

图 6-11　预埋波纹管成孔的约束浆锚搭接

（a）内墙板竖向钢筋波纹管约束浆锚搭接；（b）外墙板竖向钢筋波纹管约束浆锚搭接

3. 钢筋约束浆锚搭接连接技术要求

（1）灌浆前应对连接孔道及灌浆口和排气孔全数检查，确保孔道通畅，内表面无污染。

（2）竖向构件与楼面连接处的水平缝应清理干净，灌浆前 24h 连接面应充分浇水湿润，灌浆前不得有积水。

（3）竖向构件的水平拼缝应采用与结构混凝土同强度或高一级强度等级的水泥砂浆进行周边坐浆密封，1 天以后方可进行灌浆作业。

（4）灌浆料应采用电动搅拌器充分搅拌均匀，搅拌时间从开始加水到搅拌结束应不少于 5min，然后静置 2～3min；搅拌后的灌浆料应在 30min 内使用完毕，每个构件灌浆总时间应控制在 30min 以内。

（5）浆锚节点灌浆必须采用机械压力注浆法，确保灌浆料能充分填充密实。

（6）灌浆应连续、缓慢、均匀地进行，直至排气孔排出浆液后，立即封堵排气孔，持压不小于 30s，再封堵灌浆孔，灌浆后 24h 内不得使构件和灌浆层受到振动、碰撞。

（7）灌浆结束后应及时将灌浆孔及构件表面的浆液清理干净，并将灌浆孔表面抹压平整。

（8）灌浆作业应及时做好施工质量检查记录，并按要求每工作班制作不少于 2 组尺寸为 40mm×40mm×160mm 的长方体试件，1 组标准养护 1 组同条件养护；灌浆操作全过程应由监理人员旁站，留下每块墙体的影像资料，作为验收资料。

（三）后浇混凝土连接

在装配式混凝土结构工程中，后浇混凝土整体连接是通过伸出的箍筋将预制构件与后浇的混凝土叠合层连成一体。再通过节点处的现浇混凝土及其中的配筋，使梁与柱或梁与梁、梁与板连成整体，使装配式结构成为等同现浇结构。

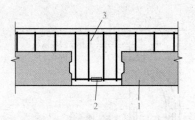

图 6-12 叠合框架梁后浇段连接构造示意图

1—预制梁；2—钢筋连接接头；3—后浇段钢筋

1. 常见装配式混凝土结构后浇段类型

（1）叠合框架梁后浇段（见图 6-12）。

（2）主次梁后浇（端部、中间）节点（见图 6-13）。

（3）预制柱及叠合梁框架顶层中节点构造（见图 6-14）。

（4）预制柱及叠合梁框架顶层边节点构造（见图 6-15）。

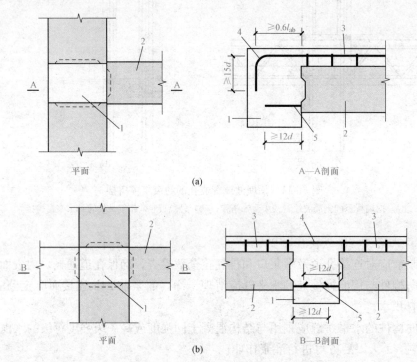

图 6-13 主次梁连接节点构造示意图

（a）次梁端部节点构造示意图；（b）连续次梁中间节点构造示意图

1—后浇段；2—次梁；3—后浇混凝土层；4—次梁上部纵向钢筋；5—次梁下部纵向钢筋

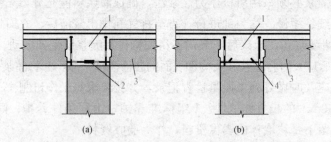

图 6-14 预制柱及叠合梁框架顶层中节点构造示意图

（a）梁下部纵向受力钢筋连接；（b）梁下部纵向受力钢筋锚固

1—后浇节点；2—下部纵向受力钢筋连接；3—预制梁；4—下部纵向受力筋锚固

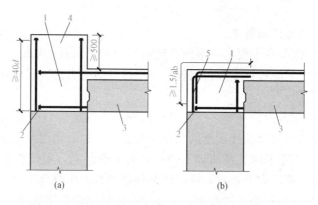

图 6-15 预制柱及叠合梁框架顶层边节点构造示意图

（a）柱向上伸长 （b）梁柱外侧钢筋搭接

1—后浇节点；2—纵筋锚固；3—预制梁；4—柱延伸段；5—梁柱外侧钢筋搭接

（5）预制剪力墙竖向接缝的连接（见图 6-16、图 6-17）。

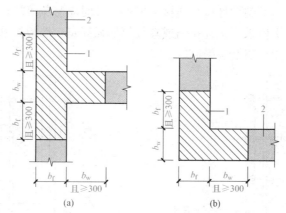

图 6-16 有翼墙转角墙后浇边缘构件构造示意图

（a）有翼墙；（b）转角墙

1—后浇段；2—预制剪力墙

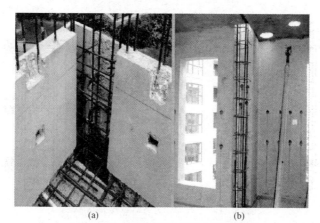

图 6-17 外墙板外缝后浇段处理

（a）外墙转角节点钢筋绑扎；（b）L 形节点钢筋绑扎

2. 后浇混凝土节点施工技术要求

(1) 后浇混凝土节点钢筋施工。

1) 预制墙体间后浇节点主要有一字形（见图 6-18）、L 形、T 形（见图 6-19）几种型式。节点处钢筋施工工艺流程：安放封闭箍筋→连接竖向受力筋→安放开口筋、拉筋→调整箍筋位置→绑扎箍筋。

2) 预制墙体间后浇节点钢筋施工时，可在预制板上标记出封闭箍筋的位置，预先把箍筋交叉就位放置；先对预留竖向连接钢筋位置进行校正，然后再连接上部竖向钢筋。

3) 叠合构件叠合层钢筋绑扎前清理干净叠合板上的杂物，根据钢筋间距弹线绑扎，上部受力钢筋带弯钩时，弯钩向下摆放，应保证钢筋搭接和间距符合设计要求。

4) 叠合构件叠合层钢筋绑扎过程中，应注意避免局部钢筋堆载过大。

(2) 后浇混凝土节点模板施工。

1) 预制墙板间后浇节点安装模板前应将墙内杂物清扫干净，在大模板下灌浆口抹砂浆找平层，防止漏浆。

2) 预制墙板间后浇节点宜采用工具式定型模板，并应符合下列规定：模板应通过螺栓或预留孔洞拉结的方式与预制构件可靠连接，模板安装时应避免遮挡预制墙版下部灌浆预留孔洞，夹芯墙板的外叶板应采用螺栓拉结或夹板等加强固定，墙板接缝部分及与定型模板接缝处均应采用可靠的密封、防漏浆措施。

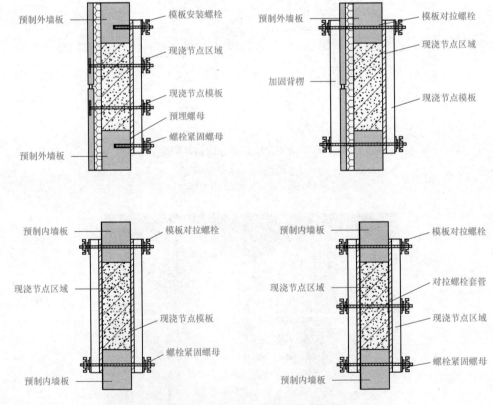

图 6-18 "一"字形节点模板安装

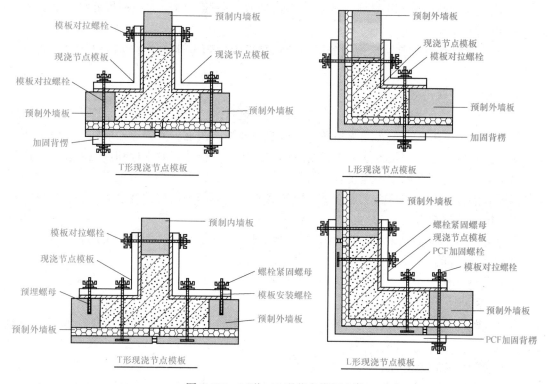

图 6-19 L 形、T 形节点模板安装

（3）后浇混凝土节点混凝土施工应符合下列规定。

1）连接节点、水平拼缝应连续浇筑，边缘构件、竖向拼缝应逐层浇筑，采取可靠措施确保混凝土浇筑密实。

2）预制构件接缝处混凝土浇筑时，应确保混凝土浇筑密实。

（4）叠合层混凝土施工应符合下列规定。

1）叠合层混凝土浇筑前应清除叠合面上的杂物、浮浆及松散骨料，浇筑前应洒水润湿，洒水后不得留有积水。

2）叠合层混凝土浇筑时宜采取由中间向两边的方式。

3）叠合层与现浇构件交接处混凝土应振捣密实。

4）叠合层混凝土浇筑时，应采取可靠的保护措施；不应移动预埋件的位置，且不得污染预埋件连接部位。

5）叠合构件现浇混凝土分段施工应符合设计及施工方案要求。

（5）其他规定。

1）后浇节点施工时，应采取有效措施防止各种预埋管槽线盒位置偏移。

2）在叠合板内的预留孔洞、机电管线在深化设计阶段应进行优化，合理排布，叠合层混凝土施工时管线连接处应采取可靠的密封措施。

3）混凝土浇筑应布料均衡。浇筑和振捣时，应对模板及支架进行观察和维护，发生异常情况应及时进行处理。构件接缝混凝土浇筑和振捣应采取措施防止模板、相连接构件、钢筋、预埋件及其定位件移位。

4）预制构件接缝混凝土浇筑完成后可采取洒水、覆膜、喷涂养护剂等养护方式，养护时间不宜少于 14 天。

5）装配式结构连接部位后浇混凝土或灌浆料强度达到设计规定的强度时方可进行支撑拆除。

6）处理好混凝土黏结面。

对原有混凝土表面的打凿应分两遍打凿：第一遍打凿至原有钢筋表皮，即去除旧钢筋保护层，宜采用人工剔凿；第二遍为精凿，要求凿面轻锤、凿毛，并去掉松散颗粒，宜采用人工密集点打的方式。主要是将第一遍打凿过程中受损伤的松动混凝土块和产生微裂纹的混凝土骨料剔除，同时对新旧钢筋连接处进行细部处理，便于新旧钢筋焊接施工。

对原有混凝土表面进行人工剔凿时，应注意不得损坏周围保留的混凝土，以确保黏结面的粗糙程度和完好程度。

去除黏结面上所有损坏、松动和附着的骨料后，凿面要用钢丝刷净并采用压力水枪（可采用刷车水枪）冲刷干净，以确保黏结面的洁净程度。

新旧混凝土黏结面处理要逐一进行验收，大面积施工前，应先做样板，经验收合格后再进行大面积施工。

黏结面的粗糙程度应保证凹凸不平度≥6mm，黏结面的完好程度和洁净程度采用观察检查。

（6）密封防水施工要求。

1）预制外墙板的接缝及门窗洞口等防水薄弱部位应按照设计要求的防水构造进行施工。

2）预制外墙接缝构造应符合设计要求。外墙板接缝处，可采用聚乙烯棒等背衬材料塞紧，外侧用建筑密封胶嵌缝。外墙板接缝处等密封材料应符合《装配式混凝土结构技术规程》（JGJ 1—2014）的相关规定。

3）外侧竖缝及水平缝建筑密封胶的注胶宽度、厚度应符合设计要求，建筑密封胶应在预制外墙板固定后嵌缝。建筑密封胶应均匀顺直，饱满密实，表面光滑连续。

4）预制外墙板接缝施工工艺流程如下：表面清洁处理→底涂基层处理→贴美纹纸→背衬材料施工→施打密封胶→密封胶整平处理→板缝两侧外观清洁→成品保护

5）采用密封防水胶施工时应符合下列规定。

密封防水胶施工应在预制外墙板固定校核后进行；

注胶施工前，墙板侧壁及拼缝内应清理干净，保持干燥；

嵌缝材料的性能、质量应符合设计要求；

防水胶的注胶宽度、厚度应符合设计要求，与墙板粘贴牢固，不得漏嵌和虚粘；

施工时，先放填充材料后打胶，不应堵塞防水空腔，注胶均匀、顺直、饱和、密实，表面光滑，不应有裂缝现象。

6）预制外挂墙板采用止水条封堵时，应符合下列规定。

应在预制外墙板混凝土达到设计强度要求后安装；

预制外墙板之间的止水条应压紧、密实；

止水条作业时，应检查预制外墙板小口的缺陷（气泡）是否在范围内，结合面应为干燥状态；

应在混凝土和止水条两面均匀涂刷黏结剂；止水条安装后宜用小木槌敲打。

（四）干式连接

干式连接方法常用的有：焊接连接、螺栓连接、预应力连接和支座支撑连接等。

（1）焊接连接的具体做法是在工厂预制剪力墙时，墙体预留焊接连接筋，待到现场安装用机械连接的方式焊成整体，最后在连接键浇筑混凝土密实。采用焊接连接时，其焊接件、焊缝表面应无锈蚀，并按设计打磨坡口，并应避免由于连续施焊引起预制构件及连接部位混凝土开裂。焊接方式应符合设计要求。

（2）螺栓连接是采用螺栓的方式将柱与柱、梁与梁、梁与柱等结构构件连接在一起的方式。采用螺栓连接时，应按设计或有关规范的要求进行施工检查和质量控制，螺栓型号、规格、配件应符合设计要求，表面清洁，无锈蚀、裂纹、滑丝等缺陷，并应对外露铁件采取防腐措施。螺栓紧固方式及紧固力应符合设计要求。

（3）预应力连接分先张法和后张法。采用预应力法连接时，其材料、构造应符合规范及设计要求。

（4）支座支撑连接常用于梁、板座的连接。采用支座支撑方式连接时，其支座材料、质量、支座接触面等应符合设计要求。

第三节　预制柱、剪力墙安装施工

一、构件入场及验收要求

（一）堆放场地要求

（1）预制构件施工现场道路做硬地化或铺设钢板处理，以满足施工道路地基承载力要求。

（2）考虑施工道路的运输流线、转弯半径等因素，合理规划预制剪力墙、柱起吊区堆放场地位置，满足吊装施工现场车通路通。

（3）预制剪力墙、柱进场后堆放不得超过四层。

（4）预制剪力墙、柱吊装施工之前，应采用橡塑材料保护预制剪力墙、柱成品阳角。

（5）预制剪力墙、柱在起吊过程中应采用慢起、快升、缓放的操作方式，防止预制剪力墙、柱在吊装过程与建筑物碰撞造成缺棱掉角。

（6）预制剪力墙、柱在施工吊装后不得踩踏预留钢筋，避免其偏位。

（二）构件验收要求

（1）预制剪力墙、柱。

1）预制剪力墙、柱进场后，检查预制剪力墙、柱规格、型号、预埋件位置及数量、外观质量等，应符合设计要求和相关标准、要求，并做预制剪力墙、柱进场检查记录。

2）预制剪力墙、柱应有出厂合格证。

（2）灌浆材料。

1）灌浆材料选用成品高强灌浆料，应具有大流动性、无收缩、早强高强等特点，1d强度不低于20MPa，28d强度不低于50MPa，流动度应≥270mm，初凝时间应大于1h，终凝时间应在3~5h。

2）对于出现破损的预制剪力墙、柱，修补材料采用掺108胶的水泥砂浆（掺水泥重的15%）。

二、施工准备

（一）技术准备

（1）预制剪力墙、柱安装施工前应编制专项施工方案，并经施工总承包企业技术负责人及总监理工程师批准。

（2）预制剪力墙、柱安装施工前应对施工人员进行技术交底，并由交底人和被交底人双方签字确认。

（3）预制剪力墙、柱安装施工前，应编制合理可行的施工计划，明确预制剪力墙、柱吊装的时间节点。

（4）根据预制剪力墙、柱吊装索引图，确定合理的预制剪力墙、柱的吊装起点，并在预制剪力墙、柱上标明其吊装区域和吊装顺序编号。

（5）预制剪力墙、柱安装前，应确认预制剪力墙、柱安装工作面，以满足预制剪力墙、柱安装要求。

（6）预制剪力墙、柱吊装前，按设计要求，根据楼层已弹好的平面控制线和标高线，确定预制剪力墙、柱安装位置线及标高线，并复核。

（二）施工机具准备

（1）吊装机具：钢丝绳、卡环、螺栓、平衡钢梁、自动扳手、起重设备、千斤顶等。

（2）辅助机具：对讲机、吊线锤、经纬仪、激光扫平仪、吊线锤、可调斜支撑、铁制垫片、钢筋限位框、梁柱定型钢板等。

（3）主要施工机具工程及大样图。

1）平衡钢梁：在预制剪力墙、柱起吊、安装过程中平衡预制剪力墙、柱的受力，平衡钢梁型号为20号槽钢、15～20mm厚钢板加工而成（见图6-20）。

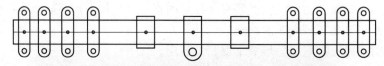

图6-20　平衡钢梁

2）手持式电动搅拌机：用于搅拌预制剪力墙、柱纵向受力钢筋使用的灌浆料，保持灌浆料的流动度。

3）钢筋限位框：在预制柱安装前，钢筋现围框用于固定预留钢筋，使其在允许偏差范围内。

4）梁柱定型模板：梁柱定型钢板用于封堵梁柱结合处，以防止梁柱结合处漏浆。

5）可调斜支撑：通过调节斜支撑活动杆件调整预制剪力墙、柱的垂直度。

三、施工过程控制

(一) 施工流程

1. 预制柱

预制柱施工流程图如图 6-21 所示。

2. 预制剪力墙

预制剪力墙吊装施工流程图如图 6-22 所示。

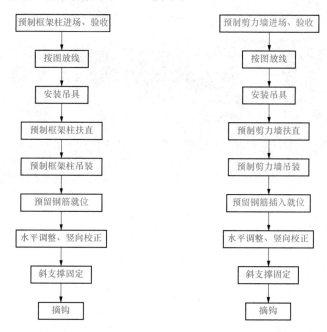

图 6-21 预制柱施工流程图 图 6-22 预制剪力墙吊装施工流程图

(二) 施工技术要点

1. 预制柱

(1) 根据预制柱平面各轴的控制线和柱框线校核预埋套管位置的偏移情况，并做好记录，若预制柱有小距离的偏移需借助协助就位设备进行调整。

(2) 检查预制柱进场的尺寸、规格，混凝土的强度是否符合设计和规范要求，检查柱上预留套管及预留钢筋是否满足图纸要求，套管内是否有杂物；同时做好记录，并与现场预留套管的检查记录进行核对，无问题方可进行吊装。预制柱吊装示意图如图 6-23 所示。

(3) 吊装前在柱四角放置金属垫块，以利于预制柱的垂直度校正，按照设计标高，结合柱子长度对偏差进行确认。用经纬仪控制垂直度，若有少许偏差运用千斤顶等进行调整。

(4) 柱初步就位时应将预制柱钢筋与下层预制柱的预留钢筋初步试对，无问题后准备进行固定。

(5) 预制柱接头连接。预制柱接头连接采用套筒灌浆连接技术。

1) 柱脚四周采用坐浆材料封边，形成密闭灌浆腔，保证在最大灌浆压力（约 1MPa）下密封有效。

2) 如所有连接接头的灌浆口都未被封堵，当灌浆口漏出浆液时，应立即用胶塞进行封堵牢固；如排浆口事先封堵胶塞，摘除其上的封堵胶塞，直至所有灌浆口都流出浆液并已封

图 6-23　预制柱吊装示意图

（a）预留钢筋位置量测；（b）预铸柱吊装；（c）安装后斜撑固定；（d）预铸柱垂直度测量调整

堵后，等待排浆口出浆。

3）一个灌浆单元只能从一个灌浆口注入，不得同时从多个灌浆口注浆。

2. 预制剪力墙

（1）承重墙板吊装准备：由于吊装作业需要连续进行，所以吊装前的准备工作非常重要，首先在吊装就位之前将所有柱、墙的位置在地面弹好墨线，根据后置埋件布置图，采用后钻孔法安装预制构件定位卡具，并进行复核检查；同时对起重设备进行安全检查，并在空载状态下对吊臂角度、负载能力、吊绳等进行检查，对吊装困难的部件进行空载实际演练（必须进行），将导链、斜撑杆、膨胀螺栓、扳手、2m 靠尺、开孔电钻等工具准备齐全，操作人员对操作工具进行清点。检查预制构件预留灌浆套筒是否有缺陷、杂物和油污，保证灌浆套筒完好；提前架好经纬仪、激光水准仪并调平。填写施工准备情况登记表，施工现场负责人检查核对签字后方可开始吊装。

（2）起吊预制墙板：吊装时采用带导链的扁担式吊装设备，加设缆风绳，其吊装示意图如图 6-24 所示。

图 6-24　预制墙板吊装示意图

（3）顺着吊装前所弹墨线缓缓下放墙板，吊装经过的区域下方设置警戒区，施工人员应撤离，由信号工指挥，就位时待构件下降至作业面1m左右高度时施工人员方可靠近操作，以保证操作人员的安全。墙板下放好垫块，垫块保证墙板底标高的正确。

注：也可提前在预制墙板上安装定位角码，顺着定位角码的位置安放墙板。

（4）墙板底部局部套筒若未对准时可使用导链将墙板手动微调，重新对孔。底部没有灌浆套筒的外填充墙板直接顺着角码缓缓放下墙板。垫板造成的空隙可用坐浆方式填补。为防止坐浆料填充到外叶板之间，在苯板处补充50mm×20mm的保温板（或橡胶止水条）堵塞缝隙。

（5）垂直坐落在准确的位置后使用激光水准仪复核水平方向是否有偏差。无误差后，利用预制墙板上的预埋螺栓和地面置膨胀螺栓（将膨胀螺栓在环氧树脂内蘸一下，立即打入地面）安装斜支撑杆，用检测尺检测预制墙体垂直度及复测墙顶标高后，利用斜撑杆调节好墙体的垂直度，方可松开吊钩。

注：在调节斜撑杆时必须两名工人同时间、同方向进行操作（见图6-25）。

图6-25　斜支撑调节

（6）斜撑杆调节完毕后，再次校核墙体的水平位置和标高、垂直度，相邻墙体的平整度。检查工具：经纬仪、水准仪、靠尺、水平尺（或软管）、铅锤、拉线。

（7）预制剪力墙钢筋竖向接头连接采用套筒灌浆连接，具体要求如下。

1）灌浆前应制定灌浆操作的专项质量保证措施。

2）应按产品使用要求计量灌浆料和水的用量并搅拌均匀，灌浆料拌合物的流动度应满足现行国家相关标准和设计要求。

3）将预制墙板底的灌浆连接腔用高强度水泥基坐浆材料进行密封（防止灌浆前异物进入腔内）；墙板底部采用坐浆材料封边，形成密封灌浆腔，保证在最大灌浆压力（1MPa）下密封有效。

4）灌浆料拌和物应在制备后0.5h内用完；灌浆作业应采取压浆法从下灌浆口灌注，有浆料从上口流出时应及时封闭；宜采用专用堵头封闭，封闭后灌浆料不应有任何外漏。

5）灌浆施工时宜控制环境温度，必要时，应对连接处采取保温加热措施。

6）灌浆作业完成后12h内，构件和灌浆连接接头不应受到振动或冲击。

（三）施工步骤与工艺要求

1. 标高找平

预制剪力墙、柱安装施工前，通过激光扫平仪和钢尺检查楼板面平整度，用铁制垫片使楼层平整度控制在允许偏差范围内。

2. 竖向预留钢筋校正

根据所弹出墙、柱线，采用钢筋限位框，对预留插筋进行位置复核，对中心位置偏差超过 10mm 的插筋根据图纸采用 1∶6 冷弯校正，不得烘烤，对个别偏差较大的插筋，应将插筋根部混凝土剔凿至有效高度后再进行冷弯矫正，以确保预制剪力墙、柱浆锚连接的质量。

3. 吊具及紧固件安装

（1）预制剪力墙、柱吊具安装。

预制剪力墙吊具安装：塔吊挂钩挂住两条 1 号钢丝绳→1 号钢丝绳通过卡环连接平衡钢梁→平衡钢梁通过卡环连接 2 号钢丝绳→2 号钢丝绳通过卡环和预制剪力墙预埋吊环连接→预埋吊环和预制剪力墙连接（见图 6-26）。

预制柱吊具安装：塔吊挂钩挂住两条 1 号钢丝绳→1 号钢丝绳连接起吊卡环→1 号钢丝绳通卡环和预制剪力墙预埋吊环连接→预埋吊环和预制柱连接（见图 6-27）。

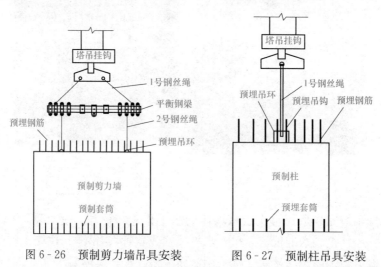

图 6-26　预制剪力墙吊具安装　　　图 6-27　预制柱吊具安装

（2）预制剪力墙、柱紧固件的安装。预制剪力墙柱紧固件分别在起吊区和安装层安装，紧固件通过两端的高强螺栓穿过预埋在结构板（预制剪力墙、柱）内的螺纹套筒与楼板（预制剪力墙、柱）连接成为整体，通过调节斜支撑来控制预制剪力墙、柱的垂直度，以及对预制剪力墙、柱进行临时固定。

4. 预制剪力墙、柱吊运及就位

（1）预制剪力墙、柱起吊方式。预制剪力墙的吊点采用预留拉环的方式，起吊钢丝绳与预制剪力墙预埋吊环垂直连接，钢丝绳应处于起吊点的正上方。

（2）预制剪力墙、柱的吊运。预制剪力墙、柱采用慢起、快升、缓放的操作方式，在构件起吊区配置一名信号工和两名司索工，预制剪力墙、柱起吊时，司索工拆除预制剪力墙、柱的安全固定装置，塔吊司机在信号工的指挥下，塔吊缓缓持力，将预制剪力墙、柱吊离存放架，然后快速运至预制剪力墙、柱安装施工层。

（3）预制剪力墙、柱就位。在预制剪力墙、柱就位前，应清理剪力墙、柱安装部位基层，然后在信号工的指挥下，将预制剪力墙、柱缓缓吊运至安装部位的正上方，并核对预制剪力墙、柱的编号。

5. 预制剪力墙、柱的安装及校正

（1）预制剪力墙、柱的安装。在预制剪力墙安装施工层配置一名信号工和四名吊装工，在信号工的指挥下，塔吊将预制剪力墙、柱下落至设计安装位置，下一层预制剪力墙、柱的竖向预留钢筋一一插入预制剪力墙、柱底部的套筒中，定向入座后，立即加设不少于2根的斜支撑对预制剪力墙、柱临时固定，斜支撑与楼面的水平夹角不应小于$60°$。

（2）预制剪力墙、柱的校正。吊装工根据已弹好的预制剪力墙、柱的安装控制线和标高线，用2m靠尺、吊线锤检查预制剪力墙、柱的垂直度，并通过可调斜支撑微调预制剪力墙、柱的垂直度，预制剪力墙、柱安装施工时应边安装边矫正（见图6-28）。

6. 预制剪力墙、柱节点连接

（1）预制剪力墙节点连接。

预制剪力墙水平连接节点如图6-29、图6-30所示。

预制剪力墙水平连接节点分为T形连接和L形连接。根据设计图纸在预制剪力墙水平连接处设置现浇节点，待两侧预制剪力墙安装完毕后，绑扎节点钢筋，支设模板，浇筑高一强度等级膨胀混凝土，形成刚性连接。

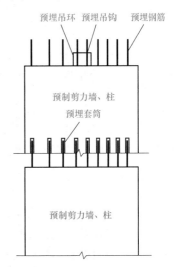

图6-28 预制剪力墙、柱安装及矫正

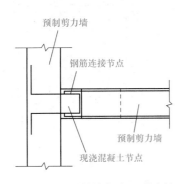

图6-29 预制剪力墙T形连接

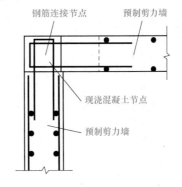

图6-30 预制剪力墙L形连接

（2）预制剪力墙与叠合板连接。

预制剪力墙与叠合板端部连接如图6-31所示。

预制剪力墙作为叠合板的端支座，叠合板搁置在预制剪力墙上，叠合板纵向受力钢筋在预制剪力墙端节点处采用锚入形式，搁置长度、锚固长均应符合设计规范要求。

预制剪力墙与叠合板中部连接如图6-32所示。

预制剪力墙作为叠合板的中支座，预制剪力墙两端的叠合板分别搁置在预制剪力墙上，搁置长度应符合设计规范要求，叠合板纵向受力底筋在中间节点宜贯通或采用对接连接，面筋采用贯通钢筋连接预制剪力墙两端的叠合板面层。

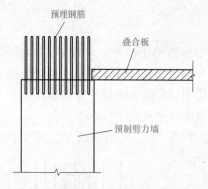

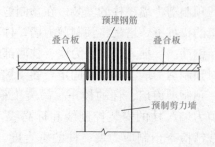

图 6-31　预制剪力墙与叠合板端部连接　　图 6-32　预制剪力墙与叠合板中部连接

（3）预制剪力墙、柱与叠合梁端部节点。

预制剪力墙、柱作为叠合梁的支座，叠合梁搁置在预制剪力墙、柱上，叠合梁纵向受力钢筋在预制剪力墙、柱端节点处采用机械直锚，搁置长度、锚固长均应符合设计规范要求（见图 6-33）。

（4）预制剪力墙、柱与叠合梁中间节点。

预制剪力墙、柱作为叠合梁的支座，预制剪力墙、柱两端的叠合梁分别搁置在预制剪力墙、柱上，搁置长度应符合设计规范要求，叠合梁纵向受力底筋在中间节点宜贯通或采用对接连接，面筋采用贯通钢筋连接预制剪力墙、柱两端的叠合梁面层（见图 6-34）。

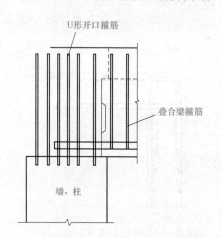

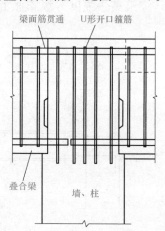

图 6-33　预制剪力墙、柱与叠合梁端部节点　　图 6-34　预制剪力墙、柱与叠合梁中部节点

7. 灌浆

（1）预制剪力墙、柱灌浆施工前应全面检查灌浆孔道、泌水孔、排气孔是否通畅，并将预制剪力墙、柱与现浇楼面连接处清理干净，灌浆前 24h 表面充分浇水润湿，灌浆前 1h 应吸干积水。

（2）配置预制剪力墙、柱灌浆料应严格控制投料顺序、配料比例，灌浆料搅拌宜使用手持式电动搅拌机，搅拌时间从开始投料到搅拌结束应大于 3min，搅拌时叶片不得提至灌浆料液面之上，以免带入空气，一次搅拌的灌浆料应在 45min 内使用完。

（3）灌浆。预制剪力墙、柱灌浆可采用自重流淌灌浆或压力灌浆（从下至上的方式）。

自重流淌灌浆方式将料斗放置在高处利用材料自重及高流淌性特点注入达到自密实效果；采用压力灌浆方式，灌浆压力应保持在 0.2～0.5MPa。

灌浆作业应逐个预制剪力墙、柱进行，同一预制构件中的灌浆管及拼缝灌浆应一次连续完成。

（4）清理灌浆口。在灌浆料终凝前应及时清理灌浆口溢出的灌浆料，随注随清，防止污染预制剪力墙、柱表面，灌浆口应抹压至与构件表面平整，不得凸出或凹陷。

8. 养护

（1）节点处混凝土养护。节点处混凝土浇筑后 12h 内应进行覆盖浇水养护，当日平均气温低于 5℃时，应采用薄膜养护，养护时间应满足规范要求。

（2）灌浆料养护。灌浆料终凝后应进行洒水养护，每天 4～6 次，养护时间不得少于 7 天。

四、质量保证措施

（1）进入现场的预制剪力墙，其外观质量、尺寸偏差及结构性能应符合标准或设计要求。预制剪力墙、柱的型号、位置、预留钢筋必须符合设计要求，且无变形损坏现象。

（2）预制剪力墙、柱码放和运输时的支撑位置和方法符合标准或设计要求。

（3）当预制剪力墙、柱灌浆后，灌浆料的强度达到设计要求时，方可拆除可调斜支撑，并可吊装上一层结构构件。

（4）预制剪力墙、柱安装就位后，应采取保证构件稳定的临时固定措施，并应根据水准点和轴线校正位置。

（5）根据图纸的设计要求，严格控制预制剪力墙、柱的安装标高，保证预制剪力墙安装的精度。

（6）预制剪力墙、柱安装允许偏差应符合表 6 - 1 的规定。

表 6 - 1　　　　　　　　　　　预制剪力墙、柱安装允许偏差

项目	允许偏差（mm）	检验方法
轴线位置	8	钢尺检查
预留钢筋垂直度偏差	0～5	吊线锤
相邻剪力墙、柱表面高低差	3	2m 拖线板检查（四角预埋件限位）
预制剪力墙、柱外表面平整度（含装饰层）	2	2m 靠尺和塞尺检查
预制剪力墙、柱单边尺寸偏差	±2	钢尺量一端及中部，取其中较大值

第四节　预制叠合梁安装施工

一、构件入场及验收要求

（一）堆放场地要求

（1）考虑施工道路的运输流线、转弯半径等因素，合理规划预制叠合梁起吊区堆放场地位置，满足吊装施工现场车通路通。

（2）叠合梁进场后堆放不得超过四层。

（3）叠合梁吊装施工之前，应采用橡塑材料保护叠合走道板成品阳角。

（4）叠合梁在起吊过程中应采用慢起、快升、缓放的操作方式，防止叠合梁在吊装过程与建筑物碰撞造成缺棱掉角。

（5）叠合梁在施工吊装时不得踩踏板上钢筋，避免其偏位。

（6）叠合梁编码：根据叠合梁吊装索引图，在叠合梁上标明各个叠合梁所属的吊装区域和吊装顺序编号，以便于吊装工人确认。

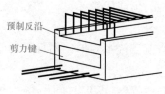

预制反沿

剪力键

图 6-35 叠合梁放置

（二）构件验收要求

（1）叠合梁：叠合梁进场后，检查预制叠合梁的规格、型号、外观质量等，均应符合设计和相关标准要求，叠合梁应有出厂合格证（见图 6-35）。

（2）接缝防漏浆材料采用专用 PE 棒，采用材料应符合相关规定。

（3）对于出现破损的叠合走道板修补材料采用掺 108 胶的水泥砂浆（掺水泥重量的 15%）。

二、施工准备

（一）技术准备

（1）叠合梁安装施工前应编制专项施工方案，并经施工总承包企业技术负责人及总监理工程师批准。

（2）叠合梁安装施工前应对施工人员进行技术交底，并由交底人和被交底人双方签字确认。

（3）叠合梁安装施工前，应编制合理可行的施工计划，明确叠合梁吊装的时间节点。

（4）确定叠合梁吊装顺序。根据叠合梁吊装索引图，确定合理的叠合梁吊装起点和吊装顺序。

（5）规划安装区作业面。叠合梁安装前，应确认叠合梁安装工作面，以满足叠合梁安装要求。

（6）做好测量放线定位工作。叠合梁吊装前，按设计要求，根据楼层已弹好的平面控制线和标高线，确定预制叠合梁安装位置线及标高线，并复核。

（二）施工机具准备

（1）吊装机具：钢丝绳、卡环、螺栓、平衡钢梁、自动扳手、起重设备、千斤顶等。

（2）安装施工机具：经纬仪、水准仪、激光扫平仪、吊线锤、绳索、钢管、扣件式架。

1）平衡钢梁：在叠合梁起吊、安装过程中平衡叠合梁受力，平衡钢梁由 20 号槽钢和 15～20mm 厚钢板加工而成。

2）卡环：连接叠合梁施工机具和钢丝绳，便于悬挂钢丝绳。

三、施工过程控制

（一）施工流程

预制梁吊装施工流程图如图 6-36 所示，预制梁安装示意图如图 6-37 所示。

（二）施工技术要点

（1）测出柱顶与梁底标高误差，在柱上弹出梁边控制线。

（2）在构件上标明每个构件所属的吊装顺序和编号，便于吊装工人辨认。

（3）梁底支撑采用立杆支撑＋可调顶托＋100mm×100mm 木方，预制梁的标高通过支撑体系的顶丝来调节。

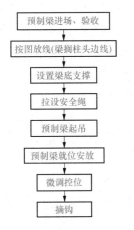

图 6-36　预制梁吊装施工流程图

图 6-37　预制梁安装示意图

（4）梁起吊时，用吊索钩住扁担梁的吊环，吊索应有足够的长度以保证吊索和扁担梁之间的角度不小于 60°。

（5）当梁初步就位后，借助柱头上的梁定位线将梁精确校正，在调平的同时将下部可调支撑上紧，这时方可松去吊钩。

（6）主梁吊装结束后，根据柱上已放出的梁边和梁端控制线，检查主梁上的次梁缺口位置是否正确，若不正确，需做相应处理后方可吊装次梁。梁在吊装过程中要按柱对称吊装。

（7）预制梁板柱接头连接。

1）键槽混凝土浇筑前应将键槽内的杂物清理干净，并提前 24h 浇水润湿。

2）键槽钢筋绑扎时，为确保钢筋位置的准确，键槽预留 U 形开口箍，待梁柱钢筋绑扎完成后，在键槽上安装∩形开口箍与原预留 U 形开口箍双面焊接 5d（d 为钢筋直径）。

（三）施工步骤与工艺要求

1. 支撑体系搭设

叠合梁支撑体系采用可调钢支撑搭设，并在可调钢支撑上铺设工字钢，根据叠合梁的标高线，调节钢支撑顶端高度，以满足叠合梁施工要求，钢支撑体系搭设时，钢支撑距离叠合梁支座处应 5500mm，钢支撑沿叠合梁长度方向间距应小于 2000mm，对跨度大于 4000mm 的叠合梁，梁中部用钢支撑架起拱，起拱高度不大于板跨的 3‰（见图 6-38）。

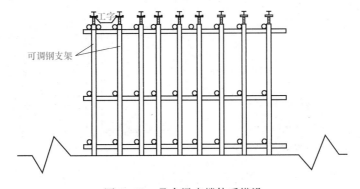

图 6-38　叠合梁支撑体系搭设

2. 叠合梁吊具安装

塔吊挂钩挂住 1 号钢丝绳→钢丝绳通过卡环连接平衡钢梁→平衡钢梁通过卡环连接 2 号钢丝绳→2 号钢丝绳通过卡环连接叠合梁预埋拉环→拉环通过预埋与叠合梁连接。

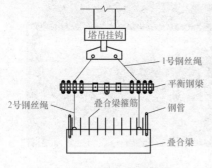

图 6-39 叠合梁吊具安装

叠合梁在预制过程中在其顶面两端各设置一根安全维护插筋，利用安全维护插筋固定钢管，通过钢管间的安全固定绳固定施工人员佩戴的安全索，安全维护插筋直径应与钢管内径相匹配（见图 6-39）。

3. 叠合梁吊运及就位

（1）起吊。叠合梁吊点采用预留拉环方式，起吊钢丝绳与叠合梁水平面所成夹角不宜小于 45°。叠合梁吊运宜采用慢起、快升、缓放的操作方式。叠合梁起吊区配置一名信号工和两名司索工，叠合梁起吊时，司索工将叠合梁与存放架的安全固定装置拆除，塔吊司机在信号工指挥下，塔吊缓缓持力，将叠合梁吊离存放架。

（2）叠合梁就位。叠合梁就位前，清理叠合梁安装部位基层，在信号工指挥下，将叠合梁吊运至安装部位的正上方，并核对叠合梁的编号。

4. 叠合梁的安装及校正

（1）叠合梁安装。当叠合梁安装就位后，塔吊在信号工的指挥下，将叠合梁缓缓下落至设计安装部位，叠合梁支座搁置长度应满足设计要求，叠合梁预留钢筋锚入剪力墙、柱的长度应符合规范要求。

（2）叠合梁校正。叠合梁标高校正：吊装工根据叠合梁标高控制线，调节支撑体系顶托，对叠合梁标高校正。

叠合梁轴线位置校正：吊装工根据叠合梁轴线位置控制线，利用楔形小木块嵌入叠合梁，对叠合梁轴线位置调整（见图 6-40）。

5. 叠合梁节点连接

（1）叠合主次梁节点连接。

1）叠合主次梁边节点。叠合主梁作为叠合次梁的支座，叠合次梁预留钢筋锚入叠合主梁，锚入钢筋长度应符合设计规范要求（见图 6-41）。

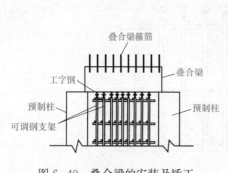

图 6-40 叠合梁的安装及矫正

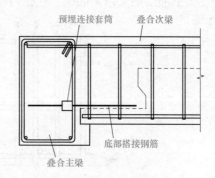

图 6-41 叠合主次梁边节点

2）叠合主次梁中节点。叠合主梁作为叠合次梁的支座，叠合次梁分别搁置在叠合主梁上，搁置长度应符合设计规范要求。在叠合次梁键槽处底部采用搭接钢筋连接叠合次梁底筋，面筋采用贯通钢筋连接叠合主次梁（见图6-42）。

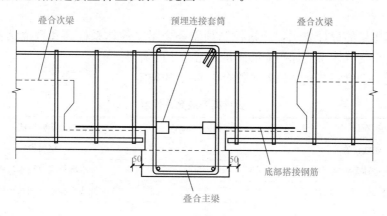

图6-42 叠合主次梁中节点

（2）叠合梁与预制剪力墙、柱节点。

1）叠合梁与预制剪力墙、柱端部节点。预制剪力墙、柱作为叠合梁的支座，叠合梁搁置在预制剪力墙、柱上，叠合梁纵向受力钢筋在预制剪力墙、柱端节点处采用机械直锚，搁置长度、锚固长均应符合设计规范要求（见图6-33）。

2）叠合梁与预制剪力墙、柱中间节点。预支剪力墙、柱作为叠合梁的支座，预制剪力墙、柱两端的叠合梁分别搁置在预制剪力墙、柱上，搁置长度应符合设计规范要求，叠合梁纵向受力底筋在中间节点宜贯通或采用对接连接，面筋采用贯通钢筋连接预制剪力墙、柱两端的叠合梁（见图6-34）。

6. 叠合梁面层钢筋绑扎及验收

叠合梁面层钢筋绑扎时，应根据在叠合梁上方钢筋间距控制线进行钢筋绑扎，保证钢筋搭接和间距符合设计要求。叠合梁节点及面层钢筋绑扎完毕后，由工程项目监理人员验收后方可进行混凝土浇筑。

7. 叠合梁节点及面层混凝土浇筑

混凝土浇筑前，应将模板内及叠合面垃圾清理干净，并剔除叠合面松动的石子、浮浆。叠合梁表面清理干净后，应在混凝土浇筑前24h对节点及叠合面浇水湿润，浇筑前1h吸干积水。

叠合梁节点采用较原结构高一标号的无收缩混凝土浇筑，节点混凝土采用插入式振捣棒振捣，叠合梁面层混凝土采用平板振动器振捣。

8. 叠合梁支撑体系拆除

叠合梁浇筑的混凝土达到设计强度后，方可拆除叠合梁支撑体系。

四、质量保证措施

（1）进入现场的叠合梁，其外观质量、尺寸偏差及结构性能应符合标准或设计要求。叠合梁的型号、位置、支点锚固必须符合设计要求，且无变形损坏现象。

（2）叠合梁码放和运输时的支撑位置和方法符合标准或设计要求。

（3）当叠合梁节点处混凝土强度不小于10N/mm² 或具有足够的支撑时方可吊装上一层

结构构件。

（4）叠合梁安装就位后，应采取保证构件稳定的临时固定措施，并应根据水准点和轴线校正位置。

（5）根据图纸的设计要求，严格控制预制叠合梁支撑体系标高和现浇结构支撑体系标高，保证叠合梁支撑体系的标高能够满足正常施工的需要。

（6）预制叠合梁安装允许偏差应符合表6-2的规定。

表6-2　　　　　　　　　　　叠合梁安装允许偏差

项目	允许偏差（mm）	检验方法
轴线位置	8	钢尺检查
支撑体系标高	0～5	水准仪或拉线钢尺检查
相邻叠合梁表面高低差（含主次梁）	3	2m拖线板检查（四角预埋件限位）
叠合梁板外表面平整度（含装饰层）	2	2m靠尺和塞尺检查
叠合梁单边尺寸偏差	±2	钢尺量一端及中部，取其中较大值

第五节　预制叠合楼板安装施工

一、构件入场及验收要求

（一）堆放场地要求

（1）预制构件施工现场道路做硬地化或铺设钢板处理，以满足施工道路地基承载力要求。

（2）考虑施工道路的运输流线、转弯半径等因素，合理规划预制叠合板起吊区堆放场地位置，满足吊装施工现场车通路通。

（3）叠合板进场后堆放不得超过四层。

（4）叠合板吊装施工之前，应采用橡塑材料保护叠合走道板成品阳角。

（5）叠合板在起吊过程中应采用慢起、快升、缓放的操作方式，防止叠合板在吊装过程与建筑物碰撞造成缺棱掉角。

（6）叠合板在施工吊装时不得踩踏板上钢筋，避免其偏位。

（二）构件验收要求

（1）叠合板进场后，检查预制叠合板的规格、型号、外观质量等，均应符合设计和相关标准要求，并做叠合板场检查记录。

（2）叠合板应有出厂合格证。

二、施工准备

（一）技术准备

（1）叠合板安装施工前应编制专项施工方案，并经施工总承包企业技术负责人及总监理工程师批准。

（2）叠合板安装施工前应对施工人员进行技术交底，并由交底人和被交底人双方签字确认。

（3）叠合板安装施工前，应编制合理可行的施工计划，明确叠合板吊装的时间节点。

（4）根据叠合板吊装索引图，确定合理的叠合板吊装起点和吊装顺序，对各个叠合板编号，便于吊装工人确认。

（5）叠合板安装前，应确认叠合板安装工作面，以满足叠合板安装要求。

（6）叠合板吊装前，按设计要求，根据楼层已弹好的平面控制线和标高线，确定预制叠合板安装位置线及标高线，并复核。

（二）施工机具

（1）吊装机具：钢丝绳、卡环、螺栓、平衡钢梁、自动扳手、起重设备等。

（2）辅助机具：对讲机、吊线锤、经纬仪、激光扫平仪、索具、撬棍、可调钢支撑、工字钢、交流电焊机等。

（3）施工机具功能。

1）平衡钢梁：在叠合板起吊、安装过程中平衡叠合板受力，平衡钢梁由 20 号槽钢和 15～20mm 厚钢板加工而成。

2）卡环：连接叠合板施工机具和钢丝绳，便于悬挂钢丝绳。

三、施工过程控制

（一）施工流程

预制楼（屋）面板吊装施工流程图如图 6-43 所示。

（二）施工技术要点（以预制带肋底板为例，钢筋桁架板参照执行）

（1）进场验收主要检查资料及外观质量，防止在运输过程中发生损坏现象，验收应满足现行施工及验收规范的要求。

（2）预制板进入工地现场。堆放场地应夯实平整，并应防止地面不均匀下沉。预制带肋底板应按照不同型号、规格分类堆放。预制带肋底板应采用板肋朝上叠放的堆放方式。严禁倒置，各层预制带肋底板下部应设置垫木，垫木应上下对齐，不得脱空。堆放层数不应大于 7 层，并有稳固措施。

（3）在每条吊装完成的梁或墙上测量并弹出相应预制板四周控制线，并在构件上标明每个构件所属的吊装顺序和编号，便于吊装工人辨认。

（4）在叠合板两端部位设置临时可调节支撑杆，预制楼板的支撑设置应符合以下要求。

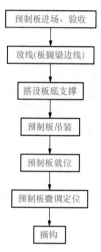

图 6-43 预制楼（屋）面板
吊装施工流程图

1）支撑架体应具有足够的承载能力、刚度和稳定性，应能可靠地承受混凝土构件的自重和施工过程中所产生的荷载及风荷载。

2）确保支撑系统的间距及距离墙、柱、梁边的净距符合系统验算要求，上下层支撑应在同一直线上。板下支撑间距不大于 3.3m。

3）当支撑间距大于 3.3m 且板面施工荷载较大时，跨中需在预制板中间加设支撑（见图 6-44）。

4）在可调节顶撑上架设木方，调节木方顶面至板底设计标高，开始吊装预制楼板（见图 6-45）。

5）预制带肋底板的吊点位置应合理设置，起吊就位应垂直平稳，两点起吊或多点起吊时吊索与板水平面所成夹角不宜小于60°,不应小于45°。

图6-44 叠合板跨中加设支撑

图6-45 叠合板吊装

(5)吊装应按顺序连续进行,板吊至柱上方3~6cm后,调整板位置使锚固筋与梁箍筋错开便于就位,板边线基本与控制线吻合。将预制楼板坐落在木方顶面,及时检查板底与预制叠合梁的接缝是否到位,预制楼板钢筋入墙长度是否符合要求,直至吊装完成。

(6)安装预制带肋底板时,其搁置长度应满足设计要求。预制带肋底板与梁或墙间宜设置不大于20mm的坐浆或垫片。实心平板侧边的拼缝构造形式可采用直平边、双齿边、斜平边、部分斜平边等。实心平板端部伸出的纵向受力钢筋即胡子筋,当胡子筋影响预制带肋底板铺板施工时,可在一端不预留胡子筋,并在不预留胡子筋一端的实心平板上方设置端部连接钢筋代替胡子筋,端部连接钢筋应沿板端交错布置。端部连接钢筋支座锚固长度不应小于10d、深入板内长度不应小于150mm(见图6-46)。

图6-46 叠合板安装

(7)当一跨板吊装结束后,要根据板四周边线及板柱上弹出的标高控制线对板标高及位置进行精确调整,误差控制在2mm以内。

(三)施工步骤与工艺要求

1. 支撑体系搭设

叠合板支撑体系搭设。叠合板支撑体系采用可调钢支撑搭设,并在可调钢支撑上铺设工字钢,根据叠合板的标高线,调节钢支撑顶端高度,以满足叠合板施工要求,钢支撑体系搭设时,钢支撑距离叠合板支座处应不大于500mm,钢支撑沿叠合板长度方向间距应小于2000mm,对跨度大于4000mm的叠合板,板中部钢支撑架起拱,起拱高度不大于板跨的3‰(见图6-47)。

2. 叠合板吊具安装

塔吊挂钩挂住1号钢丝绳→钢丝绳通过卡环连接平衡钢梁→平衡钢梁通过卡环连接2号钢丝绳→2号钢丝绳通过卡环连接叠合板预埋吊环→吊环通过预埋与叠合板连接(见图6-48)。

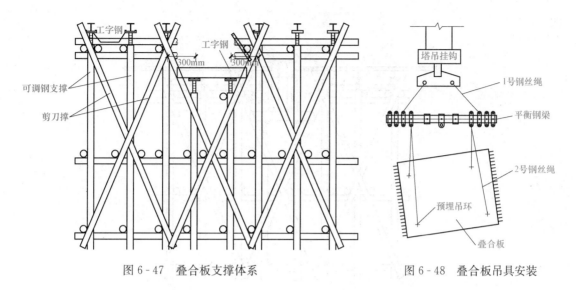

图 6-47　叠合板支撑体系　　　　　　　　图 6-48　叠合板吊具安装

3. 叠合板吊运及就位

(1) 叠合板吊点采用预留拉环方式，在叠合板上预留四个拉环，叠合板起吊时采用平衡钢梁均衡起吊，与吊钩连接的钢丝绳与叠合板水平面所成夹角不宜小于 45°。

(2) 叠合板吊运宜采用慢起、快升、缓放的操作方式。叠合板起吊区配置一名信号工和两名司索工，叠合板起吊时，司索工将叠合板与存放架的安全固定装置拆除，塔吊司机在信号工指挥下，塔吊缓缓持力，当叠合板吊离存放架面正上约 500mm，检查吊钩是否有歪扭或卡死现象及各吊点受力是否均匀，并进行调整。

(3) 叠合板就位前，清理叠合板安装部位基层，在信号工指挥下，将叠合板吊运至安装部位的正上方，并核对叠合板的编号。

4. 叠合板的安装及校正

(1) 叠合板安装。预制剪力墙、柱作为叠合板的支座，塔吊在信号工的指挥下，将叠合板缓缓下落至设计安装部位，叠合板搁置长度应满足设计规范要求，叠合板预留钢筋锚入剪力墙、柱的长度应符合规范要求。

(2) 叠合板校正。叠合板标高校正：吊装工根据叠合板标高控制线，调节支撑体系顶托，对叠合板标高校正。

叠合板轴线位置校正：吊装工根据叠合板轴线位置控制线，利用楔形小木块嵌入叠合板，对叠合板轴线位置进行调整（见图 6-49）。

5. 叠合板节点连接

(1) 叠合板与预制剪力墙连接。

1) 叠合板与预制剪力墙端部连接。预制剪力墙作为叠合板的端支座，叠合板搁置在预制剪力墙上，叠合板纵向受力钢筋在预制剪力墙端节点处采用锚入形式，搁置长度、锚固长度均应符合设计规范要求（见图 6-50）。

2) 叠合板与预制剪力墙中间连接。预支剪力墙作为叠合板的中支座，预制剪力墙两端的叠合板分别搁置在预制剪力墙上，搁置长度应符合设计规范要求，叠合板纵向受力底筋在中间节点宜贯通或采用对接连接，面筋采用贯通钢筋连接预制剪力墙两端的叠合板面层（见

127

图6-51）。

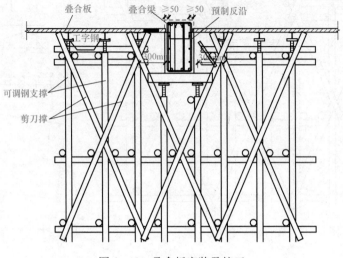

图6-49　叠合板安装及校正

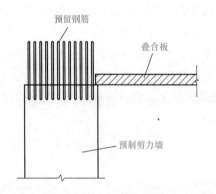

图6-50　叠合板与预制剪力墙端部连接　　图6-51　叠合板与预制剪力墙中间连接

（2）叠合板与叠合梁连接。叠合梁安装后，叠合梁的预制反沿作为叠合板的支座，叠合板搁置在叠合梁上，叠合板纵向受力钢筋锚入叠合梁内，搁置长度和锚固长度均应符合设计规范要求（见图6-52）。

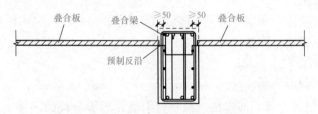

图6-52　叠合板与叠合梁连接

6. 预埋管线埋设

在叠合板施工完毕后，绑扎叠合板面筋同时埋设预埋管线，预埋管线与叠合板面筋绑扎固定，预埋管线埋设应符合设计和规范要求。

7. 叠合板面层钢筋绑扎及验收

（1）叠合板面层钢筋绑扎时，应根据在叠合板上方钢筋间距控制线绑扎。

（2）叠合板桁架钢筋作为叠合板面层钢筋的马凳，确保面层钢筋的保护层厚度。

（3）叠合板节点处理及面层钢筋绑扎后，由工程项目监理人员对此进行验收。

8. 叠合板间拼缝处理

（1）为保证叠合板拼缝处钢筋的保护层厚度和楼板厚度，在叠合板的拼缝处板上边缘设置了 30mm×30mm 的倒角。

（2）叠合板安装完成后，采用较原结构高一等级的无收缩混凝土浇筑叠合板间拼缝（见图 6-53）。

9. 叠合板节点及面层混凝土浇筑

（1）混凝土浇筑前，应将模板内及叠合面垃圾清理干净，并剔除叠合面松动的石子、浮浆。

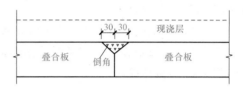

图 6-53　叠合板间拼缝处理

（2）叠合板表面清理干净后，应在混凝土浇筑前 24h 对节点及叠合面浇水湿润，浇筑前 1h 吸干积水。

（3）叠合板节点采用较原结构高一标号的无收缩混凝土浇筑，节点混凝土采用插入式振捣棒振捣，叠合板面层混凝土采用平板振动器振捣。

10. 叠合板支撑体系拆除

叠合板浇筑的混凝土达到设计强度后，方可拆除叠合板支撑体系。

四、质量保证措施

（1）进入现场的叠合板，其外观质量、尺寸偏差及结构性能应符合标准或设计要求。叠合板的型号、位置、支点锚固必须符合设计要求，且无变形损坏现象。

（2）预制构件码放和运输时的支撑位置和方法符合标准或设计要求。

（3）当叠合板面层混凝土强度不小于 $10N/mm^2$ 或具有足够的支撑时方可吊装上一层结构构件。

（4）叠合板安装就位后，应采取保证构件稳定的临时固定措施，并应根据水准点和轴线校正位置。

（5）根据图纸的设计要求，严格控制预制叠合板支撑体系标高和现浇结构支撑体系标高，保证叠合板和现浇楼板支撑体系的标高能够满足正常施工的需要。

（6）预制叠合板安装允许偏差应符合表 6-3 的规定。

表 6-3　　　　　　　　　　　　叠合板安装允许偏差

项目	允许偏差（mm）	检验方法
轴线位置	8	钢尺检查
支撑体系标高	0～5	水准仪或拉线钢尺检查
相邻表面高低差	3	2m 拖线板检查（四角预理件限位）
叠合板外表面平整度（含装饰层）	2	2m 靠尺和塞尺检查
叠合板单边尺寸偏差	±2	钢尺量一端及中部，取其中较大值

第六节 预制楼梯安装施工

一、构件入场及验收要求

(一) 堆放场地要求

1) 预制构件施工现场道路作硬地化或铺设钢板处理，以满足施工道路地基承载力要求。

2) 考虑施工道路的运输流线、转弯半径等因素，合理规划预制楼梯起吊区堆放场地位置，满足吊装施工现场车通路通。

3) 楼梯段应采取正向吊装、运输和堆放。构件运输和堆放时，垫木应放在吊环附近，并高于吊环，上下对齐。

4) 堆放场地应平整夯实，下面铺垫板。楼梯段每垛码放不宜超过 6 块。

5) 预制楼梯安装后，应及时将踏步面加以保护（用 18mm 厚的夹板进行保护），避免施工中将踏步棱角损坏。

(二) 构件与材料验收要求

(1) 预制楼梯：预制楼梯进场后，应检查其型号、几何尺寸及外观质量，并符合设计及规范要求，并做好预制楼梯进场检查记录。预制楼梯构件应有出厂合格证。

(2) 原材料：钢筋的规格、形状应符合图纸要求，应有钢材出厂合格证；水泥宜采用 42.5R、52.5R 的普通硅酸盐水泥；细石粒径为 0.5~3.2cm；砂采用中砂。

二、施工准备

(一) 技术准备

(1) 预制楼梯安装前应编制专项施工方案，并经施工总承包企业技术负责人及总监理工程师批准。

(2) 预制楼梯安装施工前应对施工人员进行技术交底，并由交底人和被交底人双方签字确认。

(3) 预制楼梯安装施工前，应编制合理可行的施工计划，明确预制楼梯吊装的时间节点。

(4) 根据预制楼梯吊装索引图，确定合理的构件吊装起点，并在预制楼梯上标明其吊装区域和吊装顺序编号。

(5) 预制楼梯安装前，应确认预制楼梯安装工作面，以满足预制楼梯安装要求。

(6) 预制楼梯吊装前，根据楼层已弹好的平面控制线和标高线，确定预制楼梯安装位置及标高，并复核。

(7) 安装预制楼梯应综合考虑塔吊主体结构施工间隙，一般 2~4 层楼梯构件集中吊装。

(二) 施工机具

(1) 吊装机具：钢丝绳、吊具、卡环、螺栓、手拉葫芦、平衡钢梁、自动扳手、起重设备等。

(2) 非吊装机具：对讲机、吊线锤、经纬仪、水准仪、全站仪、索具、撬棍等。

(3) 施工机具功能。

1) 吊具：预制楼梯吊具通过高强螺栓与预埋在预制楼梯内的带丝套筒连成整体，用于预制楼梯的吊装（见图 6-54）。

2) 卡环：连接预制楼梯施工机具和钢丝绳，便于悬挂钢丝绳。

3）葫芦：葫芦通过卡环连接预制楼梯吊具和平衡钢梁，并用于调节预制楼梯起吊的水平（见图 6-55）。

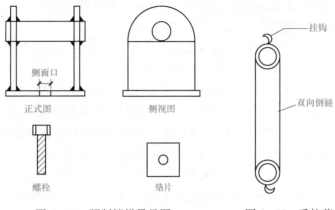

图 6-54　预制楼梯吊具图　　　　图 6-55　手拉葫芦

4）平衡钢梁：在预制楼梯起吊安装过程中平衡预制楼梯受力，平衡钢梁由 20 号槽钢和 15～20mm 厚钢板加工而成。

三、施工过程控制

（一）施工流程

预制楼梯安装施工流程图如图 6-56 所示。

（二）施工技术要点

（1）楼梯间周边梁板叠合后，测量并弹出相应楼梯构件端部和侧边的控制线。

（2）调整索具铁链长度，使楼梯段休息平台处于水平位置，试吊预制楼梯板，检查吊点位置是否准确，吊索受力是否均匀，等等；试起吊高度不应超过 1m。

（3）楼梯吊至梁上方 30～50cm 后，调整楼梯位置使上下平台锚固筋与梁箍筋错开，板边线基本与控制线吻合。

（4）根据已放出的楼梯控制线，用就位协助设备等将构件根据控制线精确就位，先保证楼梯两侧准确就位，再使用水平尺和捯链调节楼梯水平。

（5）调节支撑板就位后调节支撑立杆，确保所有立杆全部受力（见图 6-57）。

图 6-56　预制楼梯安装施工流程图

图 6-57　楼梯安装示意图

（三）施工步骤与工艺要求

1. 定位钢筋预埋及吊具安装

（1）定位钢筋预埋。根据预制楼梯的设计位置和预留孔洞位置，在结构楼板上弹出定位钢筋预埋控制线，并预埋楼梯定位钢筋（见图 6-58）。

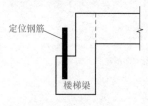

图 6-58　定位钢筋预埋

（2）吊具安装。预制楼梯吊装包括采用葫芦吊具和未采用葫芦吊具吊装两种方式。

采用葫芦吊具安装流程：塔吊挂钩挂住 1 号钢丝绳→1 号钢丝绳通过卡环连接平衡钢梁→平衡钢梁通过卡环连接 2 号钢丝绳和葫芦→2 号钢丝绳和葫芦通过卡环连接预制楼梯吊具→预制楼梯吊具通过螺栓连接预制楼梯（见图 6-59）。

未采用葫芦吊具安装流程：塔吊挂钩挂住 1 号钢丝绳→1 号钢丝绳通过卡环连接平衡钢梁→平衡钢梁通过卡环连接 3 号和 4 号钢丝绳→3 号、4 号钢丝绳通过卡环连接预制楼梯吊具→预制楼梯吊具通过螺栓连接预制楼梯（见图 6-60）。

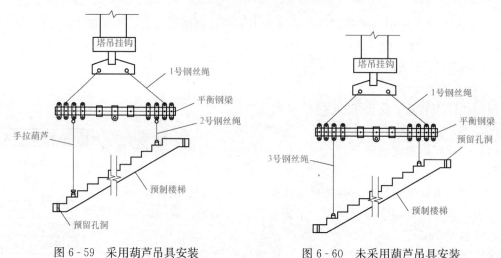

图 6-59　采用葫芦吊具安装　　　　　图 6-60　未采用葫芦吊具安装

2. 预制楼梯吊运及就位

（1）预制楼梯吊点预留方式可以分为预留接驳器和预埋带丝套筒两种，起吊钢丝绳与构件水平面所成夹角不宜小于 45°。

（2）预制楼梯的吊运时宜采用慢起、快升、缓放的操作方式。预制楼梯起吊区配置一名信号工和两名司索。预制楼梯起吊时，司索将预制楼梯与存放架安全固定装置拆除，塔吊司机在信号工的指挥下，塔吊缓缓持力将预制楼梯吊离存放架。当预制楼梯吊至离存放架 200～300mm 处，通过调节葫芦将预制楼梯调整水平，然后吊运至安装施工层。

（3）预制楼梯就位。预制楼梯就位前，清理预制楼梯安装部位基层，在信号工指挥下，将预制楼梯吊运至安装部位的正上方，并核对预制楼梯的编号。

3. 预制楼梯安装及校正

（1）预制楼梯安装。在预制楼梯安装层配置一名信号工和四名吊装工，塔吊司机在信号工的指挥下将预制楼梯缓缓下落，在吊装工协助下将预制楼梯的预留孔洞和上下平台梁上的预埋定位钢筋对正，对预制楼梯安装的初步定位（见图 6-61）。

（2）预制楼梯调校。根据弹设在楼层上的标高线和平面控制线，通过撬棍来调节预制楼梯的标高和平面位置，预制楼梯施工时应边安装边校正。

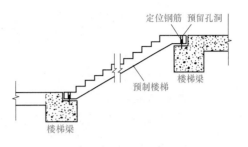

图 6-61 预制楼梯安装

4. 预制楼梯与现浇梁节点处理

根据工程设计图纸，弹射楼梯安装部位的上下平台的现浇梁豁口的水平线和标高线，将上下平台的现浇梁豁口作为预制楼梯的高低端支座。在吊装施工时，将预制楼梯下落至现浇梁缺口上（见图 6-62）。

5. 预留孔洞及施工缝隙灌缝

在预制楼梯安装后及时对预留孔洞和施工缝隙进行灌缝处理，灌缝应采用比结构高一标号的微膨胀混凝土或砂浆（见图 6-63）。

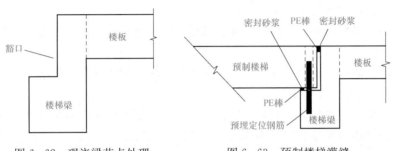

图 6-62 现浇梁节点处理　　　　图 6-63 预制楼梯灌缝

四、质量保证措施

（1）严格检控预制楼梯的原材质量资料，应严查预制楼梯出厂合格证、水泥出厂合格证书、试验报告、砂石试验报告和预检记录。

（2）进入现场的预制楼梯，检查其编号、外观质量、尺寸偏差、预埋带丝套筒及结构性能应符合设计及相关技术标准要求。

（3）吊装前准备工作充分到位，吊装顺序合理，吊装工序检验到位，工序质量应做到追溯性。

（4）严格检验施工测量的精度，保证预制楼梯拼装的严密性，避免因施工误差造成预制楼梯无法正常吊装。

（5）预制楼梯安装允许偏差应符合表 6-4 的规定。

表 6-4　　　　　　　　　　　　　预制楼梯安装允许偏差

项目	允许偏差（mm）	检验方法
轴线位置	8	钢尺检查
上下梁平台豁口标高	0～5	水准仪或拉线、钢尺检查
预制楼梯上下平台板和相邻现浇板平面标高	3	2m 拖线板检查（四角预埋件限位）
预制楼梯外表面平整度（含装饰层）	2	2m 靠尺和塞尺检查
预制楼梯单边尺寸偏差	±2	钢尺量一端及中部，取其中较大值

第七节 预制外墙挂板安装施工

一、构件入场及验收要求

（一）堆放场地要求

（1）预制构件施工现场道路做硬地化或铺设钢板处理，满足地基承载力要求。

（2）考虑施工道路的运输流线、转弯半径等因素，合理规划预制外挂墙板起吊区堆放场地位置，满足吊装施工现场车通路通。

（3）现场预制外挂墙板堆放处，2m内不应进行电焊、气焊作业。

（二）构件与材料验收要求

（1）预制外挂墙板进场后，检查型号、几何尺寸及外观质量应符合设计要求，横腔、竖腔防水构造完整，并做预制外挂墙板进场检查记录。

（2）预制外挂墙板构件应有出厂合格证。

（3）焊接施工前应对焊接材料的品种、规格、性能进行检查，各项指标应符合标准和设计要求。

（4）密封防水胶应采用有弹性、耐老化的密封材料，衬垫材料与防水结构胶应相容，耐老化与使用年限应满足设计要求。

（5）对于饰面出现破损的预制外挂墙板，应在安装前采用配套的黏结剂进行修补。

（6）预制外挂墙板暴露在空气中的预埋铁件应涂刷防锈漆，防止产生锈蚀。预埋螺栓应用海绵棒填塞，防止混凝土浇捣时将其堵塞。

（7）预制外挂墙板的饰面砖、石材、涂刷表面可采用贴膜或其他专业材料保护。

二、施工准备

（一）技术准备

（1）预制外挂墙板安装施工前应编制专项施工方案，并经施工总承包企业技术负责人及总监理工程师批准。

（2）预制外挂墙板安装施工前应对施工人员进行技术交底，并由交底人和被交底人双方签字确认。

（3）预制外挂墙板安装施工前，应编制合理可行的施工计划，明确预制外挂墙板吊装的时间节点。

（4）根据预制外挂墙板吊装索引图，确定合理的构件吊装起点和吊装顺序。

（5）预制外挂墙板安装前，应确认预制外挂墙板安装工作面，以满足预制外挂墙板安装要求。

（6）预制外挂墙板吊装前，按设计要求，根据楼层已弹好的平面控制线和标高线，确定预制外挂墙板安装位置线及标高线，并复核。

（7）根据预制外挂墙板吊装索引图，在预制外挂墙板上标明各个预制外挂墙板所属的吊装区域和吊装顺序编号，以便于吊装工人确认。

（二）施工机具

（1）吊装机具：钢丝绳、卡环、螺栓、平衡钢梁、自动扳手、起重设备、千斤顶等。

（2）非吊装机具：对讲机、吊线锤、经纬仪、水准仪、全站仪、紧固件、索具、撬棍、临时固定支撑、交流电焊机及圆钢等。

（3）施工机具要求。

1）预制外挂墙板吊具由起吊拉环、起吊垫片和高强螺栓组成，预制外墙挂板吊具加工所使用的钢材强度应进行力学验算，满足预制外挂墙板起吊要求（见图 6-64）。

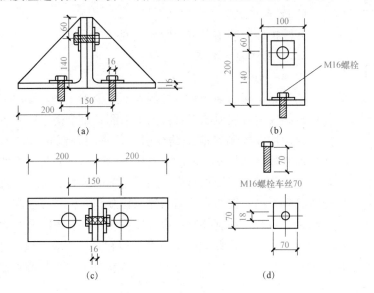

图 6-64 吊具图

（a）吊具正视图；（b）吊具侧视图；（c）吊具俯视图；（d）不锈钢垫片 16×70×70

2）平衡钢梁：在预制外挂墙板起吊、安装过程中平衡预制外挂墙板受力，平衡钢梁由 20 号槽钢、15～20mm 厚钢板加工而成。

3）标高紧固件（A 紧固件）：A 紧固件通过螺栓穿过 A 紧固件立面的螺孔与 PC 板内预埋的带丝套筒连接将 A 紧固件与预制外挂墙板连接成为一个整体。A 紧固件配套的大螺栓为调整预制外挂墙板标高所用，在大螺栓下部放置钢板垫片，通过大螺栓的进退丝调整预制外挂墙板标高［见图 6-65（a）］。

4）位置紧固件（B 紧固件）：B 组紧固件通过螺栓穿过预埋在结构梁内的钢板预埋件上的带丝套筒和现浇板连接成一个整体；B 紧固件通过两侧的高强螺栓进退丝，来调节预制外挂墙板的内外位置；中间的螺栓在预制外挂墙板内外位置调整之后，用螺母来固定预制外挂墙板与紧固件［见图 6-65（b）］。

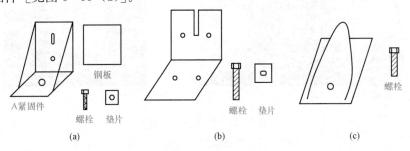

图 6-65 紧固件

（a）标高紧固件；（b）位置紧固件；（c）垂直度调节紧固件

5）垂直度调节紧固件（C 紧固件）：C 紧固件通过两端的高强螺栓穿过预埋在结构板（预制外挂墙板）内的带丝套筒与楼板（预制外挂墙板）连接成为整体，通过调节斜撑来控制预制外挂墙板垂直度［见图 6-65（c）］。

图 6-66　外墙板安装施工流程图

三、施工过程控制

（一）施工流程

外围护墙安装施工流程图如图 6-66 所示。

（二）施工技术要点

1. 外墙挂板施工前准备

结构每层楼面轴线垂直控制点不应少于 4 个，楼层上的控制轴线应使用经纬仪由底层原始点直接向上引测；每个楼层应设置 1 个高程控制点；预制构件控制线应由轴线引出，每块预制构件应有纵横控制线 2 条；预制外墙挂板安装前应在墙板内侧弹出竖向与水平线，安装时应与楼层上该墙板控制线相对应。当采用饰面砖外装饰时，饰面砖竖向、横向砖缝应引测。贯通到外墙内侧来控制相邻板与板之间，层与层之间饰面砖砖缝对直；预制外墙板垂直度测量，4 个角留设的测点为预制外墙板转换控制点，用靠尺以此 4 个点在内侧进行垂直度校核和测量；应在预制外墙板顶部设置水平标高点，在上层预制外墙板吊装时，应先垫垫块或在构件上预埋标高控制调节件。

2. 外墙挂板的吊装（见图 6-67）

预制构件应按照施工方案吊装顺序预先编号，严格按照编号顺序起吊；吊装应采用慢起、稳升、缓放的操作方式，应系好缆风绳控制构件转动；在吊装过程中，应保持稳定，不得偏斜、摇摆和扭转。预制外墙板的校核与偏差调整应按以下要求进行。

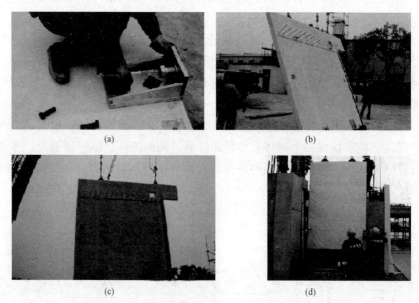

图 6-67　外墙板安装施工

（a）安装固定件；（b）准备起吊；（c）墙板吊起；（d）墙板就位

（1）预制外墙挂板侧面中线及板面垂直度的校核，应以中线为主调整。

（2）预制外墙板上下校正时，应以竖缝为主调整。

（3）墙板接缝应以满足外墙面平整为主，内墙面不平或翘曲时，可在内装饰或内保温层内调整。

（4）预制外墙板山墙阳角与相邻板的校正，以阳角为基准调整。

（5）预制外墙板拼缝平整的校核，应以楼地面水平线为基准调整。

3. 外墙挂板底部固定、外侧封堵

（1）外墙挂板底部坐浆材料的强度等级不应小于被连接构件的强度，坐浆层的厚度不应大于 20mm，底部坐浆强度检验以每层为一个检验批，每工作班组应制作一组且每层不应少于 3 组边长为 70.7mm 的立方体试件，标准养护 28 天后进行抗压强度试验。为了防止外墙挂板外侧坐浆料外漏，应在外侧保温板部位固定 50mm（宽）×20mm（厚）的具备 A 级保温性能的材料进行封堵。

（2）预制构件吊装到位后应立即进行下部螺栓固定并做好防腐防锈处理。上部预留钢筋与叠合板钢筋或框架梁预埋件焊接。

4. 预制外墙挂板连接接缝施工

预制外墙挂板连接接缝采用防水密封胶施工时应符合下列规定。

（1）预制外墙板连接接缝防水节点基层及空腔排水构造做法应符合设计要求。

（2）预制外墙挂板外侧水平、竖直接缝的防水密封胶封堵前，侧壁应清理干净，保持干燥。嵌缝材料应与挂板牢固黏结，不得漏嵌和虚粘。

（3）外侧竖缝及水平缝防水密封胶的注胶宽度、厚度应符合设计要求，防水密封胶应在预制外墙挂板校核固定后嵌填，先安放填充材料，然后注胶。防水密封胶应均匀顺直，饱满密实，表面光滑连续。

（4）外墙挂板十字形拼缝处的防水密封胶注胶连续完成。

（三）施工步骤与工艺要求

1. 预埋件及吊具安装

（1）预埋件定位及安装。

预埋件定位：根据楼层平面控制线，弹出预埋件相应的安装控制线，由控制线来定位预制外挂墙板预埋件。

预埋件安装（见图 6-68）：在预制外挂墙板安装施工层梁钢筋绑扎完毕、利用下层已安装的预制外挂墙板上端预留带丝套筒，通过螺栓将预埋件和下层的预制外挂墙板连接，再通过焊接将预埋件和梁面筋焊接。

在混凝土浇筑之前，用海绵塞紧预制外挂墙板预埋件上的套筒孔，并用胶纸缠绕，避免浇筑混凝土时堵塞预埋件的套筒孔。

（2）吊具安装流程：塔吊挂钩挂住两条 1 号钢丝绳→1 号钢丝绳通过拉环连接平衡钢梁→衡钢梁通过拉环连接两条 2 号钢丝绳和安全绷带→2 号钢丝绳通过拉环连接预制外挂墙板吊具→预制外挂墙板吊具通过螺栓连接预制外挂墙板→安全绷带通过预制外挂墙板上预埋门窗孔洞环绕挂住预制外挂墙板（见图 6-69）。

（3）紧固件安装。

A 紧固件与预制外挂墙板吊具同步安装，利用预制外挂墙板的预埋带丝套筒，通过定位螺栓和抗剪螺栓将 A 紧固件和预制外挂墙板连接。

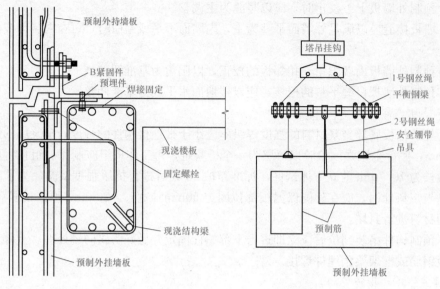

图 6-68　预埋件安装　　　　图 6-69　吊具安装示意图

　　B 紧固件在安装施工层内安装，B 紧固件利用预埋在梁板上的预埋件的带丝套筒，通过螺栓将 B 紧固件和现浇梁板连接。

　　C 紧固件分别在起吊区和安装层安装，C 紧固件通过两端的高强螺栓穿过预埋在结构板（预制外挂墙板）内的带丝套筒与楼板（预制外挂墙板）连接成为整体，通过调节斜撑来控制预制外挂墙板垂直度。

　　2. 预制外挂墙板的吊运及就位

　　（1）预制外挂墙板吊运。预制外挂墙板的吊点预留方式分为预留吊环和预埋带丝套筒两种。预留吊环方式绳索与构件水平面所成夹角不宜小于 45°，预留带丝套筒宜采用平衡钢梁均衡起吊。

　　预制外挂墙板的吊运宜采用慢起、快升、缓放的操作方式。预制外挂墙板起吊区配置一名信号工和两名司索。预制外挂墙板起吊时，司索工将预制外挂墙板与存放架的安全固定装置拆除，塔吊司机在信号工指挥下，塔吊缓缓持力，将预制外挂墙板由倾斜状态到竖直状态，当预制外挂墙板吊离存放架，快速运至预制外挂墙板安装施工层。

　　（2）预制外挂墙板就位。当预制外挂墙板吊运至安装位置时，根据楼面上的预制外挂墙板的定位线，将预制外挂墙板缓缓下降就位，预制外挂墙板就位时，以外墙边线为准，做到外墙面顺直，墙身垂直，缝隙一致，企口缝不得错位，防止挤压偏腔。

　　3. 安装及校正

　　（1）预制外挂墙板的安装。当预制外挂墙板就位至安装部位后，顶板吊装工人用挂钩拉住揽风绳将预制外挂墙板上部预留钢筋插入现浇梁内，同时底板吊装工人将上下层 PC 板企口缝定位，并通过斜撑和 B 紧固件将预制外挂墙板临时固定。

　　（2）预制外挂墙板的校正。吊装工人根据已弹的预制外挂墙板的安装控制线和标高线，通过 A、B、C 紧固件及吊线锤，调节预制外挂墙板的标高、轴线位置和垂直度，预制外挂墙板施工时应边安装边校正（见图 6-70）。

4. 预制外挂墙板与现浇结构节点连接

（1）预制外挂墙板与相邻现浇梁的节点。在预制外挂墙板的安装时，将预制外挂墙板上部的预留钢筋锚入现浇梁内，预制外挂墙板作为梁的单侧模板，同时支设梁底模和侧模，根据预制外挂墙板上部的预留的套筒位置，在侧模对应位置上穿孔，用高强对拉螺杆穿过木模孔和预制外挂墙板上预留套筒对梁节点部位进行固定（见图6-71）。

（2）预制外挂墙板与相邻现浇柱的节点。在预制外挂墙板的安装时，将预制外挂墙板两

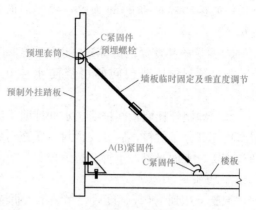

图6-70　外挂墙板的校正

侧坚向预留钢筋锚入现浇柱内，预制外挂墙板作为现浇柱的单侧模板，同时支设现浇柱其他三侧模，根据预留钢筋的位置，在柱模板对应位置上穿孔，预留钢筋穿过木模孔对柱节点部位的固定（见图6-72）。

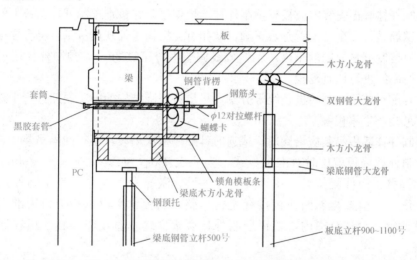

图6-71　预制外挂墙板与相邻现浇梁节点连接

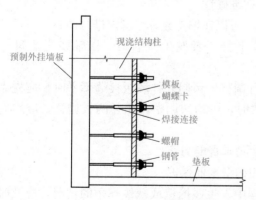

图6-72　预制外挂墙板与相邻现浇柱节点连接

（3）预制外挂墙板与现浇楼板节点焊接固定。在浇筑的混凝土达到设计强度后，拆除预制外挂墙板的B紧固件，并用圆钢将预制外挂墙板上的预留钢板同现浇板上预留角钢进行焊接，将预制外挂墙板和现浇板连接固定。

5. 混凝土浇筑

（1）在隐蔽工程验收后浇筑混凝土，振捣混凝土时，振动棒移动间距为0.4m，靠近侧模时不应小于0.2m，分层振捣时振动棒必须进入下一层混凝土50～100mm，使上下两层充分结合密实，消除施工冷缝。

（2）振动棒振动时间为 20～30s，但以混凝土面出现泛浆为准，振动棒应快插、慢拔。

6. 预制外挂墙板间的拼缝防水处理

（1）预制外挂墙板间的拼缝防水应在混凝土浇筑完成且达到 100% 强度后，方可进行。

（2）预制外挂墙板间拼缝防水处理前，应将侧壁清理干净，保持干燥。防水施工中应先嵌塞填充高分子材料，后打胶密封，填充高分子材料不得堵塞防水空腔，应均匀、顺直、饱和、密实，表面光滑，不得有裂缝现象。

7. 拆除临时支撑

混凝土达到 100% 强度后，吊装工人拆除预制外挂墙板的 B 紧固件和斜撑等临时支撑工具，便于下层预制外挂墙板施工周转使用。

四、质量保证措施

（1）进入现场的预制外挂墙板，其外观质量、尺寸偏差及结构性能应符合设计及相关技术标准要求。

（2）预制外挂墙板安装前应核查预制外挂墙板编号，并核查预制外挂墙板上的预埋螺丝套筒及连接钢筋是否齐全，位置是否正确，丝扣有无损伤，外观质量是否符合要求。

（3）严格控制测量放线的精度，轴线放线偏差不得超过 2mm，预制外挂墙板吊装前须对所有吊装控制线进行认真复检。

（4）吊装前对外墙分割线进行统筹分割，尽量将现浇结构的施工误差进行平差，防止预制外挂墙板吊装产生累积偏差。

（5）预制外挂墙板吊装应沿顺时针或逆时针顺序依次吊装，不得间隔吊装。

（6）预制外挂墙板就位时对准定位线，宜一次就位，如就位偏差大于 3mm，应将构件重新吊起调整，构件就位后，用靠尺、水平尺、激光水平仪等检查预制外挂墙板和板立缝的垂直度，并检查相邻两块板接缝是否平整，墙板水平以墙板上口为准，如有偏差用 B 紧固件调整至允许范围内，校正预制外挂墙板立缝垂直度时，宜采用在墙板底部垫铁楔的方法。

（7）建筑物的大角，需用经纬仪由底线校正，以控制山墙的垂直度。吊装第一块墙板时，要严格控制轴线和垂直度，以保证后续安装的准确性。

（8）预制外挂墙板吊装过程中，如出现偏差，可以在偏差允许范围内进行调整。

（9）预制外挂墙板的轴线、垂直度和接缝平整三者发生矛盾时，以轴线为主进行调整。

（10）预制外挂墙板不方正时，应以竖缝进行调整，预制外挂墙板接缝不平时，应先满足墙面平整，预制外挂墙板立缝上下宽度不一致时，可均匀调整，相邻两板错缝，应均匀调整。

（11）山墙与相邻板立缝的偏差，应以保证大角垂直度为准。

（12）预制外挂墙板安装完毕后，门窗框应用槽型木框保护。

（13）预制外挂墙板安装后，如因在安装过程中发生碰撞造成缺棱掉角的情况，应及时对预制外挂墙板进行修补。

（14）预制外墙板安装允许偏差应符合表 6-5 的规定。

表 6-5　　　　　　　　　　　预制外墙板安装允许偏差（mm）

项目	允许偏差（mm）	检验方法
轴线位置	3	钢尺检查
底模上表面标高	0～－3	水准仪或拉线、钢尺检查
每块外墙板垂直度	3	2m 拖线板检查（四角预埋件限位）
相邻两板表面高低差	2	2m 靠尺和塞尺检查
外墙板外表面平整度（含装饰层）	2	2m 靠尺和塞尺检查
空腔处两板对接对缝偏差	±2	钢尺检查
外墙板单边尺寸偏差	±2	钢尺量一端及中部，取其中较大值
连接件位置偏差	±2	钢尺检查

第八节　预制内隔墙板安装施工

一、预制钢筋混凝土隔墙板安装

（一）构件入场及验收要求

1. 堆放场地要求

按照施工现场平面布置图所示位置存放隔墙板，存放场地应平整、坚实、防止积水、沉陷。存放隔墙板的插放架要牢固、稳定。隔墙板应分型号存放。

2. 构件与材料验收要求

（1）钢筋混凝土预制隔墙板：质量应符合《钢筋混凝土预制构件质量检验评定标准》，应有出厂合格证。在墙板上应标明型号及正反号，盖有检验合格章。

（2）焊条：采用 E43 型焊条，应有出厂合格证。

（3）连接钢板：一般为 40mm×60mm×40mm×4mm。

（4）连接钢筋：一般直径不得小于 ϕ10，长 100～120mm。

（5）水泥：425 号、525 号。

（二）施工准备

1. 技术准备

（1）按设计图纸核查板号，并核查板上的预埋铁件是否齐全，并将上面的杂物、铁锈清理干净。隔墙板上的吊环要齐全牢固。

（2）在安装的楼层上将安装部位清理干净，在隔墙板相邻的主要结构上弹好墙板安装定位立面位置线。在楼面上弹好墙板平面位置线。将墙板型号写在楼地面安装位置的外侧。

（3）检查结构墙体和楼地面连接隔墙板的埋件是否齐全，位置是否正确。被遗漏的应打孔重新埋设补齐。

2. 施工机具

与外墙板所用施工机具相同。

（三）施工过程控制

1. 施工流程

预制内隔墙板安装施工图及施工流程图如图 6-73、图 6-74 所示。

图 6‑73　预制内隔墙安装施工图

图 6‑74　预制内隔墙安装施工流程图

2．施工技术要点

（1）对照图纸在现场弹出轴线，并按排板设计标明每块板的位置，放线后需经技术员校核认可。

（2）预制构件应按照施工方案吊装顺序预先编号，严格按照编号顺序起吊；吊装应采用慢起、稳升、缓放的操作方式，应系好缆风绳控制构件转动；在吊装过程中，应保持稳定，不得偏斜、摇摆和扭转。

（3）吊装前在底板上测量、放线（也可提前在墙板上安装定位角码）。将安装位置洒水阴湿，地面上、墙板下放好垫块，垫块保证墙板底标高的正确。垫板造成的空隙可用坐浆方式填补，坐浆的具体技术要求同外墙板坐浆的技术要求。

（4）起吊内墙板，沿着所弹墨线缓缓下放，直至坐浆密实，复测墙板水平位置是否有偏差，确定无偏差后，利用预制墙板上的预埋螺栓和地面后置膨胀螺栓（将膨胀螺栓在环氧树脂内蘸一下，立即打入地面）安装斜支撑杆，复测墙板顶标高后方可松开吊钩。

（5）利用斜撑杆调节墙板垂直度；刮平并补齐底部缝隙的坐浆。复核墙体的水平位置和标高、垂直度及相邻墙体的平整度。

注：在利用斜撑杆调节墙板垂直度时必须两名工人同时间、同方向，分别调节两根斜撑杆。

（6）检查工具：经纬仪、水准仪、靠尺、水平尺（或软管）、铅锤、拉线。

（7）填写预制构件安装验收表，施工现场负责人及甲方代表、项目管理、监理单位签字后进入下道工序。

注：留存完成前后的影像资料。

（8）内填充墙底部坐浆、墙体临时支撑。内填充墙底部坐浆材料的强度等级不应小于被连接构件的强度，坐浆层的厚度不应大于 20mm，底部坐浆强度检验以每层为一个检验批，每工作班组应制作一组且每层不应少于 3 组边长为 70.7mm 的立方体试件。标准养护 28 天后进行抗压强度试验。预制构件吊装到位后，应立即进行墙体的临时支撑工作，每个预制构件的临时支撑不宜少于2道，其支撑点距离板底的距离不宜小于构件高度的2/3，且不应小于构件高度的1/2。安装好斜支撑后，通过微调临时斜支撑使预制构件的位置和垂直度满足规范要求。最后拆除吊钩，进行下一块墙板的吊装工作。

3. 施工步骤与工艺要求

（1）安装就位。隔墙板安装有两种方法，一种是可以随着结构施工在扣楼板前将板吊入随吊随安装、焊接；另一种是在扣楼板前将各房间需要的墙吊入房间内靠墙放稳当，待以后人工进行安装。

（2）检查校正。安装时核对型号，防止发生安锚板号的现象。安装时按照楼面上已弹好的位置线摆放楔子，放稳墙板，用卡具在吊环部位对墙板作临时支撑卡牢。复查安装位置，调整偏差，用托线板做垂直校正。

（3）支撑加固。隔墙板水平位置及竖直位置校正以后，在吊环部位加支撑，将板下端的楔子背紧，防止位移、歪移。板下缝高度以20～30mm为宜。严禁将隔墙板直接坐落在楼板上干摆浮搁，而不加任何处理。

（4）焊接固定。隔墙板位置校正后，将板上的预埋件与结构墙体上（或隔墙板之间）的埋件用连接钢板焊接牢固，必须做三面围焊，埋件不得凸出结构墙面。

（5）捻缝。隔墙板焊接稳妥之后，四周边的缝隙均用1∶2.5水泥砂浆捻塞密实，砂浆内掺水泥用量10%的107胶，缝宽大于30mm时用C20豆石混凝土填满捻实。当板缝砂浆具有一定强度以后退出楔子，将楔孔填实。板缝砂浆应做到密实、平整，阴角顺直，以利装修。

（四）质量保证措施

（1）凡使用的原材料应符合设计要求和施工规范的规定，并有出厂合格证。

（2）构件的型号、位置及连接固定节点的做法，必须符合设计要求。隔墙板应有出厂合格证。

（3）用豆石混凝土或砂浆做的板缝，计量要准确，填塞要密实，认真养护。其强度应满足设计要求。

（4）连接钢板应三面满焊，焊缝饱满，焊波均匀，焊渣和飞溅物清除干净。

（5）钢筋接头的焊缝长度及厚度符合设计要求，焊缝表面平整，无烧伤、凹陷、焊瘤、裂纹、咬边、气孔和夹渣等缺陷。

二、轻质隔墙板安装

（一）构件入场及验收要求

1. 堆放场地要求

（1）材料进场后，应及时搬运于楼内，严防雨雪淋湿。

（2）隔墙板堆放场地要平整、板下要有方木衬垫，卸板时要轻放，不能碰撞，严禁平抬、平放，侧向堆放角度大于75°。

（3）严禁输送小车碰撞隔墙板及其门窗口。

2. 构件与材料验收要求

（1）隔墙板生产及安装所用各种材料必须符合国家相关规范要求，不得释放有害物质，各种检测报告齐全。

（2）隔墙板安装所用连接件的质量、位置及数量必须符合要求。

（3）轻集料墙板运至现场并验收完成，质量合格，资料齐全。

（4）对隔墙板逐块检查，凡规格尺寸超出允许偏差的或有严重外观缺陷的不得使用。

（二）施工准备

1. 技术准备

（1）技术及施工人员必须熟悉设计施工图纸、设计变更洽商，充分理解设计意图。然后进行翻样、加工。

（2）隔墙板安装技术人员根据设计施工图纸、设计变更洽商及相关规范要求，编制安装施工方案，并对施工人员进行书面及口头技术交底，让操作人员掌握操作要点。

（3）轻集料墙板安装地点清理干净，墙边线测放且验收完成。施工操作人员先测放隔墙板边线，安装人员再根据翻样图，对号依次进行。

2. 施工机具

导向支撑撬棒、木楔、抹灰板、拖线板、切割机、钢卡、射钉枪等。

（三）施工过程控制

1. 施工流程

轻质隔墙板安装施工流程图如图6-75所示。

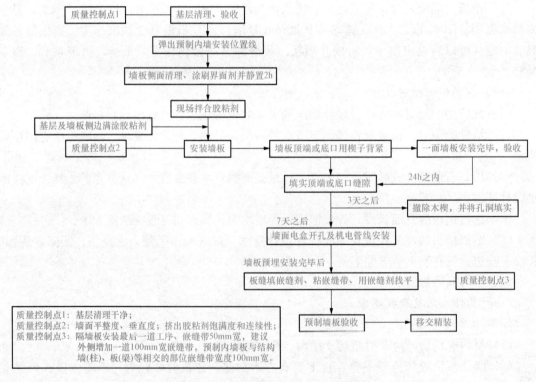

图6-75 轻质隔墙板安装施工流程图

2. 施工技术要点

（1）隔墙板在安装之前，必须经质检人员验收合格，向现场监理报验后，方可使用。

（2）U形钢卡应涂刷防锈漆进行防锈处理，必须按要求的数量、规格、型号牢靠固定，不得少放、漏放和松动。

（3）隔墙板安装过程中，遇到管线需要开槽时，要用切割机切割，严禁随意剔凿。

（4）大型水管风管等穿过隔墙板时，每块墙板开洞洞宽不得大于 600mm，超过限值应做好临时支撑，然后用槽钢或角钢在洞口上缘予以加固处理，具体做法可与相关技术人员协商后决定。

（5）施工中各专业工种应紧密配合，合理安排工序，严禁颠倒工序作业。

（6）安装埋件时，应用冲击钻孔，对刮腻子的内墙，不得进行任何剔凿。

（7）隔墙板塞进细石混凝土后，三天内不得在隔墙板上斜靠物品，以免墙板松动。

（8）水电开洞必须由机械开洞，布管完毕后，再进行堵洞。

3. 施工步骤与工艺要求

（1）清理。对即将安装隔墙板的顶板、楼板面及结构墙面进行彻底清理，必须保证隔墙板安装接触的混凝土结构面平整、密实。

（2）放线。根据设计施工图纸，测放出隔墙板边线，作为安装依据。

（3）根据排板图，在条板拼缝的上端，预先将 U 形钢板卡用射钉固定在顶板上。

（4）隔墙板安装（见图 6-76）。

1）先固定整体墙板，后固定门窗洞口墙板，先整板后补板。安装墙板时应将其顶端和侧边缘黏结面处涂满黏合剂，涂刮应均匀，不得漏刮，黏合剂涂刮厚度不应少于 5mm。墙板竖起时用撬棒用力挤紧就位，校正垂直度和相邻板面平整度，保证接缝密合顺直，随即在墙板顶头部用木楔顶紧，缝隙不宜大于 5mm，挤出的砂浆及时刮平补齐，用靠尺和托线板将墙面找平、找垂直。

图 6-76　轻质隔墙板安装施工图

2）补板制作应根据排板实际尺寸，在整板上画线，用切割机切割，竖向切口处应用水泥砂浆封闭填平，拼接时表面仍应涂满黏合剂。

3）如遇卫生间的由需方浇制 150mm 高度的滞水带方可安装施工。

4）门头板宽度大于 1200mm 底下第一孔穿筋用混凝土灌实，门边板第一孔用混凝土灌实。墙板安装后 5～7 天后才可进行下一道工序施工。

5）超过 5m 高度应加构造梁，加层部分应现浇混凝土构造梁。墙体超过 25m 的需加构造柱，配筋尺寸由设计有关技术部门定。

6）相邻门或相邻窗设计尺寸小于 600mm，中间空穿筋细石混凝土灌实，或由土建班组现浇构造柱。两侧边洞口需灌浆。

7）电气线路可利用隔墙孔敷设线路，可水平开槽，长度根据需要不受限制。如遇其他砌筑墙体连接，应预埋水泥块，间距为 1000mm。

（5）堵缝。一道隔墙安装完毕，经检验平整度、垂直度合格后，将板底缝用 1∶3 砂浆或细石混凝土塞严堵实，待达到强度后，撤出木楔，再用同样砂浆堵实。严禁未达到强度时撤出木楔。墙板与墙板连接，墙板与主体结构连接处必须坐灰并挤出浆为止，一定要做到满缝满浆。

（6）隔墙板拼缝处理。为防止安装后的墙面开裂，板与板、板与主体结构的垂直缝用

100mm 的玻璃纤维网布条黏结。网布粘贴要整齐，目测端正。

（四）质量保证措施

（1）施工过程中各工种之间应密切配合，合理安排工序。预制内墙板安装完毕后，24h 内不得碰撞。不得进行下道工序，并对墙板进行必要的保护。墙板安装 7 天内不得受侧向作用力。

（2）墙板开槽、孔时，必须用专用工具，不得随意用力敲打。

（3）施工时防止碰撞隔墙和门口。

（4）地面施工时应有相应的成品保护措施以防止墙面污染。

（5）做好工序交接配合，在进行水、电、气等专业工种施工时，放线机械开孔，防止横槽对墙体造成损坏。

（6）对完成刮腻子、未验收的墙体，如需修补应即时采取修补措施，完成后不得再进行任何剔凿。

（7）隔墙板安装必须牢固，隔墙板间、隔墙板与周边结构连接必须可靠。

（8）隔墙板缝处理到位，安装垂直、平整符合要求，位置正确，无裂缝或缺损板材。

（9）隔墙板表面平整光滑、色泽一致、洁净，接缝均匀、顺直。

（10）隔墙板上的孔洞、槽、盒位置正确，套割方正，边缘整齐。

（11）预制内隔墙安装允许偏差应符合表 6-6 的规定。

表 6-6 预制内隔墙板安装允许偏差

项目	允许偏差（mm）	检查方法
表面平整	3	用 2m 靠尺和塞尺检查
立面垂直	4	用 2m 托线板检查
接缝高低差	2	用 2m 托线板和塞尺检查
阴阳角方正	3	用 200mm 方尺和塞尺检查
门窗洞口	±10	用直尺检查
缝隙宽度	±2	用直尺检查

第九节 预制阳台、空调板安装施工

一、预制阳台安装

（一）构件入场及验收要求

1. 堆放场地要求

（1）预制构件施工现场道路作硬地化或铺设钢板处理，以满足施工道路地基承载力要求。

（2）考虑施工道路的运输流线、转弯半径等因素，合理规划预制阳台起吊区堆放场地位置，满足吊装施工现场车通路通。

（3）预制阳台进场后堆放不得超过四层。

（4）预制阳台吊装施工之前，应采用橡塑材料保护预制阳台成品阳角。

（5）预制阳台在起吊过程中应采用慢起、快升、缓放的操作方式，防止预制阳台在吊装过程与建筑物碰撞造成缺棱掉角。

（6）预制阳台在进场和施工吊装时不得踩踏板上钢筋，避免其偏位。

2. 构件与材料验收要求

（1）预制阳台进场后，检查型号、几何尺寸及外观质量应符合设计要求，构件出厂应有出场合格证。

（2）预制阳台进场后要做好进场检查记录。

（3）焊接施工前应对焊接材料的品种、规格、性能进行检查，各项指标应符合标准和设计要求。

（4）密封防水胶应采用有弹性、耐老化的密封材料，衬垫材料与防水结构胶应相容，耐老化与使用年限应满足设计要求。

（5）对于饰面出现破损的预制阳台，应在安装前采用配套的黏结剂进行修补。

（二）施工准备

1. 技术准备

（1）预制阳台安装施工前应编制专项施工方案，并经施工总承包企业技术负责人及监理总工程师批准。

（2）预制阳台安装施工前应对施工人员进行技术交底，并由交底人和被交底人双方签字确认。

（3）预制阳台安装施工前，应编制合理可行的施工计划，明确预制阳台吊装的时间节点。

（4）预制阳台安装前，应确认预制阳台安装工作面，以满足预制阳台安装要求。

（5）预制阳台吊装前，按设计要求，根据楼层已弹好的平面控制线和标高线，确定预制阳台安装位置线及标高线，并复核。

2. 施工机具

（1）吊装机具：钢丝绳、卡环、螺栓、平衡钢梁、自动扳手、起重设备、千斤顶等。

（2）非吊装机具：对讲机、吊线锤、经纬仪、水准仪、全站仪、索具、撬棍、钢支撑等。

（3）施工机具要求。

1）平衡钢梁：在预制阳台起吊、安装过程中平衡预制阳台受力，平衡钢梁由 20 号槽钢和 15～20mm 厚钢板加工而成。

2）卡环：连接预制阳台施工机具和钢丝绳，便于悬挂钢丝绳。

（三）施工过程控制

1. 施工流程

预制阳台、空调板安装施工流程图及施工图如图 6-77、图 6-78 所示。

2. 施工技术要点

（1）每块预制构件吊装前测量并弹出相应周边（隔板、梁、柱）控制线。

（2）板底支撑采用钢管脚手架＋可调顶托＋100mm×100mm 木方，板吊装前应检查是否有可调支撑高出设计标高，校对预制梁及隔板之间的尺寸是否有偏差，并做相应调整。

图 6-77　预制阳台、空调板安装施工流程图　　　图 6-78　预制空调板安装施工图

（3）预制构件吊至设计位置上方 3～6cm 后，调整位置使锚固筋与已完成结构预留筋错开便于就位，构件边线基本与控制线吻合。

（4）当一跨板吊装结束后，要根据板周边线、隔板上弹出的标高控制线对板标高及位置进行精确调整，误差控制在 2mm 以内。

3. 施工步骤与工艺要求

（1）预制阳台支撑体系搭设。预制阳台支撑体系采用可调钢支撑搭设，并在钢支撑上方铺设工字钢，根据预制阳台的标高位置线，调节钢支撑顶端高度，以满足预制阳台施工要求。钢支撑体系搭设时，钢支撑距离叠合板支座处应不大于 5005mm，钢支撑沿叠合板长度方向间距应小于 2000mm，对跨度大于 4000mm 的叠合板，板中部钢支撑起拱，起拱高度不大于板跨的 3‰（见图 6-79）。

（2）预制阳台吊具安装。塔吊挂钩挂住钢丝绳→钢丝绳连接卡环→卡环连接预制阳台吊环→吊通过预埋连接预制阳台（图 6-80）。

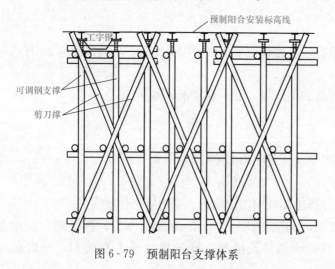

图 6-79　预制阳台支撑体系

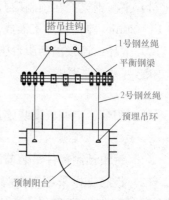

图 6-80　预制阳台吊具安装

（3）预制阳台吊运及就位。

1）预制阳台起吊。采用预留吊环形式，在预制阳台内预埋 4 个吊环，起吊钢丝绳与预制阳台水平面所成角度不宜小于 45°。

预制阳台吊运宜采用慢起、快升、缓放的操作方式。预制阳台起吊区配置一名信号工和两条司索。预制阳台起吊时，司索将预制阳台与存放架的安全固定装置解除，塔吊司机在信号工的指挥下，塔吊缓缓持力，将预制阳台吊离存放架。

2）预制阳台就位。预制阳台吊离存放架后，快速运至预制阳台安装施工层，在信号工的指挥下，将预制阳台缓缓吊运至安装位置正上方。

（4）安装及校正。

1）预制阳台安装。在预制阳台安装层配置一名信号工和四名吊装工，当预制阳台就位至安装部位上方 300～500mm 处，塔吊司机在信号工的指挥下，吊装工用挂钩拉住揽风绳将预制阳台的预留钢筋锚入现浇梁、柱内，同时根据预制阳台平面位置安装控制线，缓缓将预制阳台下落至钢支撑体系上。

2）预制阳台校正。

位置校正：根据弹射在安装层下层的预制阳台平面安装控制线，利用吊线锤对预制阳台位置进行调校。

标高校正：根据弹射在楼层上的标高控制线，采用激光扫平仪通过调节可调钢支撑对预制阳台标高进行校正（见图 6-81）。

（5）预制阳台与现烧结构节点连接。

1）预制阳台与现浇梁的连接。在预制阳台安装就位后，将预制阳台水平预留钢筋锚入现浇梁内，并将预制阳台水平预留钢筋与现浇梁钢筋绑扎，支设现浇梁模板并浇筑混凝土（见图 6-82）。

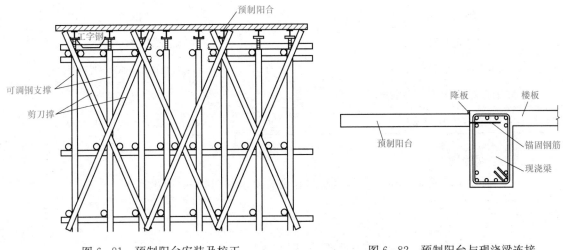

图 6-81　预制阳台安装及校正　　　　　　图 6-82　预制阳台与现浇梁连接

2）预制阳台与相现浇剪力墙、柱的连接。预制阳台安装就位后，将预制阳台纵向的预留钢筋锚入相邻现浇剪力墙、柱内，并焊接固定，支设剪力墙、柱模板浇筑混凝土。

3）预制叠合阳台板安装连接。预制叠合阳台板安装连接应在机电管线铺设完毕后进行叠合板上铁钢筋绑扎。为保证上铁钢筋的保护层厚度，钢筋绑扎时利用叠合板的桁架钢筋为上铁钢筋的马凳。叠合面上铁钢筋验收合格后再进行混凝土浇筑。

（6）混凝土浇筑。

1）预制阳台混凝土浇筑前，应将预制阳台表面清理干净。

2）预制阳台混凝土浇筑时，为保证预制阳台及支撑受力均匀，混凝土采取从中间向两边浇筑，连续施工，一次完成，同时使用平板振动器，确保预制阳台混凝土振捣密实。

3）预制阳台混凝土浇筑后 12h 内应进行覆盖浇水养护，当日平均气温低于 5℃ 时，应采用薄膜养护，养护时间应满足规范要求。

（7）支撑体系拆除。预制阳台节点浇筑的混凝土达到 100% 后，方可拆除预制阳台底部的支撑体系。在吊装上层预制阳台时，下部支撑体系至少保留 3 层。

（四）质量保证措施

（1）进入现场的预制阳台，其外观质量、尺寸偏差及结构性能应符合标准、设计要求。预制阳台的型号、位置、支点锚固必须符合设计要求，且无变形损坏现象。

（2）预制阳台码放和运输时的支撑位置和方法符合标准或设计要求。

（3）当预制阳台与现浇结构节点混凝土强度应不小于 $10N/mm^2$ 或具有足够的支撑时方可吊装上一层结构构件。

（4）预制阳台安装就位后，应采取保证构件稳定的临时固定措施，并应根据水准点和轴线校正位置。

（5）根据图纸的设计要求，严格控制预制阳台支撑体系标高和现浇结构支撑体系标高，保证预制阳台和现浇楼板支撑体系的标高能够满足正常施工的需要。

（6）预制阳台安装允许偏差应符合表 6-7 的规定。

表 6-7　　　　　　　　　　　　预制阳台安装允许偏差

项目	允许偏差（mm）	检验方法
轴线位置	8	钢尺检查
支撑体系标高	0～5	水准仪或拉线、钢尺检查
相邻预制阳台表面高低差	3	2m 拖线板检查（四角预埋件限位）
预制阳台外表面平整度（含装饰层）	2	2m 靠尺和塞尺检查
预制阳台单边尺寸偏差	±2	钢尺量一端及中部，取其中较大值

二、空调板安装

（一）构件入场及验收要求（与预制阳台安装要求相同）

1. 堆放场地要求

2. 构件与材料验收要求

（二）施工准备（与预制阳台安装要求相同）

1. 技术准备

2. 施工机具

（三）施工过程控制

1. 施工流程

定位放线→构件检查核对→构件起吊→预制空调板吊装就位→校正标高和轴线位置→临

时固定→支撑→松钩。

2. 施工技术要点

（1）施工前，先搭设空调板支撑架，按施工标高控制高度，按先梯梁后空调板的顺序进行。

（2）空调板与梯梁搁置前，先在空调板 L 形内铺砂浆，采用软坐灰方式。

（3）预制空调板安装、固定后，与 C 形梁板叠合现浇层一起整浇，增强连接的整体性。

3. 施工步骤与工艺要求

（1）吊装前检查构件的编号，检查预埋吊环、预留管道洞位置、数量、外观尺寸等。

（2）标高、位置控制线已在对应位置用墨斗线弹出。

（3）预制空调板吊装时吊点位置和数量必须转化图一致。

（4）对预制悬挑构件负弯矩筋逐一伸过预留孔，预制构件就位后在其底下设置支撑，校正完毕后将负弯矩筋与室内叠合板钢筋支架进行点焊或绑扎。

（四）质量保证措施（与预制阳台安装要求相同）

预制空调板安装允许偏差应符合表 6-8 的规定。

表 6-8　　　　　　　　　　　　　　预制空调板安装允许偏差

项目	允许偏差（mm）	检验方法
轴线位置	5	钢尺检查
表面垂直度	5	经纬仪或吊线、钢尺检查
楼层标高	±5	水准仪或拉线、钢尺检查
构件安装允许偏差	±5	钢尺检查

第十节　预制飘窗安装施工

一、构件入场及验收要求

1. 堆放场地要求

（1）构件进场后，根据构件的吊装形式，采用立放的方式堆放。

（2）吊装之前需对飘窗的预埋吊装及螺栓连接螺母进行保护，以防飘窗存放过程中螺母进水锈蚀。

（3）吊装预制飘窗之前采用橡塑材料成品护角，吊装墙板时与各塔吊信号工协调吊装，防止碰撞造成构件损坏。

2. 构件与材料验收要求

二、施工准备（与预制阳台安装要求相同）

1. 技术准备

2. 施工机具

三、施工过程控制

1. 施工流程

预制飘窗安装准备→弹出控制线并复核→飘窗起吊、就位→预制飘窗校正→竖向焊接临时固定→水平螺栓连接固定→预制飘窗连接灌浆。

2. 施工技术要点

(1) 飘窗吊装前检查吊耳、螺栓及飘窗上的预留螺母是否齐全。

(2) 由于上下层飘窗间距较小，一般为 250～400mm，飘窗自重较大，为解决飘窗在吊装过程中的支撑问题，采用机械式承重托座应用技术。机械承重托座由上承板、底座、可调螺母组成，每种托座可调度为 70mm，用途是调整飘窗标高，受力满足飘窗自重及混凝土面层及保温层的抗压强度，单个承载力在 1.5t 以上，吊装时放于飘窗底部两侧，用以调整飘窗底部标高。

(3) 预先调整好承重托座至预定标高，将飘窗缓慢平稳起吊，待飘窗底面靠近承重托座上方 30cm 左右，由操作人员按位置线调整飘窗水平位置。待位置准确后将飘窗垂直缓慢放于承重托座上。

(4) 如标高有误差可采用千斤顶配合机械承重托座调整，调节可调托座至预定标高；水平方向误差采用千斤顶调整，直至水平及标高位置准确无误。飘窗水平及标高校正完毕后，采用两根可调节斜支撑螺杆调整其垂直度，使其垂直度符合要求。

(5) 由于飘窗不同于外墙板，有 6 面，体积、重量较大，安装就位时精度难以控制，需反复调整托座及支撑数次，才能使其误差控制在设计及规范要求允许范围内。

(6) 连接后将飘窗距离作业面 300mm 位置处，按照位置线，慢慢移动飘窗就位，等到飘窗螺栓调节至穿墙孔洞位置处时，将定制 U 形飘窗水平咬合措施件套放在飘窗上，用溜绳牵引飘窗，使得螺栓插入墙板连接孔洞。

(7) 飘窗安装就位后，对飘窗四周甩出拉结筋部分节点的钢筋进行绑扎、支设模板，与内墙一同浇筑混凝土。

3. 施工步骤与工艺要求

(1) 安装准备。

1) 熟悉施工图纸，根据飘窗型号，确定安装位置，并对预制飘窗吊装顺序进行编号。

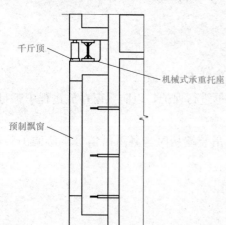

图 6-83 机械式飘窗承重支托座

2) 根据安装控制线安放机械式飘窗承重支托座，并将四个机械式承重支托座调至标高位置处（见图 6-83）。

3) 飘窗安装前，根据上下飘窗间距 360mm，按照飘窗间距制作可调范围 310～380mm 的机械式承重支托座。机械式飘窗承重支托座同时兼顾支撑和调节，确保飘窗安装就位准确。

4) 飘窗吊装前将飘窗连接螺栓固定在飘窗上，同时将飘窗与墙板之间的橡胶垫块套放在连接螺栓上（见图 6-84）。

(2) 根据飘窗型号，确定安装位置线，并对控制线及标高进行复核。

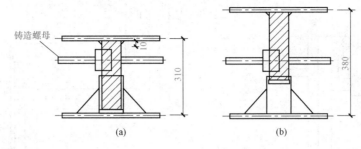

图 6-84　机械式飘窗承重支托座示意图

（3）飘窗起吊就位、校正。飘窗吊装采用通用吊耳与螺栓及预埋飘窗上的预埋螺母连接，连接牢固后将飘窗吊至作业面上方 300mm 位置处，按照位置线使飘窗慢慢就位。考虑塔吊垂直运输司机操作无法微调，待飘窗吊至墙板位置处，要求塔吊停稳放好，调节塔吊两侧倒链，使得螺栓水平调节至螺栓孔洞位置处（见图 6-85）。

（4）待飘窗螺栓调节至穿墙孔洞位置处时，将定制 U 形飘窗水平咬合措施件套放在飘窗上，室内人员两侧均采用溜达麻绳牵引飘窗，同时塔吊大臂回转使得飘窗水平平移，再次调节两侧倒链使得螺栓插入墙板连接孔洞。U 形飘窗水平咬合措施件采用 8 号槽钢焊制而成，焊接时为保证措施套放，两侧考虑 10mm 的间隙。吊装时 U 形飘窗水平咬合措施件使用时必须设置一根保险绳，以防 U 形措施件使用过程中坠落。

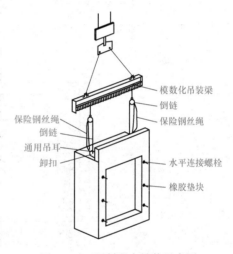

图 6-85　预制飘窗吊装示意图

（5）飘窗连接节点做法。

1）飘窗的竖向节点连接：螺栓连接牢固后采用附加角钢将飘窗埋件和墙板埋件焊接形成一体，作为飘窗临时固定使用。

2）飘窗的水平节点连接：飘窗采用 M24 螺栓连接，每块飘窗设置 6 个水平连接点。飘窗水平节点螺栓连接如图 6-86～图 6-89 所示。

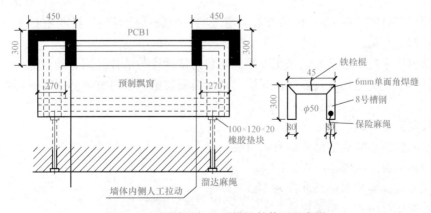

图 6-86　预制飘窗 U 形措施件使用示意图

153

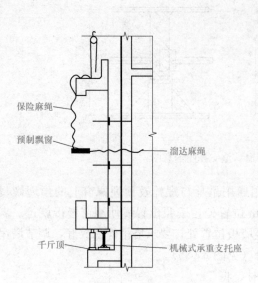

图 6-87　预制飘窗 U 形措施件安装示意图

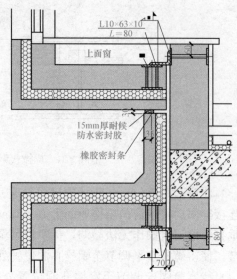

图 6-88　飘窗的竖向节点连接示意图

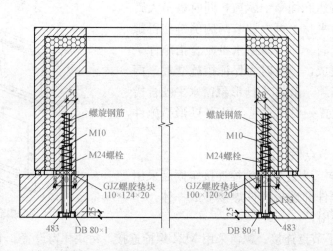

图 6-89　飘窗水平节点螺栓连接示意图

3）飘窗与墙体之间的 20mm 缝隙灌入灌浆料，外侧接缝处内垫橡胶密封条，然后采用硅酮耐候密封胶封堵。

（6）飘窗水平螺栓连接后，采用专用灌浆料封堵螺栓与墙体孔洞之间空隙。

（7）飘窗承重支座托支设需保留三层，待飘窗安装第四层时方可拆除第一层飘窗承重支座支托。

四、预制飘窗安装质量标准

（1）预制飘窗临时固定措施应有效可靠。

（2）预制飘窗连接螺栓应牢固。

（3）螺栓锚固灌浆料必须灌注密实。

（4）焊接质量应符合相关规定。

（5）预制飘窗安装允许偏差应符合表 6-9 的规定。

表 6 - 9　　　　　　　　　　　　　预制飘窗安装检测标准表

项目	允许偏差（mm）	检验方法
单块飘窗水平位置偏差	3	基准线和钢尺检查
单块飘窗顶标高偏差	±3	水准仪或拉线、钢尺检查
单块飘窗垂直度偏差	3	2m靠尺和塞尺检查
单块飘窗与预制墙板拼缝偏差	0，－3	钢尺检查
相邻飘窗高低差	3	2m靠尺和塞尺检查

第七章　装配式混凝土结构工程施工质量验收

第一节　装配式混凝土结构工程施工验收基本要求

我国现行国家标准《混凝土结构工程施工质量验收规范》(GB 50204—2015)中规定了装配式结构分项工程验收和混凝土结构子分部工程验收的内容，装配式结构分项工程的验收包括一般规定、预制构件及装配式结构特有的钢筋连接和构件连接等内容的预制构件的安装与连接三个部分。对于装配式结构现场施工中涉及的钢筋绑扎、混凝土浇筑等内容，则分别纳入钢筋、混凝土、预应力等分项工程进行验收，从而明确了装配式结构工程质量管控的重点。

另外，对于装配式结构现场施工中涉及的装修、防水、节能及机电设备等内容，应分别按装修、防水、节能及机电设备等分部或分项工程的验收要求执行。装配式结构还需在混凝土结构子分部工程验收层面进行结构实体检验和工程资料验收。

装配式混凝土结构工程的质量涉及结构安全和工程验收，其质量管理包括工程前期策划、方案及施工图设计、预制构件深化设计、预制构件生产与安装等全过程控制。项目各参与方应协同配合制订质量管理计划，明确质量管理中重点、难点的质量保证措施，在工程实施过程中应严格控制各工序的操作质量，按检验批做好预制构件及其连接节点的质量检查和验收工作。

一、建设单位要加强对预制混凝土构件生产环节质量管控

(1) 建设工程实施监理的，建设单位应委托监理单位对预制混凝土构件的生产环节进行监理，并支付监理费用。

(2) 建立预制混凝土构件生产首件验收和现场安装首段验收制度。预制混凝土构件生产企业生产的同类型首个预制构件，建设单位应组织设计单位、施工单位、监理单位、预制混凝土构件生产企业进行验收，合格后方可进行批量生产；施工单位首个施工段预制构件安装和钢筋绑扎完成后，建设单位应组织设计单位、施工单位、监理单位进行验收，合格后方可进行后续施工。

二、预制混凝土构件生产企业要确保预制混凝土构件质量

(1) 根据审查合格的施工图设计文件进行预制构件加工图设计，具体包括：预制构件模板图、配筋图、夹芯外墙板拉接件布置图、水电预留预埋布置图、施工预留预埋布置图等，并经原施工图设计单位签字确认。

(2) 编制预制构件生产方案，明确技术质量保证措施，并经企业技术负责人审批后实施。

(3) 采购符合设计要求的钢筋、保温板、灌浆套筒等材料，并加强进场材料、钢筋灌浆套筒连接接头、混凝土强度等检验管理。

1) 对钢筋、水泥等原材料进行进场复试。

2) 夹芯保温外墙板用保温板材，同厂家、同品种每 5000m² 为一个检验批，每批复试 1

次，复试项目为导热系数、密度、压缩强度、吸水率、燃烧性能，复试结果应符合设计和规范要求。

3）同一项目宜采购同一厂家生产的同材料、同类型灌浆套筒。钢筋半灌浆套筒使用前，同一厂家、同一牌号、同一规格的钢筋及同一炉（批）号、同规格的灌浆套筒，应制作 3 个灌浆套筒连接接头进行工艺检验，抗拉强度检验结果应符合《钢筋机械连接技术规程》（JGJ 107—2016）中的Ⅰ级接头要求，合格后方可进行机械连接施工。生产过程中，同一厂家、同一牌号、同一规格的钢筋及同一炉（批）号、同规格的灌浆套筒，每 500 个接头为一个验收批，每批随机抽取 3 个制作灌浆套筒连接接头试件进行抗拉强度检验，检验结果应符合Ⅰ级接头要求，连续检验 10 个验收批抽样试件抗拉强度检验合格时，验收批接头数量可扩大为 1000 个；同时每 500 个接头留置 3 个灌浆端未进行连接的套筒灌浆连接接头试件，用于施工现场制作相同灌浆工艺的平行试件。

4）每工作班同一配合比不超过 100m³ 混凝土，应留置各不少于 1 组的混凝土拆模用同条件养护试块、出厂检验用同条件养护试块和标准养护试块，试块强度应符合设计要求；出厂检验用同条件养护试块强度未达到设计要求，预制构件不得出厂。

5）同厂家、同品种、同规格夹心保温外墙板用拉接件，每 10000 个为一个验收批，每批抽 3 个检验进行锚入混凝土后的抗拔强度，检验结果应符合设计要求。

6）加强试验室管理。应按《建设工程检测试验管理规程》（DB11/T 386—2017）及有关规定的要求，设立专项试验室。试验室检测设备应在检定有效期内使用，且应具备数据自动采集功能；试验室负责人应当具有 2 年以上试验室工作经历，具有相关专业中级（含）以上职称。试验室不得伪造检验、试验数据和出具虚假试验报告。

7）将水泥、钢筋、保温板、灌浆套筒连接接头、混凝土标养试块、拉接件抗拔强度等取样数量的 30% 且各不少于 3 组，委托具有见证资质的检测机构进行见证检测。

（4）加强预制构件制作过程质量控制。预制构件钢筋安装应符合设计和规范要求，钢筋半灌浆套筒接头应严格按照《钢筋机械连接技术规程》（JGJ 107—2016）要求进行丝头加工和接头连接，夹芯保温外墙板用拉接件数量和布置方式应符合设计要求，混凝土浇筑前应对钢筋、半灌浆套筒接头和拉接件进行隐蔽验收，形成隐蔽验收记录并留存影像资料。

（5）委托有资质检测单位对预制混凝土构件性能进行见证检验，包括预制楼梯结构性能检验、预制叠合板结构性能检验、夹芯保温外墙板的传热系数性能检验，检验结果应符合设计要求。

1）预制楼梯结构性能检验、预制叠合板结构性能检验取样数量为同一项目生产的预制构件至少各随机抽取 1 个。叠合板的预制板模板支撑形式应与施工现场模板支撑形式一致。

2）夹芯保温外墙板传热系数性能检验数量为同一项目、同一构造、同一材料、同一工艺制作 1 个夹芯保温外墙板试件。

（6）对检查合格的预制混凝土构件进行标识，标识内容包括工程名称、构件型号、生产日期、生产单位、合格标识、监理签章等，标识不全的构件不得出厂。

（7）配合监理单位开展相关监理工作，并提供必要的办公条件。

三、施工单位要确保预制混凝土构件安装质量

（1）加强预制混凝土构件进场验收。应对预制混凝土构件的标识、外观质量、尺寸偏差以及钢筋灌浆套筒的预留位置、套筒内杂质、注浆孔通透性等进行检验，同时应核查并留存

预制构件出厂合格证、出厂检验用同条件养护试块强度检验报告、灌浆套筒型式检验报告、连接接头抗拉强度检验报告、拉接件抗拔性能检验报告、预制构件性能检验报告等技术资料，未经验收或验收不合格的构件不得使用。

（2）加强模板工程质量控制。应编制有针对性的模板支撑方案，并对模板及其支架进行承载力、刚度和稳定性计算，保证其安全性。同时应将模板支撑方案报设计单位进行确认。

（3）加强预制混凝土构件安装质量控制。预制混凝土构件安装尺寸的允许偏差应符合设计和规范要求，吊装过程中严禁擅自对预制构件预留钢筋进行弯折、切断。预留钢筋与现场绑扎钢筋的相对位置应符合设计要求。

（4）加强预制混凝土构件钢筋灌浆套筒连接接头质量控制

1）施工前应编制具有针对性的套筒灌浆施工专项方案。

2）施工单位、灌浆套筒生产单位应对灌浆操作人员进行技能培训，灌浆操作人员取得培训证书后方可进行现场灌浆。

3）选用的灌浆料必须与钢筋灌浆套筒连接型式检验报告中灌浆料相一致；灌浆料进场时应进行进场复试，同一配方、同一批号、同进场批的灌浆料，每50t为一个检验批，不足50t也应作为一个检验批，试验项目为流动性（初始、30min）、抗压强度（3d、28d）、竖向膨胀率（3h、24h与3h差值）。

4）灌浆前，同一规格的灌浆套筒应按现场灌浆工艺制作3个灌浆套筒连接接头进行工艺检验，抗拉强度检验结果应符合Ⅰ级接头要求；灌浆过程中，同一规格每500个灌浆套筒连接接头，应采用预制混凝土生产企业提供的灌浆端未进行连接的套筒灌浆连接接头，制作3个相同灌浆工艺的平行试件进行抗拉强度检验，检验结果应符合Ⅰ级接头要求。

5）灌浆施工温度不得低于5℃，实际灌入量不得小于理论计算值，灌浆料28d标养试块抗压强度应符合要求。检验数量：每工作班留置1组，每组3块40mm×40mm×160mm试件。

6）灌浆施工过程应留存影像资料。

（5）加强上层预制外墙板与下层现浇构件接缝的质量控制。接缝连接方式应符合设计要求，接缝材料28d标养试块抗压强度应满足设计要求，并高于预制剪力墙混凝土抗压强度10MPa以上，且不应低于40MPa；检验数量：每工作班同配合比留置1组，每组3块70.7mm立方体试件；当接缝灌浆与套筒灌浆同时施工时可不再单独留置抗压试块。

（6）加强预制外墙板拼缝处、预制外墙板和现浇墙体相交处等细部防水和保温的质量控制。使用防水材料和保温材料应按相关验收规范的要求进行进场复试。各专项施工方案中应包括各细部施工工艺，并严格按照设计文件和施工方案进行施工，保证使用功能。

（7）施工现场现浇混凝土分部及其他分部分项工程施工应符合相关规范和设计要求，装配式混凝土构件制作和施工还应满足《预制混凝土构件质量检验标准》（DB11/T 968—2013）、《装配式混凝土结构工程施工与质量验收规程》（DB11/T1030—2013）和《装配式混凝土结构技术规程》（JGJ 1—2014）的要求。

四、监理单位要加强预制混凝土构件生产和安装质量监理

（1）监督预制混凝土构件生产企业、施工单位严格按照相关规范要求进行预制混凝土构件生产和安装施工。

（2）对预制混凝土构件生产进行监理。

1）实行注册监理工程师负责制，应配备满足监理工作需要且经考核合格的监理工程师，同一项目不少于 2 名；如建设单位委托一家监理单位对多个项目的预制构件生产进行监理时，监理单位应按监理合同要求配备满足工作需要的监理人员。

2）根据预制混凝土构件类型、规模等生产特点编制构件生产监理细则，认真履行进场材料检验、见证、隐蔽验收、旁站及巡视等监理职责。

3）对进场材料进行检验，对钢筋、水泥、保温板等重要材料及灌浆套筒连接接头、拉接件抗拔强度、混凝土试块进行见证，并对其取样数量的 30％进行见证取样和送检。应对预制构件的性能检验进行见证。

4）对钢筋、保温板安装质量进行隐蔽验收。

5）对外墙夹芯保温混凝土板的连接件安装过程和预制构件混凝土浇筑过程进行旁站。

6）对钢筋加工及安装、预制混凝土构件的养护条件及养护时间等进行巡视检查。

7）对检查合格的预制混凝土构件进行签章确认。

（3）根据装配式混凝土结构产业化住宅工程特点编制施工现场监理细则。应加强预制混凝土构件进场检验；应对灌（座）浆料、灌浆套筒连接接头、灌（座）浆料抗压强度试块进行见证取样和送检；应对预制混凝土构件安装和灌浆套筒连接的灌浆过程进行旁站。其他见证和旁站项目应符合相关要求。

（4）对发现预制构件生产企业或施工单位存在违反本通知及相关规定行为的，应及时下发监理通知并要求责任单位进行整改，责任单位拒不整改的，应下发工程暂停令，并书面告知建设单位和报送市、区（县）监督机构。

五、建设、监理和施工单位要严格执行《混凝土结构工程施工质量验收规范》

（1）建设、监理和施工单位要严格按照《混凝土结构工程施工质量验收规范》（GB 50204—2015）中有关装配式结构分项工程验收和混凝土结构子分部工程验收的内容要求进行施工和验收。

（2）规程中未包括的验收项目，建设单位应组织监理、设计、施工等单位制定专项验收要求，涉及安全、节能、环境保护等项目的专项验收要求，建设单位应组织专家论证。

（3）施工单位应根据工程项目特点，编制有针对性的施工组织设计和专项施工方案，并经技术负责人和总监理工程师审批后实施。

六、装配式混凝土结构工程质量管控要点（见表 7 - 1）

表 7 - 1　　　　　　　　装配式混凝土结构工程质量管控要点

序号	工程任务	实施主体	工程质量管理要点
1	装配式建筑方案设计	建设单位	组建工程管理团队，进行工程全过程组织协调和质量管理； 明确工程各项目标，提供相应条件和资源
		设计院	与专业咨询公司合作进行方案设计； 主导方案设计进度、过程质量协调与控制
		专业咨询公司	与建设单位和设计院密切沟通开展装配式建筑方案研究； 提供装配式建筑专项方案设计咨询

序号	工程任务	实施主体	工程质量管理要点
2	工程施工图设计	设计院	组建设计团队分工协作开展工程施工图设计； 与专业咨询公司合作开展装配式专项施工图设计
3	预制构件深化设计	设计院	协调专业咨询公司、预制厂和施工单位开展深化设计工作； 审核预制构件深化设计图纸
		专业咨询公司	组建设计团队开展预制构件深化设计； 协调电气、设备、水暖、装修等各专业深化设计； 提交深化设计图纸审核
		预制构件厂	参与构件深化设计； 做好预制构件生产准备工作
		施工单位	参与构件深化设计； 做好装配式施工策划和准备工作
4	工程施工组织设计	施工单位	进行工程施工组织策划和准备工作； 编制工程施工组织设计文件和专项施工方案文件
5	预制构件生产和运输	预制构件厂	会审预制构件深化设计图纸； 参与建设单位、设计单位组织的工程交底和沟通会议； 编制预制构件生产组织设计和专项施工方案并组织生产
6	工程施工	施工单位	组建项目团队、调集相应资源、组织工程施工； 进行项目施工全过程管理和控制，实现工程施工各项目标
7	工程验收	建设单位	制定验收程序、方法和步骤； 组织工程验收； 办理并完善各种验收手续
		设计单位	参与工程验收； 对验收质量进行设计把控
		施工单位	参与并密切配合工程各阶段验收，提供相应资源和便利条件
		监理单位	审查施工方案、有关施工条件； 监控原材料、构件产品和施工质量，组织、参与工程有关验收

第二节　装配式混凝土结构工程施工质量验收相关标准简析

我国预制混凝土技术标准体系的编制和完善历时 10 年左右，截至目前预制混凝土领域的国家和行业标准已基本齐备，现行的预制混凝土结构设计、构件生产、结构施工、工程验收等系列标准可以满足我国建筑工程领域的装配式结构工程验收要求。

装配式混凝土结构施工验收依据《装配式混凝土结构技术规程》（以下简称《装配规程》）（JGJ 1—2014）、《混凝土结构工程施工质量验收规范》（以下简称《验收规范》）（GB 50204—2015）、《混凝土结构工程施工规范》（以下简称《施工规范》）（GB 50666—2011）和《钢筋套筒灌浆连接应用技术规程》（以下简称《应用技术规范》）（JGJ 355—2015）及一些省市制定的地方标准《预制装配式混凝土结构施工与验收规程》等规范执行（见图 7-1）。

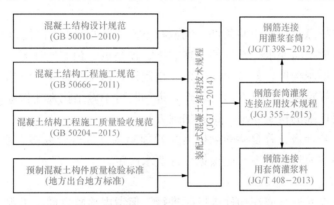

图 7-1　我国预制装配式混凝土领域技术标准体系

一、《装配规程》与《施工规范》和《验收规范》的关系

（1）《装配规程》在施工和验收方面包括构件制作与运输、结构施工、工程验收等三章内容，《施工规范》第九章包括一般规定、施工验算、构件制作、运输与堆放、安装与连接、质量检查等六节。《装配规程》与《施工规范》为预制构件制作、运输与堆放、安装与连接等施工操作过程提供了质量控制的主要依据，其主要技术内容如下。

1）对构件制作生产方案、专项施工方案、施工组织设计等提出了原则性规定。

2）提出了预制构件脱模、翻转、吊运、运输、安装等环节及预埋吊件、临时支撑的施工验算规定，提出了作用计算方法及设计目标要求，补充了国家现行相关标准的空白。

3）针对预制构件制作的各环节，按不同构件类型提出了详细的操作要求。

4）提出了预制构件运输与堆放的要求。

5）对预制构件的吊运提出了基本要求。

6）针对装配式结构安装与连接的各环节，提出了详细的施工要求。

7）对构件制作与装配施工全过程中的质量检查提出了要求。

（2）在构件检验、现场工程验收方面，《装配规程》与《验收规范》将配合使用。《装配规程》除引用《验收规范》外，尚在子分部工程验收的文件与记录规定、剪力墙底部接缝坐浆强度、接缝防水性能等方面补充了验收规定。

二、《验收规范》主要内容

《验收规范》共分10章、6个附录，主要内容是：总则、术语、基本规定、模板分项工程、钢筋分项工程、预应力分项工程、混凝土分项工程、现浇结构分项工程、装配式结构分项工程、混凝土结构子分部工程。我们重点阐述装配式结构分项工程的质量验收标准和验收内容。

（一）装配式结构分项工程的质量验收标准

修订后的《验收规范》不再包括预制构件在工厂中生产的质量控制及出厂验收要求，主要针对预制构件进场提出了结构性能检验要求，并解决了三个主要问题：提出专业企业生产预制构件在进场时应进行结构性能检验的基本要求；提出了什么构件做、怎么做及什么情况可以少做、免做的规定；不做结构性能检验的构件，提出了加强质量控制的技术要求。具体分解如下。

1. 结构性能检验基本要求

（1）考虑构件特点及加载检验条件，《验收规范》第9.2.2条仅提出了梁板类简支受弯预制构件的结构性能检验要求。常见的有预制梁、预制板、预制楼梯等。

（2）对于其他预制构件，如常用的墙板、预制柱，由于很难通过结构性能检验确定构件受力性能，故规范规定除设计有专门要求外，进场时可不做结构性能检验。此类构件如需检验，需要设计提出详细的检验要求与试验加载方法。

（3）对于用于叠合板、叠合梁的梁板类受弯预制构件（叠合底板、底梁），是否进行结构性能检验、结构性能检验的方式应根据设计要求确定。

2. 如何做结构性能检验

（1）结构性能检验通常应在构件进场时进行，但考虑检验方便，工程中多在各方参与下在预制构件生产场地进行。

（2）对多个工程共同使用的同类型预制构件，也可在多个工程的施工、监理单位见证下共同委托进行结构性能检验，其结果对多个工程共同有效。

（3）对大型构件及有可靠应用经验的构件，可只进行裂缝宽度、抗裂和挠度检验。大型构件一般指跨度大于18m的构件；可靠应用经验指该单位生产的标准构件在其他工程已多次应用，如预制楼梯、预制空心板、预制双T板等。

（4）对使用数量较少的构件，当能提供可靠依据时，可不进行结构性能检验。使用数量较少一般指数量在50件以内，近期完成的合格结构性能检验报告可作为可靠依据。

（5）《验收规范》附录B给出了受弯预制构件的抗裂、变形及承载力性能的检验要求和检验方法。

（6）钢筋混凝土构件和允许出现裂缝的预应力混凝土构件应进行承载力、挠度和裂缝宽度检验；不允许出现裂缝的预应力混凝土构件应进行承载力、挠度和抗裂检验。

3. 对于不做结构性能检验的构件

主要包括无法做和满足各种条件可不做两种情况。可通过施工单位或监理单位代表驻厂监督制作过程的方式代替，此时构件进场的质量证明文件应经监督代表确认。当无驻厂监督时，预制构件进场时应对预制构件主要受力钢筋数量、规格、间距及混凝土强度、混凝土保护层厚度等进行实体检验，具体可按以下原则执行。

（1）实体检验应由监理单位组织施工单位、构件生产单位实施，并见证实施过程。应制订实体检验专项方案，并经监理单位审核批准后实施。除结构位置与尺寸偏差外的结构实体检验项目，应由具有相应资质的检测机构完成。

（2）实体检验宜采用非破损方法，也可采用破损方法（钢筋规格只能采用破损方法），非破损方法应采用专业仪器并符合国家现行相关标准的有关规定。

（3）检查数量可根据工程情况由各方商定。一般情况下，可为不超过 500 个同类型预制构件为一批，每批抽取构件数量的 2% 且不少于 5 个构件。

（4）检查方法可参考《验收规范》附录 D、附录 E 的有关规定。

对所有进场时不做结构性能检验的预制构件，进场时的质量证明文件宜增加构件生产过程检查文件，如钢筋隐蔽工程验收记录、预应力筋张拉记录等。

结合《验收规范》第 9.2.1 条、第 9.2.2 条的规定，专业企业生产预制构件结构性能检验流程图如图 7-2 所示。图 7-2 中三个"三角形图框"为三步关键判断，根据不同情况最终分为进行结构性能检验、驻厂监造、实体检验三种验收方式。

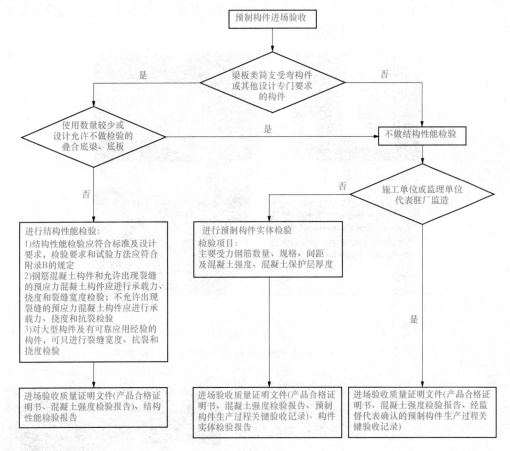

图 7-2　预制构件结构性能检验流程图

4. 预制构件进场结构检验要求

预制构件进场性能结构检验的目的主要在于对专业企业生产的预制构件进行抽检，弥补专业企业生产过程中无监理造成的监管过程区别，验证构件实际生产质量能够满足设计要求，并防止专业企业"偷工减料"。

《验收规范》的规定适用于所有情况的预制构件进场结构性能检验要求。对于可以做结构性能检验的预制构件，今后的结构性能检验主要以构件进场为主，除有专门规定（如投产型式检验、地方主管部门专门规定）外，出厂一般不再进行结构性能检验。

图 7-3 预应力空心板的结构性能检验

根据《验收规范》的新规定，除了传统应用的简支受弯构件（预应力空心板、双 T 板等）应进行结构性能检验（见图 7-3）外，对于目前国内应用较多的 4 类预制构件（见图 7-4），对其进场结构性能检验问题一般规定如下。

（1）预制剪力墙、预制柱：不做结构性能检验；首选监理或总包单位监造；无监造的要进行结构实体检验。

（2）预制楼梯、预制梁：做结构性能检验（50 个以内可不做）；不做时首选监理或总包单位监造；无监造的要进行结构实体检验。

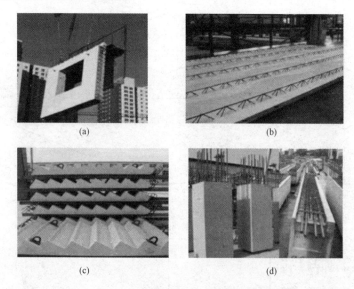

图 7-4 目前国内应用较多的预制构件
（a）预制剪力墙；（b）钢筋桁架叠合底板；（c）预制楼梯；（d）预制梁柱

（3）对于预制楼梯，一般采用专用加载架的方式（见图 7-5），如不采用专用加载架，则多采用预制构件水平的加载方式，并缩小加载跨度，按缩小跨度换算加载荷载。

（4）钢筋桁架叠合底板、底梁，《验收规范》规定由设计确定是否做、怎么做。《桁架钢筋混凝土叠合板》（15G366-1）、《预制带肋底板混凝土叠合楼板》（14G443）两种国家标准图集均规定叠合底板不做结构性能检验，要求首选监理或总包

图 7-5 预制楼梯专用加载架

单位监造，无监造的要进行结构实体检验。两图集设计方提出此规定主要考虑了以下因素：对跨高比较大的叠合底板由于刚度较小，就算缩小加载跨度也不方便加载；且板类构件强度与混凝土强度相关性不大，很难通过加载的方式达到检验目的。

（二）装配式混凝土结构分项工程的验收

装配式混凝土结构分项工程的验收包括预制构件进场、预制构件安装及安装现场钢筋、构件连接等内容。现场不同施工工序的验收可能存在划入模板分项、钢筋分项、混凝土分项还是划入装配式结构分项的选择问题，操作中可根据具体情况确定：与装配式结构密切相关，可独立于其他分项工程进行验收的内容，可划入装配式结构分项工程验收；而与其他分项工程无法独立的部分，可划入相应专项工程（如与其他现浇混凝土共同浇筑的装配式结构连接部门，可考虑纳入混凝土分项工程）。工程验收应满足验收项目不缺失的要求，不同分项工程之间少量的重复填表也是允许的。

在今后一段时间，《验收规范》《装配规程》《施工规范》《应用技术规程》等4本规范将作为我国装配式混凝土结构施工与验收的主要技术依据。对不同阶段装配式混凝土结构的验收要求一般有如下内容。

1. 预制构件进场验收及文件要求

（1）质量证明文件包括产品合格证明书、混凝土强度检验报告及其他重要检验报告。

（2）可以（需要）做结构性能检验的情况，应有检验报告。

（3）没有做结构性能检验的情况：进场时的质量证明文件宜增加构件制作过程检查文件，如钢筋隐蔽工程验收记录、预应力筋张拉记录等；施工单位或监理单位代表驻厂监督时，此时构件进场的质量证明文件应经监督代表确认；无驻厂监督时，应有相应的实体检验报告。

（4）埋入灌浆套筒的，尚应按《应用技术规程》的有关规定提供验收资料（套筒灌浆接头型式检验报告、套筒进场外观检验报告、第一批灌浆料进场检验报告、接头工艺检验报告、套筒进场接头力学性能检验报告等）。

2. 分项工程验收及文件要求

施工过程验收记录、安装施工记录、套筒灌浆施工记录、后浇混凝土部位隐蔽验收记录、后浇混凝土、灌浆料、座浆料强度报告等。

3. 子分部工程验收的结构实体检验要求

装配式混凝土结构的结构位置与尺寸偏差检验同现浇混凝土结构，混凝土强度、钢筋保护层厚度检验可按下列规定执行。

（1）连接预制构件的后浇混凝土部分同现浇混凝土结构。

（2）进场时不进行结构性能检验、实体检验的预制构件，预制部分同现浇混凝土结构。

（3）进场时按批次进行结构性能检验、实体检验的预制构件，预制部分可不做。

第三节　装配式混凝土结构工程施工质量验收

根据《混凝土结构工程施工质量验收规范》（GB 50204—2015）第3.0.3条，装配式结构作为混凝土结构子分部工程的一个分项进行验收。装配式结构分项工程的验收包括预制构件进场、预制构件安装及装配式结构特有的钢筋连接和构件连接等内容。对于装配式结构现场施工中涉及的钢筋绑扎、混凝土浇筑等内容，应分别纳入钢筋、混凝土、预应力等分项工程进行验收。新《验收规范》细化了预制构件结构性能检验的相关要求；增加了装配式混凝土结构隐蔽工程验收的内容；完善了预制构件进场验收规定；完善了预制构件尺寸偏差的具体规定；围绕预制构件的安装与连接部分进行调整，增加了钢筋套筒灌浆连接、焊接、螺栓连接、后浇混凝土整体连接等验收项目要求。

一、装配式混凝土结构工程施工质量验收内容和要求

（一）隐蔽工程验收

钢筋混凝土工程的隐蔽工程反映钢筋、现浇结构分项工程施工的综合质量，后浇混凝土处钢筋既包括预制构件外伸的钢筋，也包括后浇混凝土中设置的纵向钢筋和箍筋。在浇筑混凝土之前验收是为了确保其连接构造性能满足设计要求。因此装配式结构连接节点及叠合构件浇筑混凝土之前，应进行隐蔽工程验收，隐蔽工程验收应包括下列主要内容。

（1）混凝土粗糙面的质量，键槽的尺寸、数量、位置。

（2）钢筋的牌号、规格、数量、位置、间距，箍筋弯钩的弯折角度及平直段长度。

（3）钢筋的连接方式、接头位置、接头数量、接头面积百分率、搭接长度、锚固方式及锚固长度。

（4）预埋件、预留管线的规格、数量、位置。

（二）防水性能验收

装配式结构的接缝施工质量及防水性能应符合设计要求和国家现行相关标准的要求。

装配式结构的接缝防水施工是非常关键的质规检验内容，应按设计及有关防水施工要求进行验收。考虑到此项验收内容与结构施工密切相关，故列入本规范。

（三）预制构件进场检验

1. 预制构件质量检查

对混凝土预制构件专业企业生产的预制构件，进场时应检查质量证明文件。质量证明文件包括产品合格证明书、混凝土强度检验报告及其他重要检验报告等；预制构件的钢筋、混凝土原材料、预应力材料、预埋件等均应参照本规范及国家现行相关标准的有关规定进行检验，其检验报告在预制构件进场时可不提供，但应在构件生产企业存档保留，以便需要时查阅。

检查数量：全数检查。

检验方法：检查质量证明文件或质量验收记录。

注：按《混凝土结构工程施工质量验收规范》（GB 50204—2015）第9.2.2条的有关规定，对于进场时不做结构性能检验的预制构件，质量证明文件尚应包括预制构件生产过程的关键验收记录。

对总承包单位制作的预制构件，没有"进场"的验收环节，其材料和制作质量应按本规范各章的规定进行验收。对构件的验收方式为检查构件制作中的质量验收记录。

2. 预制构件结构性能检验

（1）混凝土预制构件专业企业生产的预制构件进场时，应对预制构件的结构性能进行检验。结构性检验通常应在构件进场时进行，但考虑检验方便，工程中多在各方参与下在预制构件生产场地进行。

（2）考虑构件特点及加载检验条件，一般只对简支梁板类受弯预制构件的结构性能进行

检验；其他预制构件除设计有专门要求外，进场时可不做结构性能检验。对于用于叠合板、叠合梁的梁板类受弯预制构件（叠合底板、底梁），是否进行结构性能检验，结构性能检验的采取什么方式应根据设计要求确定。

（3）对多个工程共同使用的同类型预制构件，也可在多个工程的施工、监理单位见证下共同委托进行结构性能检验，其结果对多个工程共同有效。

（4）混凝土预制构件专业企业生产的预制构件进场时，预制构件结构性能检验应符合下列规定。

1）梁板类简支受弯预制构件进场时应进行结构性能检验，并应符合下列规定。

结构性能检验应符合国家现行相关标准的有关规定及设计的要求，检验要求和试验方法应符合《混凝土结构工程施工质量验收规范》（GB 50204—2015）附录 B 的规定。

钢筋混凝土构件和允许出现裂缝的预应力混凝土构件应进行承载力、挠度和裂缝宽度检验；不允许出现裂缝的预应力混凝土构件应进行承载力、挠度和抗裂检验。

对大型构件及有可靠应用经验的构件，可只进行裂缝宽度、抗裂和挠度检验。

对使用数量较少的构件，当能提供可靠依据时，可不进行结构性能检验。

2）对其他预制构件，除设计有专门要求外，进场时可不做结构性能检验。

3）对所有进场时不做结构性能检验的预制构件，可通过施工单位或监理单位代表驻厂监督制作的方式进行质量控制，此时构件进场的质量证明文件应经监督代表确认。当无驻厂监督时，预制构件进场时应对预制构件主要受力钢筋数量、规格、间距及混凝土强度、混凝土保护层厚度等进行实体检验，具体可按以下原则执行。

实体检验宜采用非破损方法，也可采用破损方法，非破损方法应采用专业仪器并符合国家现行相关标准的有关规定。

对所有进场时不做结构性能检验的预制构件，进场时的质量证明文件宜增加构件制作过程检查文件，如钢筋隐蔽工程验收记录、预应力筋张拉记录等。

检查数量：每批进场不超过 1000 个同类型预制构件为一批，在每批中应随机抽取一个构件进行检验。

检验方法：检查结构性能检验报告或实体检验报告。

注："同类型"是指同一钢种、同一混凝土强度等级、同一生产工艺和同一结构形式。抽取预制构件时，宜从设计荷载最大、受力最不利或生产数量最多的预制构件中抽取。

3. 预制构件的外观质量检查

预制构件的外观质量不应有严重缺陷和一般缺陷，且不应有影响结构性能和安装、使用功能的尺寸偏差。预制构件的外观质量缺陷可按本规范第 8 章及与预制构件相关的国家现行相关标准的有关规定进行判断。对于出现的严重缺陷及影响结构性能和安装、使用功能的尺寸偏差，处理方式按《混凝土结构工程施工质量验收规范》（GB 50204—2015）第 8.2 节、第 8.3 节的有关规定进行。现场制作的预制构件应按本规范第 8 章的有关规定处理，并检查技术处理方案。混凝土预制构件专业企业生产的预制构件，应由预制构件生产企业技术按处理方案处理，并重新检查验收。

当没有产品标准时或对现场制作的构件，按规范第 8.1 节对现浇结构构件的外观质量要求检查和处理。

检查数量：全数检查。

检验方法：观察，尺量；检查处理记录。

4. 预制构件上的其他项目检查

预制构件上的预埋件、预留插筋、预埋管线等的材料质量、规格和数量及预留孔、预留洞的数量应符合设计要求。预制构件的预埋件和预留孔洞等应在进场时按设计要求抽检，合格后方可使用，避免在构件安装时发现问题造成不必要的损失。

检查数量：全数检查。

检验方法：观察。

5. 预制构件标识检查

预制构件表面的标识应清晰、可靠，以确保能够识别预制构件的"身份"，并在施工全过程中对发生的质量问题可追溯。预制构件表面的标识内容一般包括生产单位、构件型号、生产日期、质量验收标志等，如有必要，尚需通过约定标识表示构件在结构中安装的位置和方向、吊运过程中的朝向等。

检查数量：全数检查。

检验方法：观察。

6. 预制构件的尺寸偏差检查

预制构件的尺寸偏差及检验方法应符合《混凝土结构施工质量验收规范》（GB 50204—2015）中表 9.2.7 的规定；设计有专门规定时，尚应符合设计要求。施工过程中临时使用的预埋件，其中心线位置允许偏差可取表 9.2.7 中规定数值的 2 倍。本要求为给出的预制构件尺寸偏差和预制构件上的预留孔、预留洞、预埋件、预留插筋、键槽位置偏差的基本要求。如根据具体工程要求提出高于本条规定时，应按设计要求或合同规定执行。

检查数量：同一类型的构件，不超过 100 件为一批，每批应抽查构件数值的 5%，且不应少于 3 件，

检验方法：见表 7 - 2。

表 7 - 2　　　　　　　　　　　预制构件尺寸的允许偏差及检验方法

项目			允许偏差（mm）	检验方法
长度（L）	楼板、梁、柱、桁架	<12m	±5	尺量
		>12m 且<18m	±10	
		>18m	±20	
	墙板		±4	
宽度、高（厚）度	楼板、梁、柱、桁架		±5	尺量一端及中部，取其中偏差绝对值
	墙板		±4	
表面平整度	楼板、梁、柱、墙板内表面		5	2m靠尺和塞尺量测
	墙板外表面		3	
侧向弯曲	楼板、梁、柱		$L/750$ 且≤20	拉线、直尺量测，最大侧向弯曲
	墙板、桁架		$L/1000$ 且≤20	
翘曲	楼板		$L/750$	调平尺在两端量测
	墙板		$L/1000$	

续表

项目		允许偏差（mm）	检验方法
对角线	楼板	10	尺量两个对角线
	墙板	5	
预留孔	中心线位置	5	尺量
	孔尺寸	±5	
预留洞	中心线位置	10	尺量
	洞口尺寸、深度	±10	
预埋件	顶埋板中心线位置	5	尺量
	预埋件埋板与混凝土面平面高差	0，−5	
	预埋螺栓	+10，−5	
	预埋螺栓外露长度	2	
	预埋套筒、螺母中心线位置	2	
	预埋套筒、螺母与混凝土面平面高差	±5	
预留插筋	中心线位置	5	尺量
	外露长度	+10，−5	
键槽	中心线位置	5	尺量
	长度、宽度	±5	
	深度	±10	

注　1. L 为构件最长边的长度，单位为 mm。

2. 检查中心线、螺栓和孔道位置有偏差时，应沿纵横两个方向量测并取其中的较大值。

7. 预制构件的粗糙面的质量及键槽的数量检查

装配整体式结构中预制构件与后浇混凝土结合的界面统称为粗糙面，粗糙面一般要求在预制构件上设置，有时还需要设置键槽并配置抗剪或抗拉钢筋等以确保结构连接构造的整体性设计要求。预制构件的粗糙面的质量及键槽的数量应符合设计要求。

检查数量：全数检查。

检验方法：观察。

（四）预制构件安装与连接检验

1. 预制构件临时固定措施的安装质量检查

临时固定措施是装配式结构安装过程承受施工荷载、保证构件定位、确保施工安全的有效措施。临时支撑是常用的临时固定措施，包括水平构件下方的临时竖向支撑、水平构件两端支承构件上设置的临时牛腿、竖向构件的临时斜撑等。预制构件临时固定措施的安装质量应符合施工方案的要求。

检查数量：全数检查。

检验方法：观察。

2. 钢筋采用套筒灌浆连接或浆锚搭接连接时的灌浆质量检查

钢筋套筒灌浆连接和浆锚搭接连接是装配式结构的重要连接方式，灌浆质量的好坏对结构的整体性影响非常大，应采取措施保证孔道的灌浆密实，钢筋采用套筒灌浆连接或浆锚搭接连接时，灌浆应饱满、密实。

检查数量：全数检查。

检验方法：检查灌浆记录。

3. 钢筋采用套筒灌浆连接或浆锚搭接连接时连接接头质量检查

钢筋采用套筒灌浆连接或浆锚搭接连接时，连接接头的质量及传力性能是影响装配式结构受力性能的关键，应严格控制。套筒灌浆连接的验收及平行加工试件的制作应按现行行业标准《钢筋套筒灌浆连接应用技术规程》（JGJ 355）的有关规定执行。钢筋采用套筒灌浆连接或浆锚搭接连接时，其连接接头质量应符合国家现行相关标准的规定。

检查数量：按国家现行相关标准的有关规定确定。

检验方法：检查质量证明文件及平行加工试件的检验报告。

4. 钢筋采用焊接连接时的接头质量检查

钢筋采用焊接连接时，应按现行行业标准《钢筋焊接及验收规程》（JGJ 18—2012）的有关规定进行验收。考虑到装配式混凝土结构中钢筋连接的特殊性，很难做到连接试件原位截取，故要求制作平行加工试件。平行加工试件应与实际钢筋连接接头的施工环境相似，并宜在工程结构附近制作。钢筋采用焊接连接时，其接头质量应符合现行行业标准《钢筋焊接及验收规程》（JGJ 18—2012）的规定。

检查数量：按现行行业标准《钢筋焊接及验收规程》（JGJ 18—2012）的有关规定确定。

检验方法：检查质量证明文件及平行加工试件的检验报告。

5. 钢筋采用机械连接时的接头质量检查

钢筋采用机械连接时，应按现行行业标准《钢筋机械连接技术规程》（JGJ 107—2016）的有关规定进行验收。平行加工试件要求的相关规定同上条。对于机械连接接头，应按《混凝土结构工程施工质量验收规范》（GB 50204—2015）第5.4.3条的规定检验螺纹接头拧紧扭矩和挤压接头压痕直径。钢筋采用机械连接时，其接头质量应符合现行行业标准《钢筋机械连接技术规程》（JGJ 107—2016）的规定。

检查数量：按现行行业标准《钢筋机械连接技术规程》（JGJ 107—2016）的规定确定。

检验方法：检查质量证明文件、施工记录及平行加工试件的检验报告。

6. 预制构件采用焊接、螺栓连接等连接方式时，其材料性能及施工质量检查

在装配式结构中，常会采用钢筋或钢板焊接、螺栓连接等干式连接方式，此时钢材、焊条、螺栓等产品或材料应按批进行进场检验，施工焊缝及螺栓连接质量应按国家现行标准《钢结构工程施工质量及验收规范》（GB 50205—2001）、《钢结构焊接规范》（GB 50661—2011）的相关规定进行检查验收。

检查数量：按国家现行标准《钢结构工程施工质量验收规范》（GB 50205—2001）和《钢结构焊接规范》（GB 50661—2011）的规定确定。

检验方法：检查施工记录及平行加工试件的检验报告。

7. 装配式结构采用现浇混凝土连接构件时，构件连接处后浇混凝土的强度检查

当后浇混凝土和现浇结构采用相同强度等级混凝土浇筑时，此时可以采用现浇结构的混凝土试块强度进行评定；对有特殊要求的后浇混凝土应单独制作试块进行检验评定。

装配式结构采用现浇混凝土连接构件时，构件连接处后浇混凝土的强度应符合设计要求。

检查数量：对同一配合比混凝土，取样与试件留置应符合下列规定。

（1）每拌制 100 盘且不超过 100m³ 时，取样不得少于一次。

（2）每工作班拌制不足 100 盘时，取样不得少于一次。

（3）连续浇筑超过 1000m³ 时，每 200m³ 取样不得少于一次。

（4）每一楼层取样不得少于一次。

（5）每次取样应至少留置一组试件。

检验方法：检查混凝土强度试验报告。

8. 装配式结构工程外观质量检查

装配式结构施工后，其外观质量不应有严重缺陷和一般缺陷，且不应有影响结构性能和安装、使用功能的尺寸偏差。装配式结构的外观质量缺陷可按表 4-8 有关规定进行判断。对于出现的严重缺陷及影响结构性能和安装、使用功能的尺寸偏差，处理方式同《混凝土结构工程施工质量验收规范》（GB 50204—2015）第 8.2 节、第 8.3 节的有关规定。对于出现的一般缺陷，处理方式同规范第 8.2.2 条的有关规定。

检查数量：全数检查。

检验方法：观察，量测；检查处理记录。

9. 装配式结构工程预制构件位置、尺寸偏差检查

装配式结构施工后，预制构件位置、尺寸偏差及检验方法应符合设计要求；表 7-3 提出了装配式混凝土中涉及预制安装部分的位置和尺寸偏差要求，全高垂直度、电梯井洞及其他现浇结构部分按《混凝土结构工程施工质量验收规范》（GB 50204—2015）第 8 章有关规定执行。叠合构件可按现浇结构考虑。

对于现浇与预制构件的交接部位，如现浇结构与预制安装部分的尺寸偏差不一致，实际工程应控制二者尺寸偏差相互协调。预制构件与现浇结构连接部位的表面平整度应符合表 7-3 的规定。现浇结构的其他位置、尺寸偏差应符合本规范表 7-4 的规定。

检查数量：按楼层、结构缝或施工段划分检验批。在同一检验批内，对梁、柱和独立基础，应抽查构件数量的 10%，且不应少于 3 件；对墙和板，应按有代表性的自然间抽查 10%，且不应少于 3 间；对大空间结构，墙可按相邻轴线间高度 5m 左右划分检查面，板可按纵、横轴线划分检查面，抽查 10%，且均不应少于 3 面。

检验方法：见表 7-3、表 7-4。

表 7-3 装配式结构构件位置和尺寸允许偏差及检验方法

项目		允许偏差（mm）	检验方法
构件轴线	竖向构件（柱、墙板、桁架）	8	经纬仪及尺量
	水平构件（梁、楼板）	5	
标高	梁、柱、墙板、楼板底面或顶面	±5	水准仪或拉线、尺量
构件垂直度	柱、墙板安装后的高度 ≤6m	5	经纬仪或吊线、尺量
	>6m	10	
构件倾斜度	梁、桁架	5	经纬仪或吊线、尺量

项目			允许偏差（mm）	检验方法
相邻构件平整度	梁、楼板底面	外露	5	2m靠尺和塞尺量测
		不外露	3	
	柱、墙板	外露	5	
		不外露	8	
构件搁置长度	梁、板		±10	尺量
支座、支垫中心位置	板、梁、柱、墙板、桁架		10	尺量
墙板接缝宽度			±5	尺量

表7-4   **现浇结构位置、尺寸允许偏差及检验方法**

项目			允许偏差（mm）	检验方法
轴线位置	整体基础		15	经纬仪及尺量
	独立基础		10	经纬仪及尺量
	柱、墙、梁		8	尺量
垂直度	层高	≤6m	10	经纬仪或吊线、尺量
		>6m	12	经纬仪或吊线、尺量
	全高（H）≤300m		$H/30000+20$	经纬仪、尺量
	全高（H）>300m		$H/10000$ 且≤80	经纬仪、尺量
标高	层高		±10	水准仪或拉线、尺量
	全高		±30	水准仪或拉线、尺量
截面尺寸	基础		+15，−10	尺量
	柱、梁、板、墙		+10，−5	尺量
	楼梯相邻踏步高差		±6	尺量
电梯井洞	中心位置		10	尺量
	长、宽尺寸		+25，0	尺量
表面平整度			8	2m靠尺和塞尺量测
预埋件中心位置	预埋板		10	尺量
	预埋螺栓		5	尺量
	预埋管		5	尺量
	其他		10	尺量
预留洞、孔中心线位置			15	尺量

  注 1. 柱轴线、中心线位置时，沿纵、横两个方向测量，并取其中偏差的较大值。

      2. H全高，单位为mm。

10. 外墙板接缝的防水性能检查

检查数量：按批检验。每 1000m² 外墙面积应划分一个检验批，不足 1000m² 时也应划分一个检验批；每个检验批每 100m² 应至少抽查一处，每处不得少于 10m²。

检验方法：检查现场淋水报告。

现场淋水试验应满足下列要求：淋水流量不应小于 5L/min，淋水试验时间不应小于 2h，检测区域不应有遗漏部位，淋水试验结束后，检查背水面有无渗漏。

二、装配式混凝土结构工程结构实体检验

（一）检测目的和检测项目

根据国家标准《建筑结构施工质量验收统一标准》（GB 50300—2013）的规定，在混凝土结构子分部工程验收前应进行结构实体检验，结构实体检验的范围仅限于涉及结构安全的重要部位，结构实体检验采用由各方参与的见证抽样形式，以保证检验结果的公正性。

（1）对结构实体进行检验，并不是在子分部工程验收前的重新检验，而是在相应分项工程验收合格的基础上，对重要项目进行的验证性检验，其目的是为了强化混凝土结构的施工质量验收，真实地反映结构混凝土强度、受力钢筋位置、结构位置与尺寸等质量指标，确保结构安全。

（2）考虑到目前的检测手段，并为了控制检验工作量，标准规定只检测 3 个结构实体检验项目，其中结构位置与尺寸偏差检验为新增项目。当工程合同有约定时，可根据合同确定其他检验项目和相应的检验方法、检验数量、合格条件，但其要求不得低于本规范的规定。

（3）结构性能检验应由监理工程师组织并见证，混凝土强度、钢筋保护层厚度应由具有相应资质的检测机构完成，结构位置与尺寸偏差可由专业检测机构完成，也可由监理单位组织施工单位完成。为保证结构实体检验的可行性、代表性，施工单位应编制结构性能检验专项方案，并经监理单位审核批准后实施。结构实体混凝土同条件养护试件强度检验的方案应在施工前编制，其他检验方案应在检验前编制。

（4）装配式混凝土结构的实体结构与尺寸偏差检验同现浇混凝土结构，混凝土强度、钢筋保护层厚度检验可按下列规定执行。

1）连接预制构件的后浇混凝土结构同现浇混凝土结构。

2）进场时不进行结构性能检验的预制构件部位同现浇混凝土结构。

3）进场时按批次进行结构性能检验的预制构件部分可不进行。

（二）检测方法和要求

1. 检测方法

（1）新规范修订重新提出了回弹取芯法，回弹取芯法仅适用于《混凝土结构工程施工质量验收规范》（GB 50204—2015）规定的混凝土结构子分部工程验收中的混凝土强度实体检验，此方法不可扩大范围使用。

（2）结构实体混凝土强度检验应按不同强度等级分别检验，应优先选用同条件养护试件方法检验结构实体混凝土强度。当未取得同条件养护试件强度或同条件养护试件强度检验不符合要求时，可采用回弹取芯的方法进行检验。

（3）根据《混凝土结构工程施工质量验收规范》（GB 50204—2015）附录 C、附录 D 的有关规定，混凝土强度实体检验的范围主要为柱、梁、墙、楼板。

（4）当结构实体混凝土强度检验不合格时，应按《混凝土结构工程施工质量验收规范》（GB 50204—2015）第10.1.5条处理。当选用同条件养护试件方法时，如按规范附录C规定判为不合格时，可按附录D的回弹取芯法再次对不合格强度等级的混凝土进行检验，如满足要求可判为合格，如再不合格可按规范第10.1.5条处理。

2. 相关要求

试验研究表明，通常条件下，当逐日累计养护温度达到600℃·天时，由于基本反映了养护温度对混凝土强度增长的影响，同条件养护试件强度与标准养护条件下28天龄期的试件强度之间有较好的对应关系。混凝土强度检验时的等效养护龄期按混凝土实体强度与在标准养护条件下28天龄期时间强度相等的原则确定，应在达到等效养护龄期后进行混凝土强度实体检验，本规范根据上述研究取按日平均温度逐日累计不小于600℃·天对应的龄期。等效养护龄期的具体条文解释如下。

（1）对于日平均温度，当无实测值时，可采用为当地天气预报的最高温、最低温的平均值。

（2）实际操作宜取日平均温度逐日累计达到560～640℃·天时所对应的龄期，对于确定等效养护龄期的日期，本次规范修订考虑工程实际情况，仅提出了最小规定，并不再规定上限。

（3）对于设计规定标准养护试件验收龄期大于28天的大体积混凝土，混凝土实体强度检验的等效养护龄期也应相应按比例延长，如规定龄期为60天时，等效养护龄期的度日积为1200℃·天。

（4）冬期施工时，同条件养护试件的养护条件、养护温度应与结构构件相同，等效养护龄期计算时温度可以取结构构件实际养护温度，并按（1）进行计算。也可以根据结构构件的实际养护条件，按照同条件养护试件强度与在标准养护条件下28天龄期试件强度相等的原则由监理、施工等各方共同确定。

（三）检测结果处理

尽管实体验收阶段，结构实体混凝土强度、钢筋保护层厚度等均是第三方检测机构完成的，但其检验的方法或抽样数量或多或少与现行国家相关标准有差异，通常为在确保质量前提下尽量减轻验收管理工作量，施工质量验收阶段有关检测的抽样数量规定的相对较少。因此规定，结构实体检验中，当混凝土强度或钢筋保护层厚度检验结果不满足要求时，应委托具有资质的检测机构按国家现行有关标准的规定进行检测。检测的结果将作为进一步验收的依据。

三、装配式混凝土结构工程验收

（一）工程施工质量验收合格规定

根据国家标准《建筑结构施工质量验收统一标准》（GB 50300—2013）的规定，给出了混凝土结构子分部工程质量的合格条件。其中，观感质量验收应按《混凝土结构工程施工质量验收规范》（GB 50204—2015）第8章、第9章的有关混凝土结构外观质量的规定检查。

（1）所含分项工程质量验收应合格。

（2）应有完整的质量控制资料。

（3）观感质量验收应合格。

（4）结构实体检验结果应符合规范第 10.1 节的要求。当结构实体混凝土强度检验不满足要求时，应委托具有资质的检测机构按国家现行有关标准的规定进行检测，且此时不可采用本规范附录 D 规定的回弹取芯法。

（二）工程施工质量验收不符合要求时的处理办法

当混凝土结构施工质量不符合要求时，应按下列规定进行处理。

（1）经返工、返修或更换构件、部件的，应重新进行验收。

（2）经有资质的检测机构按国家现行相关标准检测鉴定达到设计要求的，应予以验收。

（3）经有资质的检测机构按国家现行相关标准检测鉴定达不到设计要求，但经原设计单位核算并确认仍可满足结构安全和使用功能的，可予以验收。

（4）经返修或加固处理能够满足结构可靠性要求的，可根据技术处理方案和协商文件进行验收。

（三）工程施工质量验收及需要提供的文件和记录

1. 装配式结构工程验收时应提交的资料

（1）工程设计文件、预制构件制作和安装的深化设计图、设计变更文件。

（2）预制构件、主要材料及配件的质量证明文件、进场验收记录、抽样复验报告。

（3）钢筋接头的试验报告。

（4）预制构件制作隐蔽验收记录和验收记录。

（5）预制构件安装施工记录。

（6）钢筋套筒灌浆、浆锚搭接连接等钢筋连接的施工检验记录。

（7）后浇混凝土和外墙防水施工的隐蔽工程验收记录。

（8）后浇混凝土、灌浆料、坐浆材料强度检测报告。

（9）结构实体检验记录。

（10）分项工程质量验收记录。

（11）重大质量问题的处理方案和验收记录。

（12）其他必要的文件和记录（包含 BIM 交付资料）。

2. 装配式结构工程应在安装施工过程中完成的隐蔽项目的现场验收

（1）结构预埋件、焊接接头、螺栓连接、钢筋连接接头、套筒灌浆接头等。

（2）混凝土构件与现浇结构连接构造节点处钢筋及混凝土接茬面。

（3）预制混凝土构件接缝及防水、防火做法。

3. 装配式结构验收要求

除特殊要求外，装配式结构可按混凝土结构子分部工程要求验收。装配式结构中涉及装饰、保温、防水、防火等性能要求应按设计要求或有关标准规定验收。

4. 装配式结构子分部工程施工质量验收合格应符合的规定

（1）有关分项工程施工质量验收合格。

（2）质量控制资料完整符合要求。

（3）观感质量验收合格。

（4）结构实体检验满足设计或标准要求。

5. 当装配式结构子分部工程施工质量不符合要求时的处理规定

(1) 经返工、返修或更换构件、部件的检验批，应重新进行检验。

(2) 经有资质的检测单位检测鉴定达到设计要求的检验批，应予以验收。

(3) 经有资质的检测单位检测鉴定达不到设计要求，但经原设计单位核算并确认仍可满足结构安全和使用功能的检验批，可予以验收。

(4) 经返修或加固处理能够满足结构安全使用要求的分项工程，可根据技术处理方案和协商文件进行验收。

6. 存档备案

装配式结构子分部工程施工质量验收合格后，应将所有的验收文件存档备案。

四、装配式混凝土结构工程质量验收记录

(一)检验批质量验收记录

1. 检验批的概念

检验批是工程质量验收的基本单元。检验批通常是按下列原则划分。

(1) 检验批内质量均匀一致，抽样应符合随机性和真实性的原则。

(2) 贯彻过程控制的原则，按施工次序、便于质量验收和控制关键工序质量的需要划分检验批。

(3) 装配式结构分项工程可按楼层、结构缝或施工段划分检验批。

2. 常见装配式结构分项工程检验批质量验收记录（见表 7-5～表 7-7）

表 7-5   预制构件模板安装检验批质量验收记录

单位（子单位）工程名称		分部（子分部）工程名称		主体结构/混凝土结构	分项工程名称	模板
施工单位		项目负责人			检验批容量	100 件
分包单位	—	分包单位项目负责人		—	检验批部位	预制过梁
施工依据	《混凝土结构工程施工规范》（GB 50666—2011）	验收依据		《混凝土结构工程施工质量验收规范》（GB 50204—2015）		

		验收项目	设计要求及规范规定	样本总数（件）	最小/实际抽样数量（件）	检查记录	检查结果
主控项目	1	模板及支架材料质量	第 4.2.1 条		—	材料进场检验记录 2 份，进场检验合格	✓
	2	现浇混凝土模板及支架安装质量	第 4.2.2 条		—	—	—
	3	支架竖杆和竖向模板安装要求	第 4.2.4 条		—	—	—

续表

一般项目	1	模板安装的一般要求			第4.2.5条	100	全/100	共100件，全数检查，符合要求	100%
	2	脱模剂的品种和涂刷方法质量			第4.2.6条	100	全/100	共100件，全数检验，脱模剂涂刷符合要求，合格证1份	✓
	3	模板起拱高度			第4.2.7条		—	—	
	4	固定在模板上的预埋件和预留孔洞			第4.2.9条		—	—	
	5	预制构件模板安装允许偏差（mm）	长度	梁、板	±4	100	10/10	抽查10处，合格10处	100%
				薄腹梁、桁架	±8		—	—	
				柱	0，−10		—	—	
				墙板	0，−5		—	—	
			宽度	板、墙板	0，−5		—	—	
				梁、薄腹梁、桁架	+2，−5	100	10/10	抽查10处，合格10处	100%
			高（厚）度	板	+2，−3		—	—	
				墙板	0，−5		—	—	
				梁、薄腹梁、桁架、柱	+2，−5	100	10/10	抽查10处，合格10处	100%
			侧向弯曲	梁、板、柱	$L/1000$且≤15	100	10/10	抽查10处，合格10处	100%
				墙板、薄腹梁、桁架	$L/1500$且≤15		—	—	
			板的表面平整度		3		—	—	
			相邻两板表面高低差		1		—	—	
			对角线差	板	7		—	—	
				墙板	5		—	—	
			翘曲	板、墙板	$L/1500$		—	—	
			设计起拱	薄腹梁、桁架、梁	±3		—	—	
施工单位检查结果	检查评定合格							专业工长： 项目专业质量检查员：	
监理单位验收结论	同意验收							专业监理工程师：	

表 7 - 6　　　　　　　　　　　　**装配式结构预制构件检验批质量验收记录**

单位（子单位）工程名称			分部（子分部）工程名称	主体结构/混凝土结构	分项工程名称	装配式结构
施工单位			项目负责人		检验批容量	56 件
分包单位		—	分包单位项目负责人	—	检验批部位	2 层顶板
施工依据		《混凝土结构工程施工规范》（GB 50666—2011）		验收依据	《混凝土结构工程施工质量验收规范》（GB 50204—2015）	

			验收项目			设计要求及规范规定	样本总数（件）	最小/实际抽样数量（件）	检查记录	检查结果
主控项目	1		预制构件质量检验			第 9.2.1 条		—	2 份质量证明文件，进场检验合格	√
	2		预制构件进场结构性能检验			第 9.2.2 条		—	1 份结构性能检验报告，符合要求	√
	3		外观质量的严重缺陷，影响结构性能和安装、使用功能的尺寸偏差			第 9.2.3 条	56	全/全	全数检查，外观质量无缺陷，无影响结构性能和安装，使用功能的尺寸偏差	√
	4		预埋件等材料质量、规格和数量，预留孔、洞的数量			第 9.2.4 条		—		
一般项目	1		预制构件标识			第 9.2.5 条	56	全/全	全数检查，预制构件标识清晰	√
	2		外观质量一般缺陷			第 9.2.6 条	56	全/全	全数检查，预制构件外观质量无一般缺陷	√
	3	预制构件尺寸的允许偏差（mm）	长度	模板、梁、柱、桁架	<12m	±5	56	3/3	抽查 3 件，合格 3 件	100%
					≥12m 且 <18m	±10		—		
					≥18m	±20		—		
				墙板		±4		—		
			宽度高（厚）度	楼板、梁、柱、桁梁		±5	56	3/3	抽查 3 件，合格 3 件	100%
				墙板		±4		—		
			表面平整度	楼板、梁、柱、墙板内表面		5	56	3/3	抽查 3 件，合格 3 件	100%
				墙板外表面		3		—		
			侧向弯曲	楼板、梁、柱		$L/750$ 且≤20（$L=4500$）	56	3/3	抽查 3 件，合格 3 件	100%
				墙板、桁架		$L/1000$ 且≤20（$L=\underline{\quad}$）		—		
			翘曲	楼板		$L/750$（$L=4500$）	56	3/3	抽查 3 件，合格 3 件	100%
				墙板		$L/1000$（$L=\underline{\quad}$）		—		

续表

验收项目				设计要求及规范规定	样本总数（件）	最小/实际抽样数量（件）	检查记录	检查结果
一般项目	3 预制构件的允许偏差（mm）	对角线	楼板	10	56	3/3	抽查3件，合格3件	100%
			墙板	5		—	—	
		预留孔	中心线位置	5		—	—	
			孔尺寸	±5		—	—	
		预留洞	中心线位置	10		—	—	
			洞口尺寸、深度	±10		—	—	
		预埋件	预留板中心线位置	5		—	—	
			预埋板与混凝土面平面高差	0，−5		—	—	
			预埋螺栓	2		—	—	
			预埋螺栓外露长度	−10，−5		—	—	
			预埋套筒、螺母中心线位置	2		—	—	
			预埋套筒、螺母与混凝土面平面高差	±5		—	—	
		预留插筋	中心线位置	5	56	3/3	抽查3件，合格3件	100%
			外露长度	+10，−5	56	3/3	抽查3件，合格3件	100%
		键槽	中心线位置	5		—	—	
			长度、宽度	±5		—	—	
			深度	±10		—	—	
	4	预制构件粗糙面质量及键槽数量		第9.2.8条	56	全/56	共56件，全数检查，符合设计要求	100%

施工单位检查结果	检查评定合格	专业工长： 项目专业质量检查员：
监理单位验收结论	同意验收	专业监理工程师：

表 7-7 装配式结构安装与连接检验批质量验收记录

单位（子单位）工程名称			分部（子分部）工程名称		主体结构/混凝土结构	分项工程名称	装配式结构
施工单位			项目负责人			检验批容量	56 件
分包单位			分包单位项目负责人		—	检验批部位	2层顶板
施工依据			《混凝土结构工程施工规范》（GB 50666—2011）			验收依据	《混凝土结构工程施工质量验收规范》（GB 50204—2015）

		验收项目			设计要求及规范规定	样本总数（件）	最小/实际抽样数量（件）	检查记录	检查结果
主控项目	1	预制构件临时固定措施安装质量			第9.3.1条	56	全/全	全数检查，临时固定措施安装质量符合施工方案要求	✓
	2	钢筋采用套筒灌浆连接或浆锚搭接连接时，灌浆应饱满，密实			第9.3.2条		—		✓
	3	钢筋的连接方式及质量			第9.3.3条 第9.3.4条 第9.3.5条	56		钢筋采用焊接连接，1份焊接连接试验报告，试验合格	✓
	4	预制构件采用焊接、螺栓连接等连接方式时，其材料性能及施工质量			第9.3.6条		—		✓
	5	接处后浇混凝土的强度			第9.3.7条		—	1份混凝土抗压试块报告，试验合格	✓
	6	外观质量的严重缺陷，影响结构性能和安装、使用功能的尺寸偏差			第9.3.8条	56	全/全	全数检查，外观质量无严重缺陷，无影响结构性能和安装，使用功能的尺寸偏差	✓
一般项目	1	外观质量一般缺陷检查			第9.3.9条	56	全/全	全数检查，外观质量无一般缺陷	✓
	2	装配式结构构件位置和尺寸允许偏差（mm）	构件轴线位置	竖向构件（柱、墙板、桁架）	8		—		
				水平构析（梁、楼板）	5	56	6/6	抽查6处，合格6处	100%
			标高	梁、柱、墙板楼板底面或顶面	±5	56	6/6	抽查6处，合格6处	100%
			构件垂直度	柱、墙板安装后的高度 ≤6m	5		—		
				>6m	10		—		
			构件倾斜度	梁、桁架	5		—		
			相邻构件平整度	梁、楼板底面 外露	5		—		
				不外露	3	56	6/6	抽查6处，合格6处	100%
				柱、墙板 外露	5		—		
				不外露	8		—		
			构件搁置长度	梁、板	±10	56	6/6	抽查6处，合格6处	100%
			支座、支垫中心位置	板、梁、柱、墙板、桁架	10	56	6/6	抽查6处，合格6处	100%
			墙板接缝宽度		±5				

续表

施工单位 检查结果	检查评定合格	专业工长： 项目专业质量检查员：
监理单位 验收结论	同意验收	专业监理工程师：

（二）分项工程质量验收记录（见表7-8）

当各分项所含检验批均验收合格且验收记录完整时，应及时编制分项工程质量验收记录。

表7-8　　　　　　　　分项工程质量验收记录

混凝土 分项工程质量验收记录	资料号	综合楼 －C4－02－01－01－07－00 1

单位（子单位） 工程名称					
分部（子分部） 工程名称	主体结构（混凝土结构）	检验批数量		20	
施工单位		项目经理		项目技术负责人	
分包单位	—	项目经理	—	分包内容	—

序号	检验批名称	检验批容量（m³）	部位/区段	施工单位检查结果	监理单位验收结论
1	混凝土施工	79	1层柱、墙板	符合要求	验收合格
2	混凝土施工	52	1层梁、板	符合要求	验收合格
3	混凝土施工	79	2层柱、墙板	符合要求	验收合格
4	混凝土施工	52	2层梁、板	符合要求	验收合格
5	混凝土施工	79	3层柱、墙板	符合要求	验收合格
6	混凝土施工	52	3层梁、板	符合要求	验收合格
7	混凝土施工	79	4层柱、墙板	符合要求	验收合格
8	混凝土施工	52	4层梁、板	符合要求	验收合格
9	混凝土施工	79	5层柱、墙板	符合要求	验收合格
10	混凝土施工	52	5层梁、板	符合要求	验收合格
11	混凝土施工	79	6层柱、墙板	符合要求	验收合格
12	混凝土施工	52	6层梁、板	符合要求	验收合格
13	混凝土施工	79	7层柱、墙板	符合要求	验收合格
14	混凝土施工	52	7层梁、板	符合要求	验收合格
15	混凝土施工	79	8层柱、墙板	符合要求	验收合格
16	混凝土施工	52	8层梁、板	符合要求	验收合格

续表

序号	检验批名称	检验批容量（m³）	部位/区段	施工单位检查结果	监理单位验收结论
17	混凝土施工	79	9层柱、墙板	符合要求	验收合格
18	混凝土施工	52	9层梁、板	符合要求	验收合格
19	混凝土施工	79	10层柱、墙板	符合要求	验收合格
20	混凝土施工	52	10层梁、板	符合要求	验收合格

说明：

共20个检验批，其中评定为优良等级的检验批20个，检验批优良率为100%

施工单位 检查结果	检查评定合格	项目专业技术负责人：
监理单位 验收结论	同意验收	专业监理工程师：

注 本表由施工单位填定，施工单位、建设单位、城建档案馆各保存一份。

（三）结构子分部工程质量验收记录（见表7-9）

表7-9　　　　　　　　　混凝土结构子分部工程质量验收记录

单位（子单位）工程名称				分项工程数量	3
施工单位		项目负责人		技术（质量）负责人	
分包单位	—	分包单位负责人	—	分包内容	—
序号	分项工程名称	检验批数量	施工单位检查结果		监理单位验收结论
1	钢筋分项工程	45	检查评定合格		同意验收
2	预应力分项工程	—	—		—
3	混凝土分项工程	20	检查评定合格		同意验收
4	现浇结构分项工程	10	检查评定合格		同意验收
5	装配式结构分项工程	—	—		—
质量控制资料			齐全有效		齐全有效
安全和功能检验结果			符合要求		
观感质量检验结果			好		
综合验收结论	混凝土结构子分部含3个分项，75个检验批，全部合格。 质量控制资料核查齐全有效。 安全和功能检验3项，全部合格。 观感质量评价为好。 混凝土子分部验收符合要求，同意验收				
施工单位 项目负责人：	勘察单位 项目负责人：		设计单位 项目负责人：	监理单位 总监理工程师：	

第八章　装配式混凝土结构工程施工组织管理

第一节　装配式混凝土结构工程施工组织管理概述

施工组织管理是指以科学的方法对工程进行计划、组织、控制的过程。其中包括创造良好的施工条件，保证施工顺利进行；选择最优施工方案，争取最佳经济效果，缩短施工周期，降低物资消耗；保证工程质量和生产安全，创造优质服务和社会信誉。

一、装配式混凝土结构工程施工组织特点

钢筋混凝土工程分为现浇钢筋混凝土工程和装配式钢筋混凝土工程。现浇钢筋混凝土工程则是在建筑物的设计位置现场制作结构构件的一种施工方法，由钢筋工程、模板工程及混凝土工程三个部分组成，特点是结构整体性好、抗震性能好、节约钢材、不需要大型起重机械。但是模板消耗量多、现场运输量大、劳动强度高、施工易受气候条件影响。目前国内全现浇结构体系施工，尤其是现浇剪力墙结构体系施工已经非常成熟，从总包单位的施工管理到施工承包（劳务扩大分包）、劳务分包都已经将施工技术、施工成本与进度控制发挥到极致。作为传统现浇结构的施工设备选型、施工工法和劳务作业人员的选择，市场成熟度较高。装配式钢筋混凝土工程在施工组织阶段与传统的现浇结构体系的施工组织有一定的差别，主要体现在以下几个方面。

（1）项目实施参与方的主导作用。全现浇结构是以施工总承包作为项目实施主体，以甲方、监理单位监管为主进行实施。而目前现阶段的装配式混凝土结构产业化项目的推行主要是以开发单位为主，由业主牵头，总包单位协调设计单位、构件供应单位、施工深化单位、专业施工队伍进行集成组织配合。其中50%以上的结构构件，依靠构件厂进行加工，构件现浇节点部分结构现场施工，在项目的前期准备过程中，总包单位要作为参与方在深化设计阶段介入，协助组织好构件供应单位、施工分包单位、专业施工配合单位的衔接。

（2）施工现场的总体规划与组织策划。全现浇结构施工的总体规划部署按照传统的施工平面进行施工组织设计，其主要内容仅围绕现浇结构所需的人、机、料来组织现场规划和策划。装配式结构施工体系往往在地下结构、首层及非标转换层以现浇结构为主，标准层以装配结构为主，现场的总体规划布置时，要兼顾地下与地上的不同结构所需的起重设备、物料堆放、专业加工等方面来进行场地布置与转换。

（3）在劳务作业队伍的承包和管理方面，地下现浇结构一般选用传统劳务分包组织进场，以大作业面、多劳务工种协同作业为主。为缩短地下施工周期，常采用多材料、多劳务工的投入，其劳务管理方式基本上以扩大分包或劳务承包管理为主。

标准层装配式结构施工，其操作面转小，专业施工队伍专业化水平因此要求高、协同组织要求能力强。从施工组织到构件吊装、支模绑筋、节点混凝体浇筑均为专业班组作

业，接近于产业工人管理模式，与总包单位在劳务分包队伍的前期组织策划方面有较大的不同。

（4）关键线路的制定与工期优化。全现浇结构关键线路在施工进度组织阶段按照主体结构的施工流水划分施工工序，并对工艺进行规划。

装配式结构施工体系要统筹地下现浇结构作业、转换层作业、标准层装配式结构与部分现浇结构作业的关键线路的划分，在主体标准层的施工中（装配结构实施部分）既要考虑装配式结构的施工工序，又要考虑现浇结构部分的施工工序，其关键工序与全现浇结构有较大不同。在全现浇结构施工中的关键工序在装配式结构施工过程中变成了非关键工序，形成了关键线路与工期、资源配置间衔接匹配的差异。

（5）关键工序的优化与专业施工班组配合。在装配式结构与现浇部位施工交接过程中，很多关键工序是装配作业的相关工序。比如，在预制墙体的灌浆作业完成后，需待灌浆料的强度达到规范要求条件下才能进行预制墙体间现浇部位模板支设作业，这两道工序均属关键工序，其时间间隔不仅取决于灌浆作业的效率，还取决于灌浆材料的早期强度，在施工组织设计阶段能否优化施工工序对质量控制至关重要。除了考虑怎么缩短流水节拍和提高工艺标准化以提高工效外，还需在装配式工艺、专业化工具和专业人员等方面做充分准备。

二、装配式混凝土结构工程施工组织设计基本内容

（1）施工计划包括总体施工进度计划、预制构件需求计划、构件安装计划等。

（2）预制构配件运输及堆放质量保证措施。应进行预制构件起吊、运输、码放承载力等验算，明确构件吊装顺序、码放及固定方式、堆放层数、防损防污措施等。

（3）试拼装专项施工方案。明确首层或首个有代表性施工段工艺工序要求、执行标准、构件安装先后顺序及编号、质量控制措施及其关键控制点等。

（4）装配式混凝土建筑结构工程质量常见问题专项治理方案。应进行装配式混凝土建筑结构工程质量常见问题的部位、阶段等进行识别，对产生原因进行分析，明确防治的技术、组织、管理和经济等措施。

（5）预制构件吊装质量保证措施。应进行预制构件支撑系统和临时固定装置承载力施工验算等，明确混凝土强度最低起吊限值，明确吊装方式、设备选型、配套吊具种类、规格型号和吊装作业相关人员配备要求及相关质量职责，明确吊装前应完成的相关准备工作和构件安装过程中构件就位、调节、临时支撑、固定的基本方法和操作要点。

（6）预制构件安装连接节点施工方案：应明确预制构件与现浇结构连接、构件安装节点连接处钢筋或预埋件接头连接方法、构件结合面表面处理措施、构件连接处现浇混凝土模板固定措施及混凝土浇筑施工、构件拼缝、外墙及拼缝防裂密封防水处理措施等内容；当多层预制剪力墙底部采用坐浆材料时，坐浆应满铺，其厚度不宜大于20mm，强度应符合设计及相关规范要求。

（7）规范及实际需要编制的其他内容。

第二节　施工项目管理机构及劳动力组织管理

施工项目劳动力管理是项目经理部把参加施工项目生产活动的人员作为生产要素，对其

所进行的管理工作。其核心是按着施工项目的特点和目标要求，合理地组织、高效率地使用和管理劳动力，培养提高劳动者素质，激发劳动者的积极型与创造性，提高劳动生产率，全面完成工程合同，获取更大效益。

一、项目部组织机构

根据装配式建筑工程特点和施工工艺流程、施工顺序，项目经理部可采用三管理层次的直线职能制与矩阵职能分配相结合的管理模式，实现立体式的管理网络，以保证管理环节不因某个元素或单位的脱离而断链，达到系统化管理的目的。三个管理层即核心（决策）管理层、部门管理层、作业队管理层。

（1）核心管理层由项目经理、项目技术负责人、项目工程师、项目施工员等岗位构成。

（2）部门管理层由工程、技术、材料设备、成本经济、综合办公室、财务、安保等职能部门构成。

（3）作业队管理层由构件吊装（安装）、支模钢筋绑扎、混凝体浇筑（灌浆）等专业班组（人员）构成。

二、劳动力组织管理

（一）劳动力的优化配置

劳动力优化配置的目的是保证施工项目进度计划实现，使人力资源得到充分利用，从而降低工程成本。项目经理部根据劳动力需要量计划来进行配置，而劳动力需要量计划是根据项目经理部的生产任务和劳动生产率水平及项目施工进度计划的需要和作业特点制订的。

1. 劳务队伍的组合形式

（1）专业班组。按工艺专业化的要求由同一工种专业的工人组成的班组，有时根据生产的需要配备一定数量的辅助工。专业班组只完成其专业范围内的施工过程，优点是有利于提高专业施工水平，提高熟练程度和劳动效率，但是专业班组间的配合难度大。

（2）混合班组。按产品专业化的要求由多种工人组成的综合性班组。工人可以在一个集体中混合作业。打破了工种界限，有利于专业配合，但不利于专业技能及熟练水平的提高。

（3）大包队。扩大了的专业班组或混合班组，适用于一个单位工程或分部工程的作业承包。该队内还可以划分专业班组，其优点是可以进行综合承包，独立施工能力强，有利于协作配合，简化了管理工作。

2. 劳动力来源

（1）施工企业的劳动力主要来源。自有固定工人，从建筑劳务基地招募的合同制工人，其他合同工人。随着我国改革的深入，企业自有固定工人逐渐减少，合同制工人逐渐增加，而主要的工人来源将是专业劳务公司，实行"定点定向，双向选择，专业配套，长期合作"的制度，行程企业内部劳务市场。

（2）施工项目的劳动力主要来源。施工项目的劳动力大部分由企业内部劳务中心按项目经理部的劳动力计划提供。但对于特殊的劳动力，经企业劳务部门授权，由项目经理部自行招募。项目经理享有和行使劳动用工自主权，自主决定用工的时间、条件、方式和数量，自主决定用工形式，并自主决定解除劳动合同，辞退劳务人员。

（二）劳动力的配置方法

项目经理部应根据施工进度计划、劳动力需要量计划和工种需要量计划进行合理配置。一般配置为：吊装班组、钢筋工（模板工）班组、混凝土工班组、木工班组，并根据项目单体个数安排全场流水施工。

1. 吊装作业管理

装配整体式混凝土结构在构件安装施工中，需要进行大量的吊装作业，吊装作业的效率将直接影响到工程施工的进度，吊装作业的安全将直接影响到施工现场的安全文明管理。吊装作业班组一般由班组长、塔吊司机、信号工、起重工、安装工、临时支互工等组成。通常一个吊装作业班组的组成如图8-1所示。

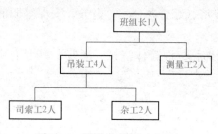

图8-1　吊装作业劳动力组织管理图

2. 支模钢筋绑扎作业管理

装配整体式混凝土结构施工有许多节点构造仍然需要现场浇筑混凝土，因此现场支模和钢筋绑扎质量不可小觑，支模钢筋绑扎作业应由有经验的模板工、钢筋工专业班组来完成。

3. 混凝体浇筑（灌浆）作业管理

混凝体浇筑（灌浆）作业除了满足节点构造现场浇筑外，混凝体灌浆是装配式混凝土工程施工的一个重要工序，混凝体浇筑（灌浆）作业施工由若干班组组成，混凝体灌浆作业班组灌浆料制备工、灌浆工、修补工等组成。每组应不少于两人，一人负责注浆作业，一人负责调浆及灌浆溢流孔封堵工作。

4. 构件堆放专职人员管理

施工现场应设置构件堆放专职人员负责对施工现场进场构件的堆放、储运管理工作。构件堆放专职人员应建立现场构件堆放台账，进行构件收、发、储、运等环节的管理，对预制构件进行分类，有序堆放。同类预制构件应采取编码使用管理，防止装配过程出现错装问题。

为保障装配建筑施工工作的顺利开展，确保构件使用及安装的准确性，防止构件装配出现错装、误装或难以区分构件等问题，不宜随意更换构件堆放专职人员。

三、劳动力组织技能培训

（1）吊装工序施工作业前，应对工人进行号门的吊装作业安全意识培训。构件安装前应对工人进行构件安装专项技术交底，确保构件安装质量一次到位。

（2）灌浆作业施工前，应对工人进行专门的灌浆作业技能培训，模拟现场灌浆施工作业流程，提高注浆工人的质量意识和业务技能，确保构件灌浆作业的施工质量。

第三节　材料、预制构件管理

一、施工材料管理

装配式混凝土结构工程施工材料管理与现浇混凝土结构工程施工明显差异是材料类型、数量没有那么多。除了各种构件和后浇施工用的钢筋、水泥、砂石、防水密封材料和保温材料及预埋用的水电器材等外，装配式构件的连接方式根据建筑物的层高、抗震烈度等条件有不同形式，涉及的连接材料有钢筋套筒、钢筋锚固板、预埋件和连接件、焊接材料、螺栓、锚栓、铆钉等。现场使用的较多的材料有：

（一）连接材料

（1）套筒。灌浆连接接头采用的套筒应符合现行行业标准《钢筋连接用灌浆套筒》（JG/T 398—2012）的规定。

（2）灌浆料。钢筋套筒灌浆连接接头采用的灌浆料是指一种由水泥、集料（或不含集料）、外加剂和矿物掺和料等原材料，经工业化生产的具有合理级分的干混料。加水拌和均匀后具有可灌注的流动性、微膨胀、高的早期和后期强度、不泌水等性能。应符合《钢筋连接用套筒灌浆料》（JG/T 408—2013）的规定。

（3）拉结件。用于夹芯外墙板中内外叶墙板的连接。金属及非金属材料拉结件均应满足规定的承载力、变形和耐久性能，并应经过试验验证；拉结件应满足夹芯外墙板的节能设计要求。

（二）密封材料

（1）用于外墙板接缝处的硅酮、聚氨酯、聚硫建筑密封胶。密封胶应与混凝土具有相容性，以及规定的抗剪切和伸缩变形能力；密封胶尚应具有防霉、防水、防火、耐候等性能；硅酮、聚氨酯、聚硫建筑密封胶应分别符合国家现行标准《硅酮建筑密封胶》（GB/T 14683—2003）、《聚氨酯建筑密封胶》（JC/T 482—2003）、《聚硫建筑密封胶》（JC/T 483—2006）的规定。

（2）发泡氯丁橡胶或聚乙烯塑料棒。用于外墙板接缝中的背衬上。

（三）保温材料

（1）用于夹芯外墙板夹芯层中的挤塑聚苯乙烯板（XPS）等轻质高效保温材料。其导热系数不宜大于 $0.040W/（m \cdot K）$，体积比吸水率不宜大于 0.3%，燃烧性能不应低于国家标准《建筑材料及制品燃烧性能分级》（GB 8624—2012）总 B2 级的要求。夹芯墙板整体的耐火极限应满足现行国家标准《建筑设计防火规范》（GB 50016—2014）要求。

（2）夹芯外墙板接缝处填充用保温材料的燃烧性能应满足国家标准《建筑材料及制品燃烧性能分级》（GB 8624—2012）中 A 级的要求。

（四）涂料和饰面

预制外墙板可采用涂料饰面，也可采用面砖或石材饰面。当采用石材饰面时，应对石材背面进行处理，并安装不锈钢卡钩，卡钩直径不应小于 4mm。

装配式混凝土结构工程施工材料管理对工程中使用的各种材料的质量同样必须进行严格控制，如未经检验和试验的材料，未经批准紧急放行的材料，经检验和试验不合格的材料，无标识或标识不清楚的材料，过期失效、变质受潮、破损和对质量有怀疑的材料等不得使用。当材料需要代用时，应先办理代用手续，经设计单位或监理单位同意认可后才能使用。

二、预制构件管理

（一）预制构件运输管理

1. 现场平面布置

（1）现场道路规划。预制构件运输车辆具有超长、超重、到场数量多的特点，且为了避免二次吊运增加施工成本，构件到场后就在车辆上起吊至施工层。道路布置应沿着楼栋进行布置，且宽度应大于两个车身宽。根据运输车辆长度，场内道路设置的最小转弯半径为28m。临时施工道路做法如图8-2、图8-3所示。

（2）预制构件堆放场地规划。装配式建筑工程施工为构件吊装施工，对构件的及时供应有很高的要求，若构件不能及时到场将使施工成瘫痪状态，直接影响工期。在预制构件生产、运输过程中太多不可预见性因素，保持现场一定的预制构件存储量，能将因预制构件的质量问题、运输问题不能及时到场时，对现场施工进度的影响降到最低。选取的位置应在塔吊密集覆盖区域内，且离楼栋、道路较近的地方，预制构件堆放场地规划如图8-4所示。

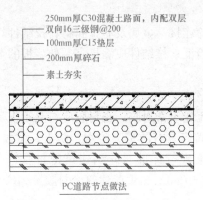

图8-2 道路制作示意图

图8-3 现场道路示意图

2. 预制构件的运输

（1）运输车辆型号及运输架示意图。

1）根据现场施工进度要求，在不影响施工进度的情况下，计算标准层运输量，计划预制构件运输车辆型号及台数，参数及配置见表8-1。

表8-1　　　　　　　　　　某装配式建筑工程车辆配置表

车辆型号	载重（kg）	外观尺寸（长×宽×高）（m×m×m）	用车数量（辆）	架子数量（个）	单次最大运输量（块）
解放 CA4163P7K2	30000	16×3×3	3	2	6
华骏 ZCZ9402	30000	19×3×3	2	2	6
欧曼 BJ4208SLFJB-2	300015	19×3×3	3	2	6
解放 CA4203P7K1T3	310000	16×3×3	4	2	6
神行 YGB9402	317500	19×3×3	2	2	6

注　叠合板、PB板等小件运输时，不需要专用运输架，把配置的专用运输架卸下即可。

2）每台运输车辆配置两个运输架，运输架设计原则是在保证车辆载重及安全的前提下，最大化地利用运输空间，提高运输效率，运输架如图8-5～图8-7所示。

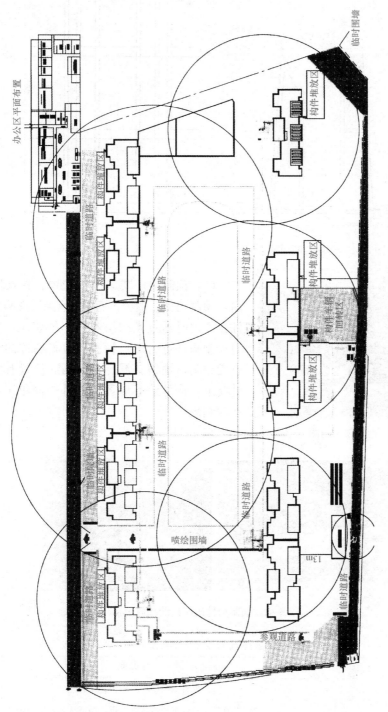

图 8-4 现场道路循环、堆场及塔吊平面布置示意图

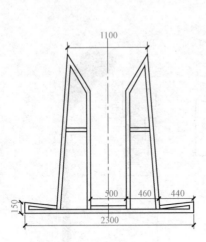

图 8-5 运输架断面图

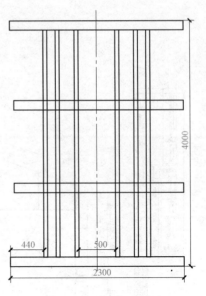

图 8-6 运输架平面图

图 8-7 运输架实物图

（2）预制构件装车工具配置。在预制构件厂内，预制构件一般分区存放（见图 8-8），预制构件在厂内时通过龙门吊和汽车吊装车，装车前先对预制构件进行出厂检验，检查构件的外观质量有无缺陷，预留孔洞、预留钢筋位置有无符合设计要求，构件装车后经过修补等简单工序，然后运输到现场。

装车工具配置见表 8-2。

图 8-8 预制构件出厂前的存放

表 8-2 某装配式建筑工程装车工具配置

设备、工具	数量	工作内容
龙门吊	4	白、夜班车间墙板外转、装车、发货
外雇汽车吊装车	2	东西场地各 1 套，东场地装叠合板，西场地平铺墙板
喷号牌	2	东西场地各 1 套
修补工具	4	4 辆车同时装车，每车 1 套

设备、工具	数量	工作内容
叉车	1	装叠合板、楼梯、空调板和 PCF 板
吊具	5	除叠合板吊车外，每台吊车 1 套
电动锯	1	切割木方

（3）成品检验及安全运输。

1）配置专职质检员进行出厂前成品检验，保证每一块出厂产品合格。

2）发货前对厂内及外雇驾驶员进行"一项一规"安全培训。

3）执行车辆"三检"制度（出车前、行车中、入库后，对车辆按方位、部件、要点认真进行安全检查）。

4）发货车辆在厂区作业时要按照厂区内车辆管理规定行驶。

5）车辆应车容整洁、车身周正，随车工具、安全防护装置及附件等应齐全有效。

（4）运输路线及安全保障。

1）组织有司机参加的有关人员进行，对道路距离、弯道情况、车流量等情况综合比较，最后确定构件的运输线路。

2）察看道路情况，沿途上空有无障碍物，公路桥的允许负荷量，通过的涵洞净空尺寸等。如不能满足车辆顺利通行，应及时采取措施。此外，应注意沿途是否横穿铁道，如有应查清火车通过道口的时间，以免发生交通事故。

3）构件运输安全保障基本要求：

运输道路必须平整坚实，经常维修，并有足够的路面宽度和转弯半径。载重汽车的单行道宽度不得小于 3.5m，拖车的单行道宽度不得小于 4m，双行道宽度不得小于 6m；采用单行道时，要有适当的会车点。载重汽车的转弯半径不得小于 10m，半拖式拖车的转弯半径不宜小于 15m，全拖式拖车的转弯半径不宜小于 20m。

构件运输时的混凝土强度，如设计无要求时，一般构件不应低于设计强度等级的 70%，屋架和薄壁构件应达到 100%。

钢筋混凝土构件的垫点和装卸车时的吊点，不论上车运输或卸车堆放，都应按设计要求进行。叠放在车上或堆放在现场上的构件，构件之间的垫木要在同一条垂直线上，且厚度相等。构件在运输时要固定牢靠，以防在运输中途倾倒，或在道路转弯时车速过高被甩出。对于屋架等重心较高、支承面较窄的构件，应用支架固定（见图 8-9～图 8-12）。

图 8-9　墙板的运输

图 8-10　叠合板的运输

图 8-11　楼梯的运输　　　　　　图 8-12　阳台的运输

根据路面情况掌握行车速度。道路拐弯必须降低车速。

根据工期、运距、构件重量、尺寸和类型及工地具体情况，选择合适的运输车辆和装卸机械。

根据吊装顺序，先吊先运，保证配套供应。

对于不容易调头和又重又长的构件，应根据其安装方向确定装车方向，以利于卸车就位。必要时，在加工场地生产时，就应进行合理安排。

构件进场应按结构构件吊装平面布置图所示位置堆放，以免二次倒运。

采用公路运输时，若通过桥涵或隧道，则装载高度，对二级以上公路不应超过 5m；对三、四级公路不应超过 4.5m。

（5）预制构件卸车注意事项。

1）卸车前需检查墙板专用横梁吊具是否存在缺陷，是否有开裂，腐蚀严重等问题，且需检查墙板预埋吊环是否存在起吊问题。

2）现场卸车时应认真检查吊具与墙板预埋吊环是否扣牢，确认无误后方可缓慢起吊，且需检查吊具是否存在裂缝、腐蚀等严重影响起吊的问题。

3）起吊过程中保证墙板垂直起吊，防止 PC 构件起吊时单点起吊引起构件变形，并满足吊环设计时的角度要求。

（二）预制构件的存放管理

1. 预制构件进场验收

（1）预制构件进场时须对每块构件进场验收，主要针对构件外观、规格尺寸、预留孔洞及插筋。部品外观要求：外观质量上不能有严重的缺陷，且不应有露筋和影响结构使用性能的蜂窝、麻面和裂缝等现象，预留孔洞及插筋位置符合图纸设计要求，偏差不得大于 5mm。

（2）检查每块构件编号，例如：YWB10F-1-2F，YWB10F 为构件型号，1 为构件顺序编号，2F 为构件所在楼层。

2. 预制构件的存放

（1）墙板存放。墙板采用立放专用存放架，墙板宽度小于 4m 时内叶墙下部垫 2 块 100mm×100mm×250mm 木方，两端距墙边 300mm 处各一块木方，墙板宽度大于 4m 或带门口时内叶墙下部垫 3 块 100mm×100mm×250mm 木方，两端距墙边 300mm 处、墙体重心位置处共三块木方。两侧木方距内叶墙两侧边缘 300mm 或位于边缘构件中心处，中间木方位于墙板重心处。两块墙板之间用 4 块 100mm×100mm×50mm 的木方间隔开，最外侧两块墙板用钢绳与架体拉结固定（见图 8-13～图 8-15）。

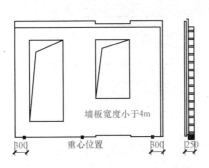

墙板宽度小于4m

图 8-13　墙板宽度小于 4m 时木方位置

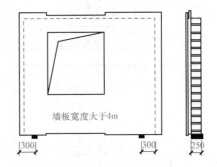

墙板宽度大于4m

图 8-14　墙板宽度大于 4m 时木方位置

（2）叠合板的存放。叠合板存放应在指定的存放区域，存放区域地面应保证水平。叠合板需分型号码放，水平放置，层间用 6 块 100mm×100mm×300mm 木方隔开，四角的 4 个木方位于吊环位置或距两边 500mm 左右，中间 2 个木方靠内侧摆放，木方方向垂直桁架，保证各层间木方水平投影重合，存放层数不超过 6 层且高度不大于 1.5m。由于叠合板板厚控制较难，木方上下两接触面需用 20mm 软质材料做找平和减震处理，避免局部木方垫块与板间存在缝隙，保证均匀受力（见图 8-16、图 8-17）。

图 8-15　现场预制墙板存放

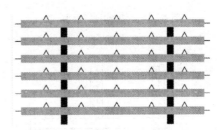

图 8-16　叠合板存放示意图

图 8-17　叠合板的存放

（3）楼梯的存放。

1）楼梯板存放应放在指定的存放区域，存放区域地面应保证水平。楼梯板应分型号码放。

2）折跑梯左右两端第二个、第三个踏步位置应垫 4 块 100mm×100mm×500mm 木方，距离前后两侧为 250mm。保证各层间木方水平投影重合，存放层数不超过 6 层（见图 8-18、图 8-19）。

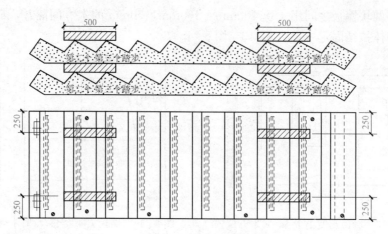

图 8-18　楼梯存放示意图

图 8-19　楼梯的存放

（4）PCF 板的存放。L 形 PCF 板存放区域地面应保证水平。PCF 板应分型号码放，水平并排放置，第一层下部垫 2 条 40mm×70mm 通长木方，并在上方用 2 条 100mm×100mm 木方隔开，木方长度为跨度＋100mm，木方距两侧边缘 500mm 左右。保证各层间木方水平投影重合，存放层数不超过 2 层（见图 8-20）。

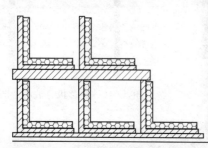

图 8-20　PCF 板的存放

3. 空调板的存放

空调板存放区域地面应保证水平。空调板应分型号码放，水平放置，层间用 2 块 40mm×70mm×500mm 木方隔开，木方距两侧边缘 250mm 左右。保证各层间木方水平投影重合，存放层数不超过 10 层（见图 8-21）。

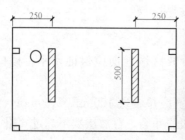

图 8-21　空调板的存放

第四节　设　备　管　理

一、机械设备选型

（一）机械设备选型依据

（1）工程的特点。根据工程平面分布、长度、高度、宽度、结构形式等确定设备选型。

（2）工程量。充分考虑建设工程需要加工运输的工程量大小，决定选用的设备型号。

（3）施工项目的施工条件。现场道路条件、周边环境条件、现场平面布置条件等。

（二）机械设备选型原则

（1）适应性。施工机械与建设项目的实际情况相适应，即施工机械要适应建设项目的施工条件和作业内容。施工机械的工作容量、生产效率等要与工程进度及工程量相符合，避免因施工机械设备的作业能力不足而延误工期，或因作业能力过大而使机械设备的利用率降低。

（2）高效性。通过对机械功率、技术参数的分析研究，在与项目条件相适应的前提下，尽量选用生产效率高的机械设备。

（3）稳定性。选用性能优越稳定、安全可靠、操作简单方便的机械设备。避免因设备经常不能运转而影响工程项目的正常施工。

（4）经济性。在选择工程施工机械时，必须权衡工程量与机械费用的关系。尽可能选用低能耗、易保养维修的施工机械设备。

（5）安全性。选用的施工机械的各种安全防护装置要齐全、灵敏可靠。此外，在保证施工人员、设备安全的同时，应注意保护自然环境及已有的建筑设施，不致因所采用的施工机械设备及其作业而受到破坏。

（三）施工机械需用量的计算

施工机械需用量根据工程量、计划期内的台班数量、机械的生产率和利用率按式（8-1）计算确定。

$$N = P/(W \times Q \times K_1 \times K_2) \tag{8-1}$$

式中　N——需用机械数量；

　　　P——计划期内的工作量；

　　　W——计划期内的台班数量；

　　　Q——机械每台班生产率（单位时间机械完成的工作量）；

　　　K_1——工作条件影响系数（因现场条件限制造成的）；

　　　K_2——机械生产时间利用系数（指考虑了施工组织和生产实际损失等因素对机械生产效率的影响系数）。

（四）吊运设备的选型

装配整体式混凝土结构，一般情况下采用的预制构件体型重大，人工很难对其加以吊运安装作业，通常情况下采用大型机械吊运设备完成构件的吊运安装工作。

吊运设备分为移动式汽车起重机和塔式起重机（见图 8-22）。在实际施工过程中应合理地使用两种吊装设备，使其优缺点互补，以便于更好地完成各类构件的装卸运输吊运安装工作，取得最佳的经济效益。

(a)   (b)

图 8-22   吊运设备
(a) 移动式汽车起重机；(b) 塔式起重机

1. 移动式汽车起重机选择

在装配整体式混凝土结构施工中，对于吊运设备的选择，通常会根据设备造价、合同周期、施工现场环境、建筑高度、构件吊运质量等因素综合考虑确定。一般情况下，在低层、多层装配整体式混凝土结构施工中，预制构件的吊运安装作业通常采用移动式汽车起重机，当现场构件需二次倒运时，可采用移动式汽车起重机。

2. 塔式起重机选择

(1) 塔式起重机选型首先取决于装配整体式混凝土结构的工程规模，如小型多层装配整体式混凝土结构工程，可选择小型的经济型塔式起重机，高层建筑的塔式起重机选择，宜选择与之相匹配的起重机械，因垂直运输能力直接决定结构施工速度的快慢，要对不同塔式起重机的差价与加快进度的综合经济效果进行比较，要合理选择。

(2) 塔式起重机应满足吊次的需求。

塔式起重机吊次计算：一般中型塔式起重机的理论吊次为 80~120 次/台班，塔式起重机的吊次应根据所选用塔式起重机的技术说明中提供的理论吊次进行计算。计算时可按所选塔式起重机所负责的区域，每月计划完成的楼层数，统计需要塔式起重机完成的垂直运输的实物量，合理计算出每月实际需用吊次，再计算每月塔式起重机的理论吊次（根据每天安排的台班数）。

当理论吊次大于实际需用吊次时即满足要求；当不满足时，应采取相应措施，如增加每日的施工班次，增加吊装配合人员，塔式起重机尽可能地均衡连续作业，提高塔式起重机利用率。

(3) 塔式起重机覆盖面的要求。

塔式起重机型号决定了塔式起重机的臂长幅度，布置塔式起重机时，塔臂应覆盖堆场构件，避免出现覆盖盲区，减少预制构件的二次搬运。对含有主楼、裙房的高层建筑，塔臂应全面覆盖主体结构部分和堆场构件存放位置，裙楼力求塔臂全部覆盖。

当出现难以解决的楼边覆盖时，可考虑采用临时租用汽车起重机解决裙房边角垂直运输问题，不能盲目加大塔式起重机型号，应认真进行技术经济比较分析后确定方案。

(4) 最大起重能力的要求。

在塔式起重机的选型中应结合塔式起重机的尺寸及起重量荷载特点进行确定（见图 8-23）。以永茂塔式起重机 STT293A 为例：重点考虑工程施工过程中，最重的预制构件对塔式起重机吊运能力的要求，应根据其存放的位置、吊运的部位、距塔中心的距离，确定该塔式起重机是否具备相应起重能力，确定塔式起重机方案时应留有余地。塔式起重机不满足吊重要求时，必须调整塔型使其满足要求。

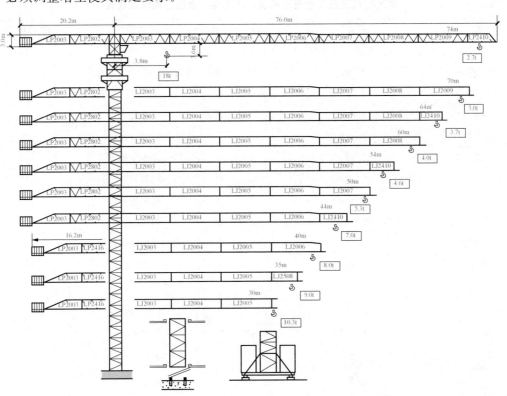

起重量载荷表

R	倍率 Fall	R(max) m	C(max) t	30	35	40	44	50	54	60	64	70	74
74	IV	14.3	18.00	7.02	6.23	5.05	4.48	3.80	3.43	2.98	2.72	2.39	2.20
	II	25.9	9.00	7.66	6.73	5.55	4.98	4.30	3.94	3.48	3.22	2.89	2.70
70	IV	14.6	18.00	7.42	6.41	5.25	4.66	3.96	3.58	3.11	2.84	2.50	
	II	26.7	9.00	7.92	6.91	5.75	5.16	4.46	4.08	3.61	3.34	3.00	
64	IV	15.7	18.00	8.30	7.03	5.83	5.19	4.42	4.01	3.49	3.20		
	II	29.1	9.00	8.80	7.53	6.33	5.69	4.92	4.51	3.99	3.70		
60	IV	15.7	18.00	8.30	7.00	5.84	5.20	4.43	4.02	3.50			
	II	29.1	9.00	8.80	7.51	6.34	5.70	4.93	4.52	4.00			
54	IV	15.7	18.00	8.40	7.08	5.95	5.30	4.52	4.10				
	II	29.6	9.00	8.90	7.57	6.45	5.80	5.02	4.60				
50	IV	16.3	18.00	8.60	7.44	6.30	5.62	4.80					
	II	31.0	9.00	9.00	7.94	6.80	6.12	5.30					
44	IV	18.2	18.00	10.10	8.53	7.28	6.50						
	II	35.0	9.00	9.00	9.00	7.78	7.00						
40	IV	18.5	18.00	10.35	8.76	7.50							
	II	35.9	9.00	9.00	9.00	8.00							
35	IV	18.5	18.00	10.35	8.80								
	II	35.9	9.00	9.00	9.00								
30	IV	18.5	18.00	10.35									
	II	35.9	9.00	9.00									

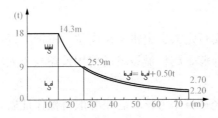

图 8-23　某型塔式起重机的尺寸及起重量荷载

（5）吊装材料、设备、工具准备（见表 8-3）

表 8-3　　　　　某装配式建筑工程塔吊吊装主要工具、设备、辅材计划表

名称	规格	数量	单位	说明	到货周期（天）
水泥自攻钉	M10×75	1500	个		45
斜支撑	2.5m	300	根	标准层墙板×2（刷蓝色）	30
斜支撑	2.5m	50	根		30
钢梁	6m	10	根	塔吊数×1	30
硬塑垫块	70×70×20、10、5、3、2		个	每种规格＝墙板数×60/40	30
吊爪	2.5T	20	个	塔吊数×10	15
钢丝绳	直径22，两端编环，3m长	4	根	塔吊数×2	15
	直径18，两端编环，4m长	8	根	塔吊数×4	15
	直径18，两端编环，6m长	2	根	塔吊数×1	
L形连接件	—		个	外墙板阴角缝数×4	15
一字连接件	腰型孔		个	外墙板垂直缝数×4	15
防坠器	—	4	个	T×2	15
固定螺栓	M16×30		个	外墙板数×8	7
吊钩	2.7T	16	个	塔吊数×8	7
卸扣	3T	8	个	塔吊数×4	7
	5T	16	个	塔吊数×8	7
对讲机	GP329/339	6	台	塔吊数×3	7
电动扳手	450W	8	台	塔吊数×4	7
电动扳手一子	—	10	个		7
电锤	水泥自攻钉引孔	8	把	塔吊数×4	7
靠尺	$L:2.2\sim2.5m$	2	把	塔吊数×1	7
撬棍	$L=1.5m$，直径25mm	4	台	塔吊数×2	7
塔吊		2	台		

二、机械设备使用管理

在工程项目施工过程中，要合理使用机械设备，严格遵守项目的机械设备施工管理规定。才能使其发挥正常的生产效率，降低使用费用。为使机械设备得以合理使用，必须做好以下几项工作。

1. 人机固定

主要施工机械在使用中实行定人、定机、定岗位"三定"责任的制度。实行机械使用保养责任制，指定专人使用、保养，将机械设备的使用效益与个人经济利益联系起来。

2. 实行持证制度

施工机械操作人员必须经过技术考核，合格并取得操作证后，方可独立操作该机械，严禁无证操作。

3. 实行交接班制度

在采用多班制作业、多人操作机械时，应执行交接班制度。应包含交接工作完成情况、机械设备运转情况、备用料具、机械运行记录等内容。

4. 实行单机或机组核算

根据考试的成绩实行奖罚，是一项提高机械设备管理水平的重要措施。

5. 合理组织机械设备施工

必须加强维修管理，提高机械设备完好率和单机效率，并合理地组织机械调配。搞好施工的计划工作。

6. 实行技术培训制度

通过进场培训和定期的过程培训，使操作人员做到"四懂三会"，即懂机械原理、懂机械构造、懂机械性能、懂机械用途，会操作、会维修、会排除故障。

7. 搞好机械设备的综合利用

机械设备的综合利用是指现场安装尽量做到一机多用，例如垂直运输机械，还可兼做回转范围内的水平运输、装卸车等。因此要按小时安排好机械的工作，充分利用时间，大力提高其利用率。

8. 组织好机械设备的流水施工

当施工进度主要取决于机械设备而不是人力的时候，划分施工段必须以机械设备的服务能力作为划分施工段的决定因素，使机械设备连续作业，必要时"歇人不歇马"，使机械三班作业。一个施工项目有多个单项工程时，应使机械在单项工程之间流水作业，减少进出场时间和装卸费用。

9. 实行安全交底制度

严格实行安全交底制度，项目经理部在机械作业前应向操作人员进行安全操作交底，使操作人员对施工要求、场地环境、气候等安全生产要素有清楚的了解。项目经理部按机械设备的安全操作要求安排工作和进行指挥，不得要求操作人员违章作业，也不得强令机械设备带病操作，更不得指挥和允许操作人员野蛮施工。

10. 为机械设备的施工创造良好的条件

现场环境、施工平面图布置应适合机械作业要求，交通路畅无障碍，夜间施工安排好照明。

三、机械设备的进厂检验

施工项目总承包企业的项目经理部，对进入施工现场的所有机械设备的安装、调试、验收、使用、管理、拆除退场等负有全面管理的责任。因此项目经理部无论是企业自有或者租赁的设备，还是分包单位自有或者租赁的设备，都要进行监督检查。

四、灌浆设备与工具

常用的套筒灌浆设备与工具有测温仪、电子秤和量杯，不锈钢制浆桶与水桶，手提变速搅拌机、手动灌浆枪、灌浆泵，流动度检测截锥试模与钢化玻璃板，强度检测三联模（见图8-24）。

五、装配式混凝土结构工程施工常用工具

根据装配式混凝土结构安装的特性。常用的辅助运输安装工具如图8-25～图8-27所示。

测温仪、电子秤　　量杯　　不锈钢制浆桶　　灌浆泵　　手提变速搅拌机

手动灌浆枪　　　流动度检测截锥试模　　强度检测三联模

图 8-24　灌浆设备与工具

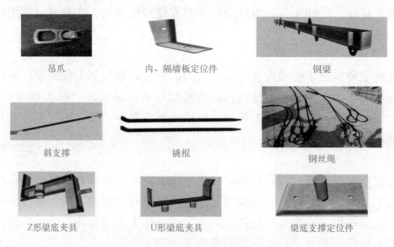

吊爪　　　　内、隔墙板定位件　　　　钢梁

斜支撑　　　　　撬棍　　　　　钢丝绳

Z形梁底夹具　　　U形梁底夹具　　　梁底支撑定位件

图 8-25　吊装施工常用辅助工具

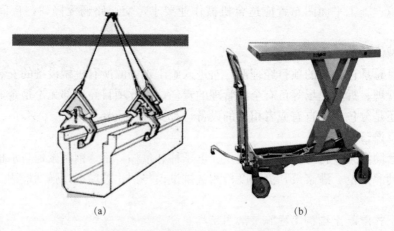

(a)　　　　　　　　　　　(b)

图 8-26　现场施工常用运输工具（一）

（a）金属吊具；（b）液压台车

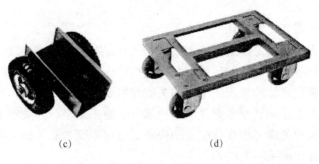

(c)　　　　　　　　　　　(d)

图 8 - 26　现场施工常用运输工具（二）

（c）U 形台车；（d）四轮搬运车

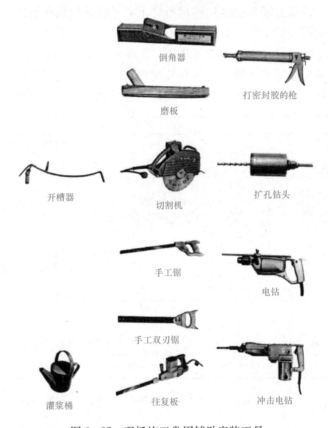

倒角器

打密封胶的枪

磨板

开槽器　　　切割机　　　扩孔钻头

手工锯　　　电钻

手工双刃锯

灌浆桶　　　往复板　　　冲击电钻

图 8 - 27　现场施工常用辅助安装工具

第五节　施工进度管理

　　装配式混凝土建筑工程施工进度管理相比传统建筑业，有很大的不同。首先体现在计划的重要性。传统建筑业很容易调整工期，增加一点工人，施工进度就赶上去了。而装配式建筑，施工进度受到各种资源因素的限制，尤其是 PC 件的限制，只要有一个构件没有到位，就可能会影响一天或两天的工期。所以，计划管理就显得极其重要。其次是施工组织技术要高度科学合理。

一、关键线路确定与工期优化

现浇结构施工方法较固定，施工进度组织按主体结构的施工流水划分、关键线路确定、施工工序、工艺规划等均有成熟的经验。装配式结构施工包括地下现浇结构作业、转换层作业及装配式作业。装配式结构与现浇结构的关键线路要考虑两个阶段，在主体标准层既要考虑装配式结构的施工工序，又要考虑现浇结构部分的施工工序，其关键工序与全现浇结构明显不同，全现浇结构的关键工序在装配式结构施工过程中变为非关键工序，故应注意关键线路、工期及资源配置间衔接匹配的差别。

二、关键工序的优化与专业施工班组配合

在装配式结构与现浇部位施工交接过程中，很多关键工序是装配作业的相关工序，如预制墙体灌浆作业后，需待灌浆料强度达到规范要求后才能进行预制墙体间现浇部位模板支设作业。这两道工序均属关键工序，时间间隔不仅取决于灌浆作业的效率，还取决于灌浆材料的早期强度，在施工组织设计阶段能否优化施工工序对质量控制至关重要。因而不仅需缩短流水节拍和工艺标准化以提高工效，还需在装配式工艺、专业化工具和专业人员等方面做充分准备。某装配整体式剪力墙结构工程施工时标网络图如图8-28所示。

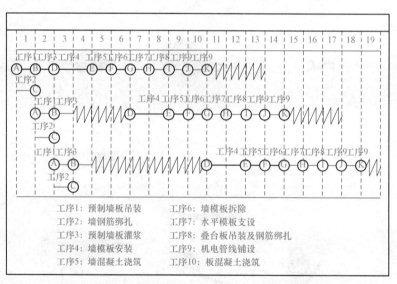

图8-28　某装配整体式剪力墙结构工程施工时标网络图

根据图8-28可知，工序4～工序6为控制各流水段施工的关键工序，即大钢模从一段安装、使用、拆除到下一流水段安装、使用、拆除是施工流水组织的关键，若按照工序1完成及转入下一流水段工序1组织施工，工序1～3将有机动时间。因此根据该网络图所标明的施工关键线路，将下一流水段工序1在施工流水段第5个工作日工序5施工时插入，则能保证各流水段按照大模板的流向进行流水作业。在该时点插入下一流水段工序1的前提下，每个工作日塔式起重机占用时间如表1所示。当流水段工序4与上一流水段工序8同时进行、流水段工序8与下一流水段工序2同时进行时，塔式起重机作业时间将达到12h，这时需安排塔式起重机夜间作业，方能保证施工流水正常进行。

第六节　装配式混凝土结构工程施工组织方案编制

目前国内现浇混凝土结构体系施工，从总包单位的施工管理到施工承包、劳务分包基本已将施工技术、施工成本与进度控制发挥到极限。在施工组织阶段已有成熟的前期施工组织策划、技术选型及劳务作业班组的技术培训等。装配式混凝土结构工程施工虽然与现浇混凝土结构施工有差别，但施工组织方案编制的思路还是基本上一致的，装配式混凝土结构工程施工组织方案一般由工程概况、编制依据、施工总平面图布置、施工进度计划、质量管理、施工人员管理、施工安全管理、材料构件管理、技术管理等构成（见图 8 - 29）。

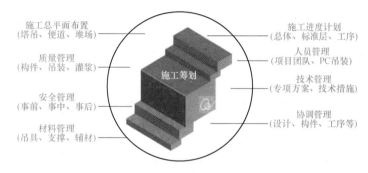

图 8 - 29　装配式混凝土结构工程施工组织方案的内容

一、工程概况

（1）应将装配式混凝土结构施工范围、装配式结构的类型、结构最终安装高度、功能性综合管线的设计与装配式结构的关联度应明确。

（2）基本规定内容包括协调建设、设计、制作、施工各方关系及相互之间的配合分工界面应明确。

（3）混凝土、钢筋和钢材、连接材料及其他材料等质量要求；连接方式应明确。

（4）建筑设计应明确平面设计、立面、外墙设计、内装修、设备管线设计。

（5）结构设计应明确作用及作用组合、预制构件设计、连接设计、楼盖设计并明确装配式结构的形式：框架结构、剪力墙结构、多层剪力墙结构、外挂墙板设计。还包括结构的截面几何尺寸。

二、编制依据

原则上要把设计图纸、主要规范、规程和主要法律、法规和规范性文件等依据对象列出。

三、施工现场总平面图的布置

（一）施工现场平面布置

施工现场平面布置图是在拟建工程的建筑平面上（包括周围环境），布置为施工服务的各种临时建筑、临时设施及材料、施工机械、预制构件等。它反映已有建筑与拟建工程之间、临时建筑与临时设施之间的相互空间关系。布置得恰当与否，执行的好坏，对施工组织、文明施工、施工进度、工程成本、工程质量和安全都将产生直接的影响。根据不同施工阶段，施工现场总平面布置图分为基础工程施工总平面图、装配式结构工程施工阶段总平面图、装饰装修阶段施工总平面布置图。

1. 施工总平面图的设计内容（见图 8 - 30）

（1）装配整体式混凝土结构项目施工用地范围内的地形状况。

（2）全部拟建建（构）筑物和其他基础设施的位置。

（3）项目施工用地范围内的构件堆放区、运输构件车辆装卸点、运输设施。

（4）供电、供水、供热设施与线路，排水排污设施、临时施工道路。

（5）办公用房和生活用房。

（6）施工现场机械设备布置图。

（7）现场常规的建筑材料及周转工具。

（8）现场加工区域。

（9）必备的安全、消防、保卫和环保设施。

（10）相邻的地上、地下既有建（构）筑物及相关环境。

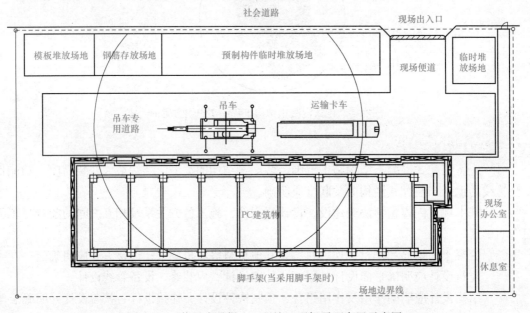

图 8 - 30　装配式混凝土工程施工现场平面布置示意图

2. 施工总平面图设计原则

（1）平面布置科学合理，减少施工场地占用面积。

（2）合理规划预制构件堆放区域，减少二次搬运；构件堆放区域单独隔离设置，禁止无关人员进入。

（3）施工区域的划分和场地的临时占用应符合总体施工部署施工流程的要求，减少相互干扰。

（4）充分利用既有建（构）筑物和既有设施为项目施工服务，降低临时设施的建造费用。

（5）临时设施应方便生产和生活，办公区、生活区、生产区宜分离设置。

（6）符合节能、环保、安全和消防等要求。

（7）遵守当地主管部门和建设单位关于施工现场安全文明施工的相关规定。

3. 施工总平面图设计要点

（1）设置大门，引入场外道路。施工现场宜考虑设置两个以上大门。大门应考虑周边路网情况、道路转弯半径和坡度限制，大门的高度和宽度应满足大型运输构件车辆通行要求。

（2）布置大型机械设备。塔式起重机布置时，应充分考虑其塔臂覆盖范围、塔式起重机端部吊装能力、单体预制构件的质量、预制构件的运输、堆放和构件装配施工。

（3）布置构件堆场。构件堆场应满足施工流水段的装配要求，且应满足大型运输构件车辆、汽车起重机的通行、装卸要求。为保证现场施工安全，构件堆场应设围挡，防止无关人员进入。

（4）布置运输构件车辆装卸点。为防止因运输车辆长时间停留影响现场内道路的畅通，阻碍现场其他工序的正常作业施工。装卸点应在塔式起重机或者起重设备的塔臂覆盖范围之内，且不宜设置在道路上。

（5）合理布置临时加工场区。

（6）布置内部临时运输道路。

施工现场道路应按照永久道路和临时道路相结合的原则布置。施工现场内宜形成环形道路，减少道路占用土地。施工现场的主要道路必须进行硬化处理，主干道应有排水措施。临时道路要把仓库、加工厂、构件堆场和施工点贯穿起来，按货运量大小设计双行干道或单行循环道满足运输和消防要求，主干道宽度不小于6m。构件堆场端头处应有12m×12m车场，消防车道宽度不小于4m，构件运输车辆转弯半径不宜小于15m。

（7）布置临时房屋。

1）充分利用已建的永久性房屋，临时房屋用可装拆重复利用的活动房屋。生活办公区和施工区要相对独立，宿舍室内净高不得小于2.4m，通道宽度不得小于0.9m，每间宿舍居住人员不得超过16人。

2）办公用房宜设在工地入口处，食堂宜布置在生活区。

（8）布置临时水电管管网和其他动力设施。

临时总变电站应设在高压线进入工地处，尽量避免高压线穿过工地。临时水池、水塔应设在用水中心和地势较高处。管网一般沿道路布置，供电线路应避免与其他管道设在同一侧。

（二）施工现场构件堆场布置

装配整体式混凝土结构施工，构件堆场在施工现场占有较大的面积。合理有序地对预制构件进行分类布置管理，可以减少施工现场的占用，促进构件装配作业，提高工程进度。

构件存放场地宜为混凝土硬化地面或经人工处理的自然地坪，应满足平整度、地基承载力、龙门吊安全行驶坡度的要求，避免发生由于场地原因造成构件开裂损坏、龙门吊的溜滑事故。存放场地应设置在吊车的有效起重范围内，且场地应有排水措施。构件堆场的布置原则有：

（1）构件堆场宜环绕或沿所建构筑物纵向布置。其纵向宜与通行道路平行布置，构件布置宜遵循"先用靠外，后用靠里，分类依次，并列放置"的原则。

（2）预制构件应按规格型号、出厂日期、使用部位、吊装顺序分类存放，且应标识清晰。

（3）不同类型构件之间应留有不少于0.7m的人行通道，预制构件装卸、吊装工作范围内不应有障碍物，并应有满足预制构件吊装、运输、作业、周转等工作的场地。

（4）预制混凝土构件与刚性搁置点之间应设置柔性垫片，防止损伤成品构件；为便于后期吊运作业，预埋吊环宜向上，标识向外。

（5）对于易损伤、污染的预制构件，应采取合理的防潮、防雨、防边角损伤措施。构件与构件之间应采用垫木支撑，保证构件之间留有不小于 200mm 的间隙，垫木应对称合理放置且表面应覆盖塑料薄膜。外墙门框、窗框和带外装饰材料的构件表面宜采用塑料贴膜或者其他防护措施；钢筋连接套管和预埋螺栓孔应采取封堵措施。

四、构件安装施工技术方案

（一）施工技术准备

1. 楼层架体设计、计算与搭设

（1）楼层架体的搭设：应根据装配率与分解目标与楼层平面、立面、节点详图、装配安装图的安装流程图及装配图，根据结构件单件重量设计、计算、布置构件安装架体搭设图（平、立、剖）。

（2）对特殊部位的架体搭设应另外进行设计、计算、布置，如楼梯段、悬挑阳台、飘窗。对楼梯段的架体搭设，在架体设计、计算、搭设时应考虑楼梯段的水平推力与垂直荷载。

（3）当铺设水平复合楼板是的承重杆水平杆布置应沿梁板的跨度方向进行布置，并留置后浇带的模板支撑、对搭设架体高度应安装设计尺寸进行设计；立杆顶端保留 50~100mm，并设置双向水平杆、扫地杆、剪刀撑等。

2. 资源准备

（1）编制预制构件计划。

（2）编制预制构件运输方案。

（3）预制构件堆放场地规划。

（4）机械设备准备。

（二）劳动力组织

项目部的组织机构设置要严格按照工程施工要求进行，要保证施工项目进度计划顺利实施，使人力资源充分利用，降低工程成本。要组织富有经验及能力的吊装施工人员，来进行构件的装配施工，机构的设置及劳动力的组织情况见表 8-4。

表 8-4　　　　　　　　　　劳动力组织配备表

	职务	姓名	执业资格	备　注
	项目经理			项目总负责
	项目总工程师			负责施工技术方案及措施的制定、技术培训和现场技术问题处理
	生产经理			负责编制土建工程施工方案、指导实施
	BIM 技术员			负责 BIM 建模，利用 BIM 软件创建、管理、分析工程数据等
项目经理部	项目施工员			负责项目施工、日常管理
	项目预算员			负责项目预算、成本核算
	项目安全员			负责项目安全施工
	项目资料员			负责项目资料管理
	项目质检员			负责项目施工质量工作
	项目材料员			负责项目材料管理

续表

工种		数量	进场时间	备注
操作人员	测量工			构件安装三维方向和角度的误差测量与控制
	信号工			指挥构件 1 吊装、翻身、就位、脱钩等全部工作
	起重工			吊装运输工作中的吊具准备、起吊、挂钩和脱钩等
	安装工			构件就位、标高支垫调节、安装节点固定等
	临时支护工			构件安装后的支撑、施工临时实施安装
	模板工			模板的支撑和拆卸等
	灌浆工			灌浆作业等
	灌浆料制备工			灌浆料的搅拌制作等
	汽车吊车司机			构件场内、外运输及吊装

（三）装配式构件吊装方案

装配式混凝土结构工程施工的首要环节是现场吊装，因此，必须制定切实可行的装配式混凝土结构工程吊装方案。确保吊装定位的准确性，保证吊装过程中预制件的水平度与平稳性。保证吊装施工的安全。构件吊装前的准备工作有场地清理与道路铺设，构件的复查与清理，构件的弹线与编号，钢筋混凝土杯形基础的准备工作，构件运输，构件的堆放，构件的临时加固。

1. 吊装前的准备

（1）吊装前应对设计单位的所有施工图进行会审，图面上的问题已解决并有明确的结论。土建、安装的施工图已完成平面、立面、剖面、节点详图、连接方式等进行叠加，绘制叠加图（此部分内容应有总包组织相关单位完成并经过原设计单位的认可）。

（2）构件预制加工单位根据总包提交的设计原图和叠加图、形成装配安装能力、现场施工进度计划表（建设、总包、专业分包确认）对建筑物的建筑结构进行拆分并绘制成拆分结构图（预制加工、现场构件安装图）和构件加工、构件供应计划等。

（3）建设方、原设计、总包单位、安装（水电风）装配图分解、预制加工、现场安装单位对装配分解图就行会审，最终有原设计单位的设计师对装配分解图就行书面的确认；装配式构件预制加工单位根据装配分解加工图进行按编制计划按楼层平面加工。

（4）建设方、监理、总包、土建、安装、装修等单位对将要出厂构件进行首件、首批构件制验收；验收内容包括钢筋、水泥、砂石、外加剂、预埋预留、门窗件、吊点、连接件等原材料进行验收并对预埋预留、连接件、墙板窗框固定方式与尺寸位置、三缝设置等对照图分解图与原设计图验收；还对预制构件的在出厂前的起吊、在运输车辆上的固定方式进行确认。

（5）对构件出厂前的验收内容有每个装配构件编号、构件合格验章、产生批号进行检查核对，无误后编制构件出厂书面合格证及加工构件出厂清单；再根据出厂清单对照现场安装图进行审核，再次确认无误后方可出厂。

（6）加工的预制件构件出厂顺序：应按照构件的安装顺序、构件编号、现场吊装顺序依次出厂。现场绝不允许构件翻堆。

2. 现场吊装准备

（1）现场吊装用的测量轴线控制网、高层标高点已建立并通过专业验收（包括控制方式、测量方法已通过验收）。

（2）吊装用的装配安装基座已施工完成混凝土强度已达到100％，连接预埋件安装正确偏差满足设计要求、搁置构件安装的支架已搭设完成并通过验收。

（3）对构件安装就位时的临时支撑、辅助脚手架已到现场并具备安装条件。

（4）连接后用的灌浆料、灌浆设备、后浇的混凝土配合比已到混凝土搅拌站并通过试验合格、各种保障性原材料检验报告已通过检查满足设计要求。

（5）各种吊装用的索具、倒链、卸甲、铁扁担已根据施工组织和设计计算的要求加工完成并通过验收。

（6）大型吊装机械、现场施工用电、施工人员上下通道、各个施工安装作业的施工人员已按照施工组织要求完成安全、技术、质量要求的交底并明确各个专业的施工界面已明确并有交底记录（总包组织设计、技术、安全、质量、防护、防火等交底）。

（7）装配构件的吊装顺序已明确（包括起吊点、收头点）、装配构件的吊装顺序构件加工厂也已明确（包括运输单位对装车顺序也已明确）现场卸车、堆放场地也按照吊装顺序有序地堆放并无缺失和重叠构件。所有要吊装用的构件已符合并满足吊装要求、构件质量满足设计要求并通过现场对刚加的验收。现场已具备装配安装条件，各个监管单位已签字确认，手续完备，可以进入吊装程序。

3. 吊装

（1）吊装顺序（基座上吊装）：

基座清理→测量弹线→高层标高点设置→竖向构件上附着脚手架安装→竖向构件（柱、墙板、楼梯段等）吊装测量就位→临时支撑安装固定→构件连接完成（灌浆料、混凝土）并验算通过→安装水平构件（梁、板）就位验收通过→后浇带支模灌浆完成→叠合板进行二次钢筋网、预埋管线预埋、连接件预埋固定→现场监理验收→浇筑混凝土→制作同条件养护试块→混凝土养护（依次循环）。

（2）吊装安全、质量要求应满足《装配式混凝土结构技术规程》（JGJ 1—2014）（第11、12章节要求）和现场吊装的相关规范要求执行。

（3）装配式各种构件的吊装工艺按照分解设计对构件受力安装要求进行编制。

五、施工质量保障措施

1. 技术准备

（1）施工前应具备必要的施工条件，做好施工准备工作逐项检查落实，如不满足施工条件，应积极创造条件，待其完善后再施工。

（2）坚持图纸会审和技术交底制度，最大限度地把可能出现的问题解决在施工之前。

（3）精心编制施工方案，并认真进行各项技术交底，做到详细，富有针对性，并对实现风险较大的项目有保障措施。

（4）严格审批制度，任何一项技术措施的出台都必须履行审批制度，符合审批程序。严格计量管理和试验检验管理。

（5）严格按照国家档案局和南京市有关档案管理的规定，并满足业主对档案管理资料的要求。在工程施工过程中及时做好收集、汇总、整理工程档案的工作。

（6）施工前工长必须进行技术、质量、安全的详细书面交底，交底双方签字。关键过程、特殊过程的技术交底资料应经技术部负责人或项目总工程师人审核。

2. 技术操作

严格按图纸施工，按合理程序施工。认真执行现行规范、规程、标准。具体落实施工组织设计、施工方案、技术措施和技术交底的要求和规定。禁止违章指挥和违章操作。

3. 工程材料使用

对工程中使用的各种材料的质量进行严格控制，如未经检验和试验的材料，未经批准紧急放行的材料，经检验和试验不合格的材料，无标识或标识不清楚的材料，过期失效、变质受潮、破损和对质量有怀疑的材料等不得使用。当材料需要代用时，应先办理代用手续，经设计单位或监理单位同意认可后才能使用。

4. 施工过程检查

严格执行质量"三检制"、测量放线复验制、关键和特殊过程跟踪检验制、隐蔽工程联合检验制、分项分部工程质量评定制、基础工程、主体工程、中间交工及竣工核验制。对不合格品进行控制，对出现的不合格品按"三不放过"的原则实施纠正，在收到质检人员发出的《不合格项（品）整改通知单》后，应按照《不合格项（品）纠正预防措施》的要求，制定纠正或预防措施，实施整改，并重新验证纠正后的质量。

5. 计量、试验和测量

对施工过程中计量进行控制，与质量有关的检验、测量和试验设备必须是经计量检定合格的产品，并能满足所需要的精度。使用期间要经常进行校准，做好标识。测量放线要精心操作，严格控制轴线位置、标高。严格按配合比对拌和材料认真计量，制止不计量的行为。

六、安全生产管理措施

在整个施工过程中，必须严格遵守各项安全生产规章制度及各项安全管理条例，定期进行操作人员的安全教育，以提高操作人员的安全意识，熟悉身边的安全隐患及必要的防范措施，做到安全无事故，确保整个构件装配顺利进行。

1. 组织机构

工程项目要成立以项目经理为第一责任人，由分管领导、技术负责人、安全员、机械员、材料员、施工队长等成立组成的安全生产领导小组。

2. 安全生产责任制

分部制定项目经理、项目土建、吊装工程师、项目安环工程师、施工班组长（技术员）、班组安全员、操作工人对应的安全生产责任条款。

3. 主要安全技术保障措施

重点是防止起重机事故措施、防止高处坠落措施和防止触电措施。

七、材料、构件管理措施

装配式混凝土结构工程施工现场材料、预制构件管理是为顺利完成项目施工任务，从施工准备到项目竣工交付为止，所进行的施工材料和构件计划、采购运输、库存保管、使用、回收等所有的相关管理工作。

（1）根据现场施工所需的数量、构件型号，提前通知供货厂家按照提供的构件生产和进场计划组织好运输车辆，有序地运送到现场。

（2）装配式混凝土结构工程施工采用的灌浆料、套筒等材料的规格、品种、型号和质量必须满足设计和有关规范、标准的要求，坐浆料和灌浆料应提前进场取样送检，避免影响后续施工。

（3）预制构件的尺寸、外观、钢筋等，必须满足设计和有关规范、标准的要求。

（4）外墙装饰类构件、材料应符合现行国家规范和设计的要求，同时应符合经业主批准的材料样板的要求，并应根据材料的特性、使用部位来进行选择。

（5）建立管理台账，进行材料收、发、储、运等环节的技术管理，对预制构件进行分类有序堆放。此外同类预制构件应采取编码使用管理，防止装配过程中出现位置错装问题。

八、施工进度计划编制

1. 施工进度计划的编制原则

施工进度计划的编制要从实际出发，注意施工的连续性和均衡性；按合同规定的工期要求，做到好中求快，提高竣工率，讲求综合经济效果。

施工进度计划的编制可按流水作业原理的网络计划方法进行的。流水作业是在分工协作和大批量生产的基础上形成的一种科学的生产组织方法。这样既保证了各施工队组工作的连续性，又使后一道工序能提前插入施工，充分利用了空间，争取了时间，缩短了工期，使施工能快速而稳定地进行。利用网络计划方法编制施工进度计划则可将整个施工进程联系起来，形成一个有机的整体，反映出各项工作（工程或工序）的工艺联系和组织联系，能为管理人员提供各种有用的管理信息。

2. 施工进度计划的编制步骤

（1）划分施工过程（见图 8-31）。

（2）计算工作量。

（3）确定劳动量和机械台班数量。

（4）确定各施工过程的持续施工时间（天或周）（见图 8-32）。

（5）编制施工进度计划的初始方案。

（6）检查和调整施工进度计划初始方案。

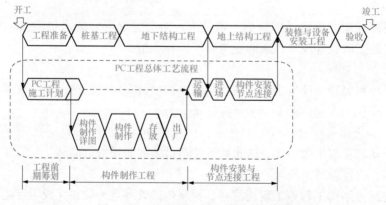

图 8-31　某装配式建筑工程施工过程

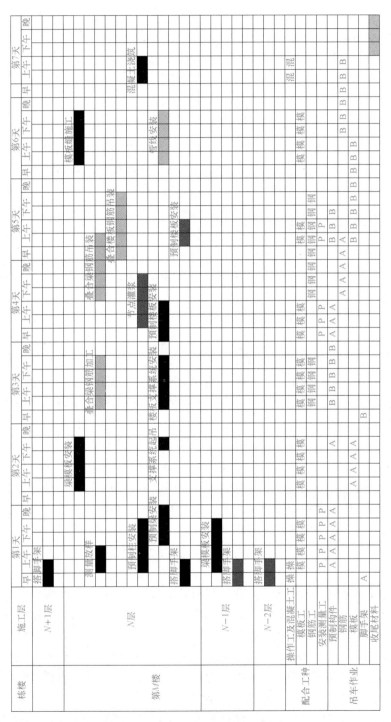

图 8-32　某装配式建筑工程标准层施工进度安排

第九章　装配式混凝土结构工程施工安全管理

第一节　安全生产管理概述

安全生产关系人民群众的生命财产安全，关系国家改革发展和社会稳定大局。我国装配式建筑行业目前正处于高速发展阶段，装配式混凝土结构的应用以全新的技术水平，呈现出上升发展的趋势。但目前装配式建筑在施工过程中还存在管理不完善，施工现场控制力度不够，工序之间存在重复工作等多种问题，严重影响到了建筑物的稳定性和安全性，不利于我国装配式建筑的发展。因此，装配式建筑的迅速发展迫切要求有相应的安全规程来指导现场安全施工。同时装配式混凝土结构工程施工安全生产必须遵守国家、部门和地方的相关法律、法规和规章及相关规范、规程中有关安全生产的具体要求，对施工安全生产进行科学管理，认真落实各级各类人员的安全生产责任制。

一、装配式混凝土结构工程施工安全生产管理

（一）装配式混凝土结构工程施工安全管理基本规定

（1）装配式混凝土结构工程开工以前，应进行图纸会审。施工前必须编制装配式混凝土结构工程施工组织设计，包括施工总体部署、施工场地布置、深化设计、构件制作和运输、构件存放和吊装、构件安装、辅助分项工程施工工艺要求、季节性施工以及应急预案等方面内容。施工现场公示的总平面布置图中，需明确大型起重吊装设备、构件堆场、运输通道的布置情况。

（2）装配式混凝土结构工程施工需根据相关规定对涉及的项目编制安全专项施工方案。对于采取新材料、新设备、新工艺的装配式建筑专用的施工操作平台、高处临边作业的防护设施等，相关单位的设计文件中应提出保障施工作业人员安全和预防生产安全事故的安全技术措施，且其专项方案应按规定通过专家论证。

（3）施工单位应根据装配式结构工程的管理和施工技术特点，对管理人员和作业人员进行专项培训和交底。

（4）装配式混凝土结构工程需进行专业吊装和安装深化设计，包括临时支撑点、吊装点及附着加固点等，预制构件的专业深化设计应满足预制构件制作、吊装、运输及安装的安全要求，并经设计单位认可后方可实施。

（5）装配式预制混凝土构件运输及吊装须满足施工现场总包施工单位的安全管理要求。

（6）装配式混凝土结构工程施工应根据工程结构特点和施工要求，合理选择配置大型机械和防护架体，大型机械应根据相关规定进行备案。

（7）预制构件、安装用材料及配件等应按现行国家相关标准的规定进行进场验收，未经检验或不合格产品不得使用。施工单位应根据施工现场构件堆场设置、设备设施安装使用、因吊装造成非连续施工等特点，编制安全生产文明施工措施方案，并严格执行。

（8）装配式预制混凝土构件施工的塔式起重机司机、信号工等特种作业人员需经过专业培训并持证上岗，预制构件安装工人及灌浆工人进行专项培训后方可上岗。总包单位须在进场前对以上人员进行安全教育。

（9）施工作业人员按照规定配备安全防护用品，施工现场设置安全防护设施。

（10）现场施工作业临时用电需符合《施工现场临时用电安全技术规范》（JGJ 46—2005）要求。

（11）施工现场须建立健全消防管理制度，配备足够消防器材，灭火器的配置需符合《建筑灭火器配置设计规范》（GB 50140—2005）要求。

（12）施工现场需采取有效的环保措施，严格控制粉尘、噪声、废水、污水等污染源，减少对环境的污染。施工现场的垃圾需分类存放，及时清理。

（二）装配式混凝土结构工程施工质量安全管理基本要求

装配式混凝土建筑的预制混凝土构件现场安装应符合现行国家标准《装配式混凝土结构技术规程》（JGJ 1—2014）、《混凝土结构工程施工质量验收规范》（GB 50204—2015）及相关标准规范的要求。确保配式混凝土建筑预制混凝土构件的安装质量。

（1）施工单位要加强预制混凝土构件进场验收。要对预制混凝土构件的外观、尺寸偏差以及钢筋灌浆套筒的预留位置、套筒内杂质、注浆孔通透性等进行检验，同时应核查并留存预制构件出厂合格证、出厂检验用同条件养护试块强度检验报告、灌浆套筒型式检验报告、连接接头现场检验报告、拉接件抗拔性能检验报告、预制构件性能检验报告等技术资料，未经检验或检验不合格的不得使用。

（2）施工单位应加强模板工程质量控制。要编制有针对性的模板支撑方案，并对模板及其支架进行承载力、刚度和稳定性计算，保证其安全性。同时应将模板支撑方案报设计单位进行确认。

（3）预制混凝土构件安装尺寸的允许偏差，应符合设计和规范要求，吊装过程中严禁擅自对预制构件预留钢筋进行弯折、切断。预留钢筋与现场绑扎钢筋的相对位置应符合设计和规范要求。

（4）应加强预制混凝土构件钢筋灌浆套筒连接接头质量控制。注浆作业应制订专项施工方案，对注浆作业实行视频影像管理，影像资料必须齐全、完整，由建设单位、施工单位及监理单位各自存档。监理单位以旁站形式加强对注浆作业的监督检查，确保注浆作业质量。

（5）预制构件进场卸车时，应对车轮采取固定措施，并按照装卸顺序进行卸车，确保车辆平衡，避免由于卸车顺序不合理导致车辆倾覆。预制构件卸车后，应按照次序进行存放，存放架应设置临时固定措施，避免存放架失稳造成构件倾覆。

（6）施工中应加强上层预制外墙板与下层现浇构件接缝、预制外墙板拼缝处、预制外墙板和现浇墙体相交处等细部防水和保温的质量控制。接缝连接方式应符合设计要求。使用防水材料和保温材料应按相关验收规范的要求进行进场复试。各专项施工方案中应包括各细部施工工艺，并严格按照设计文件和施工方案进行施工，保证使用功能。

（7）装配式混凝土建筑工程采用的国家规范、标准之外的无外围护专用安全防护脚手架和塔式起重机、施工升降机的附着装置及其他超过一定规模的危险性较大分部分项工程应制订专项施工方案，专项施工方案需经专家论证，施工单位技术负责人、总监理工程师签批后，报项目所在地建设行政主管部门备案，经建设行政主管部门对主要程序复核无误后，方可施工。

（8）吊装、运输工况下使用的自制、改制、修复和购置的非标吊架、吊索、卡具和撑杆，应按国家现行相关标准有关规定进行设计验算或试验检验，经总监理工程师审批后投入使用。

（9）施工单位主要负责人依法对本单位安全生产工作全面负责，项目负责人对施工项目安全生产具体负责，施工单位的主要负责人、项目负责人、专职安全生产管理人员（以下简称"三类人员"）应经施工安全生产培训，并经考核合格后方可任职。

（10）实行施工总承包的建筑工程，其安全生产由总承包单位负责；建设单位依法单独发包的专项工程，其安全生产由专项工程的承包单位负责。总承包单位依法将建筑工程分包给其他单位的，应在分包合同中明确各自安全生产管理范围和相应的安全责任；总承包单位对分包单位的安全生产承担连带责任。

（11）施工单位应建立健全安全生产保证体系，制定、完善安全生产规章制度和操作规程，设置安全生产管理机构，落实安全生产管理经费。

（12）施工单位应按规定加强对工程项目的定期和专项安全检查，对存在的安全隐患及时进行整改；对排查出的重大安全隐患，施工单位安全负责人应现场监督隐患整改，直至隐患消除。施工单位应编制安全生产事故应急救援预案，建立应急救援组织或配备应急救援人员，配备必要的应急救援器材、设备，并定期组织演练。

（13）施工单位根据《建筑工程安全生产管理条例》、《建筑施工安全检查标准》（JGJ 59—2011），以及各地相关建筑施工安全标准化管理规定，做好施工现场的安全生产、文明施工工作，实现安全文明标准化。

（14）施工单位应对预制构件的现场装配等环节分别制订专项技术方案，建立健全质量管理体系，做好构配件施工阶段的质量控制和检查验收，形成和保留完整的质量控制资料。

二、装配式混凝土结构工程施工现场安全监督实施要点

装配式结构现场施工除了要遵循国家相关结构工程施工的安全监督要求外，还应针对装配式结构的工程特点，突出对吊装施工的安全监管，并根据每个施工阶段的情况，重点监督以下几个方面的内容。

（一）工程施工准备阶段应重点核查内容

（1）专项施工方案编制审批及专家论证情况、安全监理方案编制审批情况。

1）施工单位专项施工方案审批（包括起重机械设备安装；预制构件吊装、预制构件临时就位固定、现浇结构临时支撑系统；采取新材料新设备新工艺的装配式结构专用的施工操作平台、高处邻边作业的防护设施等专项施工方案和安全技术措施；临时用电施工组织设计等）及按规定进行专家论证情况。

2）监理单位编制安全监理实施细则、监理旁站方案的情况。

（2）起重机械设备租赁、安装单位资质、设备进场验收、维修保养情况。

（3）特种作业人员（包括安装、起重机械设备司机、司索、指挥等）教育培训、资格证件及安全技术交底情况。

1）吊装用结构起重机械设备司机、信号司索工需持建设主管部门颁发的有效证件。

2）安装作业人员须是经过专业培训的专业工人，应持有效证件。

3）施工单位项目技术负责人应当组织相关专业作业人员进行安全技术交底，并履行相

关签字手续。预制构件生产单位、设计单位和监理部应当参加，监督交底过程，解答疑难问题，给予技术支持。

（二）工程施工阶段应重点核查内容

1. 现场施工作业执行方案情况

根据专项施工方案，核查施工现场作业执行方案情况。

2. 预制构件管理存放情况

（1）应核查进场的预制构件的完整出厂质量证明文件和标识情况，其中应明确标识吊点数量及位置、临时支撑系统预埋件数量及位置、混凝土强度及吊点连接件材质、吊点隐蔽记录情况。对标识不清，质量证明文件不完整的构件，特别是有存在影响吊装安全的质量问题，不得进场使用。

（2）预制构件应设置专用堆场，并满足总平面布置要求。预制构件堆场的选址应综合考虑垂直运输设备起吊半径、施工便道布置及卸货车辆停靠位置等因素，便于运输和吊装，避免交叉作业。

（3）堆场应硬化平整、整洁无污染、排水良好。构件堆放区应设置隔离围栏，按品种、规格、吊装顺序分别设置堆垛，其他结构材料、设备不得混合堆放，防止搬运时相互影响造成伤害。

（4）应根据预制构件的类型选择合适的堆放方式及规定堆放层数，同时构件之间应设置可靠的垫块；若使用货架堆置，货架应进行力学计算满足承载力要求。

（5）核查预制构件进场，施工单位自检，监理单位验收并形成验收记录的情况。

3. 现场吊装起重机械设备安装、附着情况

塔式起重机的使用应符合国家现行标准《塔式起重机安全规程》（GB 5144—2006）、《建筑施工塔式起重机安装、使用、拆卸安全技术规程》（JGJ 196—2010）及《建筑机械使用安全技术规程》（JGJ 33—2012）中的相关规定。汽车式起重机应符合国家现行标准《建筑施工起重吊装工程安全技术规范》（JGJ 276—2012）中的相关规定。施工升降机的使用应符合国家现行标准《施工升降机安全规程》（GB 10055—2007）、《建筑施工升降机安装、使用、拆卸安全技术规程》（JGJ 215—2010）。物料提升机的使用应符合国家现行标准《龙门架及井架物料提升机安全技术规范》（JGJ 88—2010）。起重机械设备基础搁置在结构上和附着应经过结构设计单位书面复核确认。

4. 安全防护围挡情况

（1）采用扣件式钢管脚手架、门式脚手架、附着式升降脚手架等有标准规范的脚手架应符合现行规范标准。

（2）采取新材料新设备新工艺的装配式结构专用的施工操作平台应符合方案要求，并经施工、监理联合验收通过并挂牌方可投入使用。

（3）无防护脚手架和操作平台，高处临边防护应采用定型化工具式临边防护，且须在牢固固定的结构上。

5. 作业人员持证上岗、安全防护用品佩戴情况

（1）施工单位管理人员应在吊装前自检管理人员到岗情况，作业人员持证上岗情况。

（2）现场监理旁站应重点巡视包括施工单位吊装前的准备工作、吊装过程中的管理人员到岗情况、作业人员的持证上岗情况、吊装监管人员到岗履职情况、临边作业的防护措施及

相关辅助设施方案的实施情况等。

（3）作业人员在现场高空作业时必须佩戴安全帽、系好安全带。

6. 物体坠落半径隔离防护情况

施工单位和现场监理应核查吊装前至结构的临时支撑能保证所安装构件处于安全状态，连接接头达到设计工作状态，并确认结构形成稳定结构体系前，构件坠落半径内地面安全隔离防护情况。在吊装作业时，严禁吊装区域下方交叉作业，非吊装作业人员应撤离吊装区域。

7. 预制构件吊装手续报批情况

吊装前，应实施吊装令制度，施工单位应向监理上报吊装申请手续，具备吊装安全生产条件后，监理方可同意并签署吊装令。

8. 预制构件吊装、吊具、吊点数量、完整性及强度情况

（1）吊装作业必须符合《建筑施工起重吊装工程安全技术规范》（JGJ 276—2012）规范要求。吊装前必须再次核对构件吊点、吊装吊具安全情况。

（2）起吊大型构件或薄壁构件前，应采取避免构件变形或损伤的临时加固措施。

（3）每班开始作业时，应先试吊，确认吊装起重机械设备、吊点、吊具可靠后，方可进行作业。

9. 临时就位固定、临时支撑体系情况，固定和支撑材料进场验收和检验情况

构件安装就位后应及时校准，校准后须及时安装临时固定支撑连接件，防止变形和位移。临时固定支撑连接件应符合方案要求。临时固定支撑连接件进场施工和监理单位应履行进场验收手续。

10. 各阶段各部位安全验收情况（包括首件、首吊、首层、随机抽查）

首次吊装前施工单位必须办理和通过危险性较大的分部分项工程开工安全生产条件审查；吊装临时就位完毕，临时支撑搭设完毕，浇筑混凝土前，经施工单位和监理单位自检验收后，应通知安全监督机构，安全监督机构应根据监督规范化的要求进行随机监督抽查。

第二节　装配式构件运输安全管理

预制构件运输中，由于运输车辆通常具有超长、超重、到场数量多的特点，且载重量也比较大，为确保预制构件运输的安全和快捷，满足了现场拼装进度的要求。除运输车自身保持车况良好外，必须确保预制构件运输车运输过程中的装载安全、行驶安全和卸车时的安全。

一、预制构件运输基本要求

（1）生产企业应制订预制构件安全运输专项方案，其内容应包括运输时间、次序、运输线路、固定要求及成品保护等措施。

（2）预制构件装车前，应对吊装用预埋件的外观质量和留置数量进行逐件检查。预埋螺母内径尺寸和丝扣长度应满足设计要求；预埋吊环表面应平滑、无裂纹。

（3）预制构件装车时应轻起轻落、左右对称放置，保持车上荷载分布均匀；重量大的构件应放在运输车辆前端中间部位，重量小的构件放在运输车辆的两侧；构件放置宜降低重心，使运输车辆平稳，行驶安全。

（4）预制构件在运输过程中应做好安全防护，并应符合下列规定：

1）应根据预制构件种类采取可靠的固定措施，避免装卸车、运输过程中时发生车辆倾覆、预制构件变形和移位。

2）超高、超宽、形状特殊的大型预制构件的运输和存放应制定专门的安全保证措施；道路运输须经属地交通管理部门认可。

3）应根据构件特点采用不同的运输方式，托架、靠放架、插放架应进行专门设计，进行承载力和变形验算。

外墙板宜采用立式运输，外饰面层应朝外，梁、板、楼梯、阳台等构件宜采用水平运输。

采用靠放架立式运输时，构件应对称靠放，每侧不大于2层，构件层间上部采用木垫块隔离。靠放架立式运输如图9-1所示。

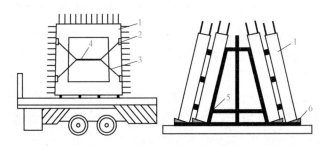

图9-1 预制墙板靠放架立式运输示意图

1—预制构件；2—橡胶垫块；3—钢丝绳；4—伸缩节；5—专用插架；6—木方

采用插放架直立运输时，应采取防止构件倾倒措施，构件之间应设置隔离垫块。插放架直立运输如图9-2所示。

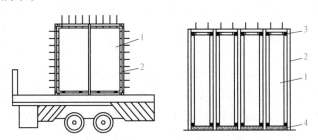

图9-2 预制墙板插放架直立运输示意图

1—预制构件；2—专用插架；3—限位器；4—木方

运输车辆应满足构件尺寸和载重要求；运输线路应根据道路、桥梁的实际条件确定。

（5）场（厂）内运输宜设置循环道路；运输道路应有足够宽的路面和坚实的路基；弯道的最小半径应满足运输车辆的拐弯半径要求。

二、预制构件运输安全管理

（一）半挂车与牵引车的连接与行驶

1. 半挂车和牵引车的连接操作

为保证构件的运输安全，避免出现不良情况，半挂车与牵引车的连接应按以下步骤进行，见表9-1。

表 9 - 1   检查项目及处理意见

检查项目	现象	处理意见
牵引车与半挂车高度的匹配	牵引座中心高半挂车牵引高=50—100mm	如不满足此条件，则不能很好匹配
牵引车与半挂车高度的转弯干涉	转弯时半挂车前端与牵引车驾驶室相接触或牵引车后端与半挂车相接触	必须更换另一台牵引车来索引半挂车
牵引车的牵引座	（1）有无砂土、石块和其他异物	如有则清除
	（2）牵引座上是否有润滑物	加足润滑脂
	（3）牵引座的连接固定	如螺栓松动须拧紧或更换
半挂车上牵引销和座板	（1）有无砂土或其他异物	如有则清除
	（2）牵引销	如发现磨损严重则需更换

为了使牵引销与牵引座顺利连接，应先用垫木将半挂车车轮挡住。操作支腿，使半挂车牵引销座板比牵引车的牵引座中心位置低 10~30mm。否则有时不仅不能连接，还会损坏牵引座、牵引销及有关零件。

拉开牵引车上牵引座的解锁拉杆，张开牵引锁止机构。向后倒牵引车，使半挂车牵引销经牵引座 V 形开口导入锁止机构开口并推动锁止块转动、锁紧牵引销（听见"咔哒"声，看见解锁拉杆退回）。

牵引车倒退时，牵引车与半挂车中心线要力求一致，一般两中心线偏移限于 40mm 以下，两中心线夹角满载时限于 5°以内，空车时限于 7°以内。

连接气路，将牵引车和半挂车的供气管路接头、控制管路接头各自对接（红红对接，黄黄对接），打开牵引车上的半挂车气路连接分离开关。连接电路，将牵引车的电线连接插头插入半挂车的电线连接插座上，同时将 ABS 连线接上。正确操作升降支腿使之缩回，然后拉下摇把并挂在挂钩上，搬开车轮下的垫木。

2. 半挂车和牵引车的行驶操作

（1）起步前的检查。牵引车与半挂车的轮胎气压是否为规定值。启动发动机，观察驾驶室内的气压表，直到气压上升到 0.6MPa 以上。推入牵引车的手刹，可听到明显急促的放气声，看见制动气室推杆缩回，解除驻车制动。检查气路有无漏气，制动系统是否正常工作。检查电路各灯具是否正常工作，各电线接头是否结合良好。

（2）起步。一切检查确定正常后，继续使制动系统气压（表压）上升到 0.7~0.8MPa，然后按牵引车的操作要求平稳起步，并检查整车的制动效果以确保制动可靠。

（3）行驶。经过上述操作后便可正常行驶，行驶时与一般汽车相同，但要注意以下几点。

1）防止长时间使用半挂车的制动系统，以避免制动系统气压太低而使紧急制动阀自动制动车轮。出现刹车自动抱死情况。

2）长坡或急坡时，要防止制动鼓过热，应尽量使用牵引车发动机制动装置制动。

3）行驶时车速不得超过最高车速。

4）应注意道路上的限高标志，以避免与道路上的装置相撞。

5）由于预制板重心较高，转弯时必须严格控制车速，不得大于 10km/h。

（4）分离半挂车。应尽量选择在平坦、坚实的地面上分离半挂车和牵引车。如在地基较软或夏天在沥青路面上分离时，应在升降支腿底座下面垫一块厚木板，以防止因负重下沉而出现无法重新连接等情况。拉出牵引车的手刹，使制动器安全制动。关闭牵引车上的半挂车气路连接分离开关，然后从半挂车上卸下牵引车气接头。从半挂车电线连接插座上拔下插头，同时将 ABS 连线拔下。操作升降支腿，使升降支腿底座着地，然后换低速挡，将半挂车抬起一些间隙，以便退出牵引车。拉出牵引座解锁拉杆，使锁止块张开。缓慢向前开出牵引车，使牵引销与牵引座脱离，以分离半挂车和牵引车。分离后检查半挂车各部分有无异常，拧开储气筒下部的放水阀排出筒内积水。

（5）装载预制件。将车辆停于平整硬化地面上。检查车辆使车辆处于驻车制动状态。用钥匙将液压单元开关打开。半挂车卸预制板前，操作液压压紧装置控制按钮盒中对应控制按键，将压紧装置全部松开收起，打开固定支架后门（见图 9-3～图 9-5）。采用行吊或随车吊等吊装工具，将吊装工具与预制件连接牢靠，将预制件直立吊起，起升高度要严格控制，预制件底端距车架承载面或地面小于 100mm，吊装行走时立面在前，操作人员站于预制件后端，两侧面与前面禁止站人。为防止工件磕碰损伤，轻轻地将预制件置于地面专用固定装置内，并固定牢靠。然后，进行下一次操作。完毕后将后门关闭，将液压单元开关关闭并将钥匙取下。卸载鹅颈上方预制件时，在确保箱内货物固定牢靠的情况下打开栏板，打开栏板时人员不得站立于栏板正面，防止被滚落物体砸伤。卸载完成后将栏板关闭并锁止可靠。

图 9-3 控制按钮盒

图 9-4 将压紧装置全部松开收起

图 9-5 打开后门

（二）预制构件运输中注意事项

（1）大型预制构件运输时，时速应控制在 5km/h 以内；简支梁的运输，除横向加斜撑防倾覆外，平板车上的搁置点必须设有转盘。

（2）运输超高、超宽、超长构件时，必须向有关部门申报，经批准后，在指定路线上行驶。牵引车上应悬挂安全标志，超高的部件应有专人照看，并配备适当器具，保证在有障碍物情况下安全通过。

（3）运输构件时，除一名驾驶员主驾外，还应指派一名助手协助瞭望，及时反映安全情况和处理安全事宜，平板拖车上不得坐人。

（4）重车下坡应缓慢行驶，并应避免紧急刹车。驶至转变或险要地段时，应降低车速，同时注意两则行人和障碍物。

（5）在雨、雪、雾天通过陡坡时，必须提前采取有效措施。

（6）装卸车应选择平坦、坚实的路面为装卸点。装卸车时，机车、平板车均应刹闸。

（7）重车停过夜时，应用木块将平车的底盘均衡垫实。

三、预制构件装载时的注意事项

（1）运输人员应主动和指挥人员沟通，确认装车构件重量及构件在车辆的位置摆放方案。对容易造成车辆运输安全（失重、超重、超高、超宽、超长）的构件放置方案应及时与计划和现场指挥协商。

（2）运输人员应根据所装载构件的特殊性，设置安全时速，合理规划行车路线。

（3）对于厂区堆场吊装及工地现场吊装出现的安全隐患应向相关人员及时通报并有效制止。

（4）尽可能在坚硬、平坦道路上装载。

（5）装载位置尽量靠近半挂车中心，左右两边余留空隙基本一致。

（6）在确保渡板后端无人的情况下，放下和收起渡板。

（7）吊装工具与预制件连接必须牢靠，较大预制件必须直立吊起和存放。

（8）预制件起升高度要严格控制，预制件底端距车架承载面或地面小于100mm。

（9）吊装行走时立面在前，操作人员站于预制件后端，两侧与前面禁止站人。

四、预制构件卸车时的注意事项

建筑产业化施工过程中，在工厂预先制作的混凝土构件，根据运输与堆放方案，提前做好堆放场地、固定要求、堆放支垫及成品保护措施。对于大型构件的装卸应有专门的质量安全保证措施，所以有必要掌握构件装卸的操作安全要点。

1. 卸车准备

构件卸车前，应预先布置好临时码放场地，构件临时码放场地需要合理布置在吊装机械可覆盖范围内，避免二次吊装。管理人员分派装卸任务时，要向工人交代构件的名称、大小、形状、质量、使用吊具及安全注意事项。安全员应根据装卸作业特点对操作人员进行安全教育。装卸作业开始前，需要检查装卸地点和道路，清除障碍。

2. 卸车

装卸作业时，应按照规定的装卸顺序进行，确保车辆平衡，避免由于卸车顺序不合理导致车辆倾覆，应采取保证车体平衡的措施。装卸过程中，构件移动时，操作人员要站在构件的侧面或后面，以防物体倾倒。参与装卸的操作人员要佩戴必要安全劳保用品。装卸时，汽车未停稳，不得抢上抢下。开关汽车栏板时，在确保附近无其他人员后，必须两人进行。汽车未进入装卸地点时，不得打开汽车栏板，在打开汽车栏板后，严禁汽车再行移动。卸车时，要保证构件质量前后均衡，并采取有效的防止构件损坏的措施。卸车时，务必从上至下，依次卸货，不得在构件下部抽卸，以防车体或其他构件失衡。

3. 堆放

预制构件堆放场地应平整、坚实、无积水；卸车后，预埋吊件应朝上，标识应朝向堆垛间的通道；构件应根据制作、吊装平面规划位置，按类型、编号、吊装顺序、方向依次配套堆放；构件应按设计支承位置堆放平稳，底部应设置垫木。对不规则的柱、梁、板应专门分析确定支承和加垫方法；构件支垫应坚实，垫块在构件下的位置宜与脱模吊装时的起吊位置一致；重叠堆放构件时，每层构件间的垫块应上下对齐，堆垛层数应根据构件、垫块的承载力确定，剪力墙、屋架、薄腹梁等重心较高的构件，应直立放置，除设支承垫木外，应于其两侧设置支撑使其稳定。支撑不得少于 2 道，并应根据需要采取防止堆垛倾覆的措施；柱、梁、楼板、楼梯应重叠堆放，重叠堆放的构件应采用垫木隔开，上、下垫木应在同一垂线上，其堆放高度应遵守构件堆放相关规定

第三节　装配式构件吊装安全管理

一、吊装前期准备工作内容

预制构件的吊装过程主要有准备吊具，连接吊点、安全连接确认检查、吊升、下落、对位、入位、校正位置、堆场人员固定，运输司机最终固定等工序。在构件吊装之前，必须切实做好各项准备工作，包括场地清理，准备车辆（车辆样式、吨位的确认——预制构件运输根据产品特点宜采用载重量较大的载重汽车和半托式或全托式的平板拖车）、料架（大、小料架的确认），构件运输发货单的核对确认，构件的确认（构件的混凝土强度，必须符合设计要求，构件型号、位置、支点、锚固符合设计要求，且无变形损坏现象）、车辆上构件堆放数量和堆放方式的确认（构件的支承位置和方法，应根据设计的吊、垫点设置，不应使构件损伤），车辆上所需固定器具的种类和数量的确认，吊装机具的准备（适合构件种类、重量的吊具）、工作人员就绪、吊装设备的状态确认等。

根据《建筑施工起重吊装工程安全技术规范》（JGJ 276—2012），施工单位应对从事预制构件吊装作业及相关人员进行安全培训与交底，明确预制构件、吊装、就位各环节的作业风险，并制定防止危险情况的措施。安装作业开始前，应对安装作业区做出明显的标识，划定危险区域，拉警戒线将吊装作业区封闭，并派专人看管，加强安全警戒，严禁与安装作业无关的人员进入吊装危险区。应定期对预制构件吊装作业所用的安装工器具进行检查，发现有可能存在的使用风险，应立即停止使用。吊机吊装区域内，非作业人员严禁进入。

二、吊装安全操作要求

（一）一般规定

（1）预制构件的吊点应符合设计规定。异型构件无设计规定时，应经计算确定，保证构件起吊平稳。

（2）预制构件应按照施工方案吊装顺序预先编号，吊装时严格按编号顺序起吊；预制构件吊装就位并校准定位后，应及时设置临时固定措施。

（3）预制构件起吊前应检查构件外观质量是否出现蜂窝、麻面、开裂等情况，吊环周围混凝土是否有蜂窝、孔洞、开裂等影响吊环受力的质量缺陷，如出现此问题，预制构件要及时退场，不得吊装使用。

（4）吊装作业前，应用醒目的标识和围护将作业区隔离，严禁无关人员进入作业区内。夜间不宜作业。当确需夜间作业时，应有足够的照明。作业前应清除吊装范围内的障碍物。

（5）起吊前，应对起重机钢丝绳及连接部位和吊索具进行检查。

（6）起吊时要先试吊，检查钢丝绳、吊钩的受力情况，使构件保持水平，然后吊至作业层上空。

（7）预制构件吊装应采用慢起、稳升、缓放的操作方式；起吊应依次逐级增加速度，不应越挡操作。

（8）预制构件吊装时，应系好牵引绳控制构件转动。

（9）预制构件起吊时吊索必须绑扎牢固，绳扣必须在吊钩内锁牢，严禁用板钩钩挂构件。

（10）严禁作业人员在吊起的构件上行走或站立，严禁在已吊起的构件下面或起重臂下旋转范围内作业或行走。起吊时应匀速，不得突然制动。回转时动作应平稳，不得做反向动作。

（11）对起吊物进行移动、吊升、停止、安装时的全过程应采用对讲机进行指挥，信号不明不得启动，上下联系应相互协调。

（12）预制构件在吊装过程中，应保持稳定，不得偏斜、摇摆和扭转。

（13）吊起的构件不得长时间悬挂在空中，应采取措施降落到安全位置。

（14）吊装时操作人员精力要集中并服从指挥号令，严禁违章作业。

（15）在吊装时，监理单位、总承包项目部、专业施工单位安全管理人员应旁站监督。

（16）大雨、雾、大雪及五级以上大风等恶劣天气应停止构件吊装作业。雨雪后进行构件吊装作业时，应及时清理冰雪并应采取防滑和防漏电措施，并重新检查安全防护设施和作业条件，先试吊，确认吊装设备制动器灵敏可靠后方可进行作业。

（17）对吊装中未形成空间稳定体系的部分，应采取有效的临时固定措施。确认构件稳定后，方可拆除临时固定措施。起重设备及其配合作业的相关机具设备在工作时，必须指定专人指挥。对混凝土构件进行移动、吊升、停止、安装时的全过程应用远程通信设备进行指挥，信号不明不得启动。重新作业前，应先试吊，并应确认各种安全装置灵敏可靠后进行作业。

（二）吊装设备及吊索具

1. 吊装设备应符合的规定

（1）专项施工方案中吊装设备选型，应综合考虑预制构件的重量、预制构件的吊装位置、施工过程中塔式起重机的吊次及周围环境等因素，进场组装调试时其安全性必须符合施工要求。

（2）根据图纸对塔式起重机锚固埋件进行提前定位、预埋，宜设置在现浇混凝土部位。塔式起重机基础应严格按照定位进行放线，待基础预埋件安装完毕后再次复核锚固埋件位置，若有偏差应及时沟通构件厂进行变更。

（3）塔式起重机的使用应符合国家现行标准《塔式起重机安全规程》（GB 5144—2006）、《建筑施工塔式起重机安装、使用、拆卸安全技术规程》（JGJ 196—2010）及《建筑机械使用安全技术规程》（JGJ 33—2012）、《建筑施工起重吊装工程安全技术规范》（JGJ 276—2012）中的相关规定。

2. 吊索具的使用应符合的规定

（1）施工中使用的吊索具应符合国家现行相关标准的有关规定。自制、改造、修复和新购置的吊索具，应按国家现行相关标准的有关规定进行设计验算或试验检验，并经验证合格后方可使用。

（2）应根据预制构件形状、尺寸及重量要求选择适宜的吊索具，在吊装过程中，吊索水平夹角不宜小于60°，且不应小于45°；尺寸较大或形状复杂的预制构件应选择设置分配梁或分配桁架的吊索具，并应保证吊车主钩位置、吊具及构件重心在竖直方向重合。

（3）宜采用模数化吊装梁，根据各种构件吊装时不同的起吊点位置，设置模数化吊点，确保预制构件在吊装时重心与模数化吊装梁重心保持垂直，避免偏心导致构件旋转问题。

（4）吊装梁使用时应注意：预制构件的吊装孔严格按照吊装梁使用说明进行用孔使用，严禁预制构件吊绳倾斜起吊。吊装时吊装梁孔使用应上下对齐，严禁孔位错开使用。

（5）预制构件用吊装配件的位置应能保证构件在吊装、运输过程中平稳受力。设置预埋件、吊环、吊装孔及各种内埋式预留吊索具时，应对构件在该处承受吊装作用的效应进行承载能力的复核验算，并采取相应的构造措施，避免吊点处混凝土局部破坏。

（6）专用内埋式螺母或内埋式吊杆及配套的吊索具，应根据相应的产品标准和应用技术规程选用，进入现场，使用前应进行复核检查，如有质量缺陷不得吊装、使用。预制楼梯在构件生产过程中留置内螺母，在构件吊装过程中为保证构件吊装方便，宜采用通用吊耳。

（7）起吊前检查吊索具，确保其保持正常工作性能。吊具螺栓出现裂纹、部分螺纹损坏时，应立即进行更换，确保吊装安全。

（8）应现场复核检查构件上的吊环，依据构件厂提供的相应制作证明材料进行核查，保证吊装安全。

（9）吊装作业开始后，应在定期的检查基础上，加强日常对预制构件吊装作业所用的工器具、吊索具的巡检，一经发现有使用风险，应立即停止使用。

（10）吊装作业中钢丝绳的使用、检验、破断拉力值和报废等应符合现行国家标准《重要用途钢丝绳》（GB 8918—2006）、《一般用途钢丝绳》（GB/T 20118—2017）、《起重机钢丝绳保养、维护、安装、检验和报废》（GB/T 5972—2016）、《建筑施工起重吊装工程安全技术规范》（JGJ 276—2012）中的相关规定。

（11）钢丝绳吊索应符合现行国家标准《一般用途钢丝绳吊索特性和技术条件》（GB/T 16762—2009）、插编索扣应符合现行国家标准《钢丝绳吊索插编索扣》（GB/T 16271—2009）中所规定的一般用途钢丝绳吊索特性和技术条件、《建筑施工起重吊装工程安全技术规范》（JGJ 276—2012）等的规定。

（12）吊索套环应符合现行国家标准《钢丝绳用普通套环》（GB/T 5974.1—2006）和《钢丝绳用重型套环》（GB/T 5974.2—2006）的规定。

（13）吊钩应有制造厂的合格证明书，表面应光滑，不得有裂纹、刻痕、剥裂、锐角等现象。吊钩每次使用前应检查一次，不合格者应停止使用。

（14）活动卡环使用前应进行复核检查；活动卡环在绑扎时，起吊后销子的尾部应朝下，吊索在受力后应压紧销子，其容许荷载应按出厂说明书采用。

（三）竖向构件吊装

（1）吊装墙板、预制柱时，应按照施工方案规定的安装顺序预先编号进行吊装。

（2）预制墙板在吊装过程中宜采用模数化吊装梁，吊装时构件的吊环应顺直。

（3）根据预制墙板的吊环位置采用合理的吊点，用卸扣将钢丝绳与墙板的预留吊环连接，起吊至距地 200～300mm 处略做停顿，检查起重机的稳定性、制动装置的可靠性和绑扎的牢固性等，检查构件外观质量及吊环连接无误后方可继续起吊。

（4）预制柱吊装，将钢丝绳卡扣与预制柱的预制吊环连接紧固，柱子上固定好牵引绳。其他要求与上述预制墙板要求一致。

（5）构件在操作面以外时，施工人员可采用牵引绳将构件牵引至操作面上方。吊装墙板在距作业层上方 600mm 处略做停顿。施工人员在保证安全操作前提下，可以手扶墙板，控制墙板下落方向。

（6）预制构件应在临时固定后方可脱钩。

（7）起吊竖向构件时，应在构件上固定牵引绳，并在构件的下端放置海绵胶垫，以预防构件起吊离地时边角被撞坏。在起吊过程中，构件不得与堆放架发生碰撞。

（8）起吊平放的竖向构件时，构件一端应进行固定。禁止起吊过程中构件拖行移动。

（四）水平构件吊装

（1）应根据叠合板、叠合梁尺寸选择合适的吊装方式。

（2）叠合板吊装，宜采用模数化吊装梁，要求吊装时每个吊点都均匀受力，起吊缓慢，保证叠合板平稳吊装。

（3）将钢丝绳卡扣与叠合板的预制吊环连接，确认连接紧固后，方可缓慢起吊。

（4）起重机缓慢将预制板吊起，待板的底边升至距地面 200～300mm 处略做停顿，再次检查吊挂是否牢固，板面有无破损，若有问题必须立即处理。确认无误后，继续提升使之缓慢靠近安装作业面。

（5）叠合板吊装过程中，在作业层上空 600mm 处略做停顿，根据叠合板位置调整叠合板方向进行定位、缓慢落吊。

（6）叠合板就位时叠合板要从上垂直向下安装，施工人员在保证安全操作前提下，手扶楼板调整方向，将板的边线与墙上的安放位置线对准，注意避免叠合板上的预留钢筋与墙体钢筋冲突，放下时要停稳慢放，严禁快速猛放，以避免冲击力过大造成板面震折裂缝。

（7）叠合梁吊装，将钢丝绳卡扣与叠合梁上的预制吊环连接紧固，叠合梁上固定好牵引绳。其他要求与上述叠合板要求一致。

（五）特殊构件吊装

1. 预制叠合阳台板吊装应符合的规定

（1）预制阳台板在吊装时应采用预留吊环的方式进行吊装。

（2）将钢丝绳卡扣与预制板上的预制吊环连接，确认连接紧固后，方可缓慢起吊。

（3）缓慢将预制叠合阳台板吊起，待板的底边升至距地面 200～300mm 处略做停顿，再次检查吊挂是否牢固。确认无误后，继续提升使之缓慢靠近安装作业面。

（4）在阳台板就位时，在阳台板离作业面 600mm 处略做停顿。施工人员在保证安全操作前提下，手扶阳台板调整方向，然后再缓慢落吊。

2. 预制飘窗吊装应符合的规定

（1）采用吊耳、螺栓及飘窗上的预留螺母进行连接吊装，以便钢丝绳吊具及倒链连接吊装。

（2）起吊前，检查吊耳，用卡环销紧，确认连接紧固后，方可缓慢起吊。

（3）在飘窗就位时，在飘窗离作业面 600mm 处略做停顿。施工人员在保证安全操作前提下，使用牵引绳牵引飘窗，缓慢下降飘窗。

3. 预制楼梯板吊装应符合的规定

（1）采用吊耳、螺栓及楼梯板预埋吊装内螺母进行连接吊装，以便钢丝绳吊具及倒链连接吊装。板起吊前，检查吊环，用卡环销紧。

（2）预制楼梯吊装前必须进行试吊，先吊起距地 200～300mm 处略做停顿，检查钢丝绳、吊钩的受力情况，使楼梯保持水平，然后吊至作业层上空。吊装时，应使踏步平面呈水平状态，便于安全就位。

（3）楼梯板就位时，要从上垂直向下安装，在作业层上空 600mm 处略做停顿。施工人员在保证安全操作前提下，将楼梯板的边线与梯梁上的安放位置线对准，放下时要停稳慢放，严禁快速猛放，以避免冲击力过大造成板面震折裂缝。

4. 其他异型构件吊装应符合的规定

（1）应严格按照异型构件的吊点设计进行吊装，过程中应保证构件平稳。

（2）异型构件吊装前必须进行试吊，先吊起距地 200～300mm 处略做停顿，检查钢丝绳、吊钩或吊环等的受力情况，确认连接紧固后，方可缓慢起吊。

（3）在异型构件就位时，在构件离作业面 600mm 处略做停顿，施工人员在保证安全操作前提下，采取使用牵引绳等安全措施牵引异型构件，然后再缓慢落吊。

三、起重吊装安全专项方案的编制

装配整体式混凝土结构的起重吊装作业是一项技术性强、危险性大、需要多工种互相配合、互相协调、精心组织、统一指挥的特种作业，为了科学的施工、优质高效的完成吊装任务，根据《建筑施工组织设计规范》（GB/T 50502—2009）、《危险性较大的分部分项工程安全管理办法》（建质〔2009〕87 号文），应编制起重吊装施工方案，保证起重吊装安全施工。

（一）起重吊装专项施工方案的内容

1. 编制说明及依据

编制说明包括被吊构件的工艺要求和作用，被吊构件的质量、重心、几何尺寸、施工要求、安装部位等。编制依据列出所依据的法律法规、规范性文件、技术标准、施工组织设计和起重吊装设备的使用说明等，采用电算软件的，应说明方案计算使用的软件名称、版本。

2. 工程概况

简单描述工程名称、位置、结构形式、层高、建筑面积、起重吊装位置、主要构件质量和形状、进度要求等。主要说明施工平面布置、施工要求和技术保证条件。

3. 施工部署

描述包括施工进度计划、吊装任务的内容，根据吊装能力分析吊装时间与设备计划，根据工程量和劳动定额编制劳动力计划，包括专职安全员生产管理人员、特种作业人员（司机、信号指挥、司索工）等。

4. 施工工艺

详细描述运输设备、吊装设备选型理由、吊装设备性能、吊具的选择、验算预制构件强度、清查构件、查看运输线路、运输、堆放和拼装、吊装顺序、起重机械开行路线、起吊、就位、临时固定、校正、最后固定等。

5. 安全保证措施

根据现场实际情况分析吊装过程中应注意的问题，描述安全保障措施。

6. 应急措施

描述吊装过程中可能遇到的紧急情况和应采取的应对措施。

7. 计算书及相关图纸

主要包括起重机的型号选择验算、预制构件的吊装吊点位置和强度裂缝宽度验算、吊具的验算校正和临时固定的稳定验算、地基承载力的验算、吊装的平面布置图、开行路线图、预制构件卸载顺序图等。

（二）吊具和吊点的设计

预制混凝土构件吊点提前设计好。根据预留吊点选择相应的吊具。在起吊构件时，为了使构件稳定，不出现摇摆、倾斜、转动、翻倒等现象，就应该选择合适的吊具。无论采用几点吊装，都要始终使吊钩和吊具的连接点的垂线通过被吊构件的重心，它直接关系到吊装结果和操作安全。

吊具的选择必须保证被吊构件不变形、不损坏。起吊后不转动、不倾斜、不翻倒。吊具的选择应根据被吊构件的结构、形状、体积、质量、预留吊点及吊装的要求，结合现场作业条件，确定合适的吊具。吊具选择必须保证吊索受力均匀。各承载吊索间的夹角一般不应大于60°，其合力作用点必须保证与被吊构件的重心在同一条铅垂线上，保证在吊运过程中吊钩与被吊构件的重心在同一条铅垂线上。在说明书中提供吊装图的构件，应按吊装图进行吊装。在异形构件装配时，可采用辅助吊点配合简易吊具调节物体所需位置的吊装法。当构件无设计吊钩（点）时，应通过计算确定绑扎点的位置。绑扎的方法应保证可靠和摘钩简便安全（见图9-6）。

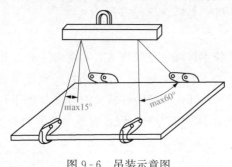

图9-6　吊装示意图

第四节　构件临时支撑体系安全管理

一、常见构件临时支撑体系形式

构件临时支撑体系一般分水平向预制构件临时支撑体系和竖向预制构件临时支撑体系（见图9-7～图9-12）。常见形式有斜支撑、独立支撑、内支撑架（见图9-8～图9-10）。装配式结构中预制柱、预制剪力墙临时固定一般用可调斜支撑；叠合梁、叠合楼板多采用独立钢支柱支撑或钢管脚手架支撑；阳台等水平构件也可采用内支撑架。

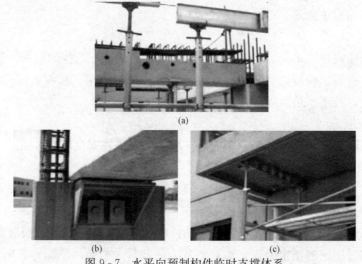

(a)

(b)　　　　　　　　　(c)

图9-7　水平向预制构件临时支撑体系

（a）独立支撑；（b）临时支座支撑；（c）内支撑架支撑

(a)　　　　　　　　　　　　　　　(b)

图 9-8　竖向预制构件临时支撑体系

(a) 预制柱用斜支撑；(b) 预制墙板用斜支撑

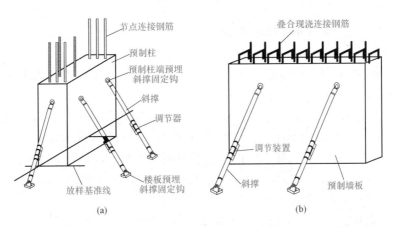

(a)　　　　　　　　　　　　　　(b)

图 9-9　斜支撑示意图

(a) 柱斜支撑；(b) 墙板斜支撑

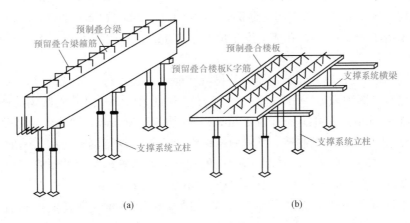

(a)　　　　　　　　　　　　　　(b)

图 9-10　独立支撑示意图

(a) 叠合梁支撑；(b) 叠合板支撑

图 9-11　内支撑架示意图

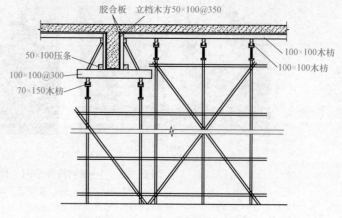

图 9-12　脚手架钢管支撑架

二、常见构件临时支撑体系标准要求

1. 独立钢支柱支撑体系

（1）独立钢支柱由套管和插管组成。套管由底座、钢管、调节螺管和调节螺母组成。独立钢支柱应符合下列要求：

1）插管规格宜为 $\phi48.3mm\times3.6mm$，套管规格宜为 $\phi60mm\times2.4mm$。插管、套管应符合国家现行标准《直缝电焊钢管》（GB/T 13793—2016）、《低压流体输送用焊接钢管》（GB/T 3091—2015）中的 Q235B 或 Q345 级普通钢管的要求，其材质性能应符合现行国家标准《碳素结构钢》（GB/T 700—2006）或《低合金高强度结构钢》（GB/T 1591—2008）的规定。

2）底座宜采用 Q235B 的钢板热冲压整体成型，其材质性能应符合现行国家标准《碳素结构钢》（GB/T 700—2006）的规定。底座尺寸宜为 150mm×l50mm，板材厚度不应小于 6mm。

3）调节螺管宜采用 $\phi60mm\times4mm$ 的钢管制作，应采用 Q235B 或 Q345 无缝钢管，其质量应符合现行国家标准《结构用无缝钢管》（GBAT 8162—2008）的规定。调节螺管的可调螺纹长度不应小于 210mm，孔槽宽度不应小于 16mm，长度宜为 130mm，槽孔应上下对称布置。

4）插销应采用镀锌热轧光圆钢筋，其材料性能应符合现行国家规范《钢筋混凝土用钢第 1 部分：热轧光圆钢筋》（GB 1499.1—2008）中的 HPB300 热轧光圆钢筋的相关规定。插销直径宜为 $\phi14mm$。销孔直径宜为 $\phi16mm$，间距宜为 125mm，销孔应对称设置。

5）调节螺母应采用铸钢制造，其材料机械性能应符合现行国家标准《一般工程用铸造碳钢件》（GB 11352—2009）中 ZG270—500 的规定。调节螺母与可调螺管啮合长度不得少于 6 扣，调节螺母高度应不小于 40mm，厚度应不小于 10mm。

（2）水平杆宜采用普通焊接钢管，应符合国家现行标准《直缝电焊钢管》（GB/T 13793—2016）的要求。

（3）三脚架宜采用普通焊接钢管制作，钢管应符合国家现行标准《直缝电焊钢管》（GB/T 13793—2016）的要求。

2. 斜支撑体系

斜支撑由斜支柱、可调螺杆杆和手柄组成，应符合下列要求。

（1）斜支柱规格宜为 $\phi48.3mm\times3.0mm$，应符合国家现行标准《直缝电焊钢管》（GB/T 13793—2016）、《低压流体输送用焊接钢管》（GB/T 3091—2015）中的 Q235B 或 Q345 级普通钢管的要求，其材质性能应符合现行国家标准《碳素结构钢》（GB/T 700—2006）或《低合金高强度结构钢》（GB/T 1591—2008）的规定。

（2）可调螺杆应符合现行国家标准《碳素结构钢》（GB/T 700—2006）的规定。

（3）手柄应采用镀锌热轧光圆钢筋，其材料性能应符合现行国家规范《钢筋混凝土用钢　第 1 部分：热轧光圆钢筋》（GB 1499.1—2008）中的 HPB300 热轧光圆钢筋的相关规定。手柄直径不应小于 $\phi14mm$。

三、常见构件临时支撑体系使用及注意事项

1. 预制柱、预制剪力墙临时支撑

（1）安装预制墙板、预制柱等竖向构件时。应采用可调斜支撑临时固定（见图 9-13）；斜支撑的位置应避免与模板支架、相邻支撑冲突。

（2）夹芯保温外剪力墙板竖缝采用后浇混凝土连接时，宜采用工具式定型模板支撑，并应符合下列规定。

1）定型模板应通过螺栓或预留孔洞拉结的方式与预制构件可靠连接。

2）定型模板安装应避免遮挡预制墙板下部灌浆预留孔洞。

3）夹芯墙板的外叶板应采用螺栓拉结或夹板等加强固定。

图 9-13　可调斜支撑临时固定

4）墙板接缝部位及与定型模板连接处均应采取可靠的密封防漏浆措施。

（3）采用预制保温板作为免拆除外墙模板进行支模时，预制外墙模板的尺寸参数及与相邻外墙板之间拼缝宽度应符合设计要求。安装时与内侧模板或相邻构件应连接牢固并采取可靠的密封防漏浆措施。

（4）采用预制外墙模板时，应符合建筑与结构设计的要求，以保证预制外墙板符合外墙装饰要求并在使用过程中结构安全可靠。预制外墙模板与相邻预制构件安装定位后，为防止浇筑混凝土时漏浆，需要采取有效的密封措施。

2. 叠合楼板、叠合梁支撑

（1）叠合楼板施工应符合下列规定。

1）叠合楼板的预制底板安装时，可采用钢支柱及配套支撑，钢支柱及配套支撑应进行设计计算。

2）宜选用可调整标高的定型独立钢支柱作为支撑，钢支柱的顶面标高应符合设计要求。

3）应准确控制预制底板搁置面的标高。

4）浇筑叠合层混凝土时，预制底板上部应避免集中堆载。叠合楼板施工如图 9-14 所示。

图 9-14　叠合楼板支撑体系

（2）叠合梁施工应符合下列规定。

1）叠合梁下部的竖向支撑可采用钢支撑（见图 9-15），支撑位置与间距应根据施工验算确定。

2）叠合梁竖向支撑宜选用可调标高的定型独立钢支撑。

3）叠合梁的搁置长度及搁置面的标高应符合设计要求。

（3）叠合梁柱节点区域后浇筑混凝土部分采用定型模板支模时，宜采用螺栓与预制构件可靠连接固定，模板与预制构件之间应采取可靠的密封防漏浆措施。

3. 室内模板支撑架

室内模板内支撑是顶撑和加固模板用的。高度必须到梁底或板底，要求安全系数高，搭设相对室内脚手架要复杂些，用料也多些，多采用脚手架钢管支撑（图 9-16）。

图 9-15　叠合梁支撑体系

图 9-16　脚手架钢管支撑体系

（1）装配整体式混凝土结构的模板与支撑应根据施工过程中的各种情况进行设计，应具有足够的承载力、刚度，并应保证其整体稳固性。

（2）模板与支撑安装应保证工程结构构件各部分的形状、尺寸和位置的准确，模板安装应牢固、严密、不漏浆，且应便于钢筋敷设和混凝土浇筑、养护。

4. 预制飘窗安装支撑

（1）预制飘窗上部斜撑的支撑点宜位于窗顶部且不少于 2 个。预制飘窗底部的临时支撑采用可调承重托座的，托座应按受力均匀的原则布置且不少于 2 个。预制飘窗临时支撑示意图如图 9-17 所示。

（2）预制飘窗采用角钢埋件焊接方式与现浇外墙连接时，初步就位并在点焊临时固定后进行吊机脱钩，再满焊施工。

（3）预制飘窗底部支撑待完成上三层飘窗施工，且后浇混凝土达到100%设计强度要求后方可拆除。

5. 预制阳台板安装支撑

（1）预制阳台板安装前搭设支撑宜用可调独立钢支撑。

（2）预制阳台板安装完毕后，应及时搭设阳台边缘的安全防护，搭设高度不小于1.2m。

（3）预制阳台板应在后浇混凝土达到100%设计强度后，方可拆除临时支撑。预制阳台板临时支撑示意图如图9-18所示。

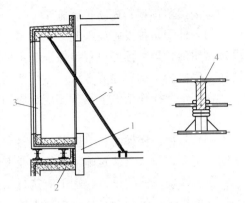

图9-17 预制飘窗临时支撑示意图

1—已施工竖向结构；2—已安装下层飘窗；3—预制飘窗；4—可调承重托座；5—上部可调斜支撑

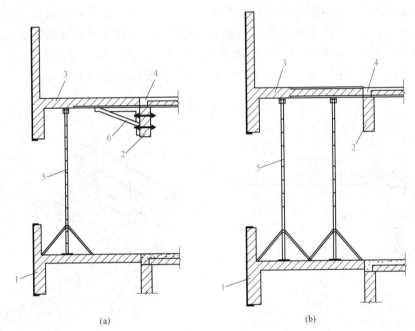

(a)

(b)

图9-18 预制阳台板临时支撑示意图

1—已施工的下层阳台；2—已施工的竖向结构；3—预制阳台板；4—阳台锚固钢筋；5—可调独立支撑；6—连接支架

第五节 高处作业安全管理

一、高处作业安全管理一般规定

（1）高处作业的安全技术措施应在施工方案中确定，并在施工前完成，最后经验收确认符合要求。

（2）装配式建筑工程外围防护应结合施工工艺专项设计，宜采用整体操作架、围挡式安全隔离、外挂式防护架。

（3）当建筑物周边搭设落地式或悬挑式脚手架时，应在构件深化设计时，细化附墙点或受力点的预留预埋；先防护后施工。

（4）外围防护设施应编制专项方案，包括搭设、安装、吊装和制作等，在预制构件深化设计时明确其预留预埋设置，保证与主体结构可靠连接；防护设施的安装拆除应由专业人员操作，经检验检测、验收合格后方可使用。

（5）整体操作架应由具备相应资质的队伍施工，安装完成后经检验检测、验收合格方可投入使用。

（6）阳台、楼梯间、电梯井、卸料台、楼层临边防护及平面洞口等临边、洞口的防护应牢固、可靠，符合《建筑施工高处作业安全技术规范》（JGJ 80—2016）相关要求。

（7）现场吊篮的设计、施工应执行《建筑施工工具式脚手架安全技术规范》（JGJ 202—2010）的规定；吊篮的悬挂机构前支撑不宜支撑在悬挑构件和悬臂构件上。

二、装配式建筑施工的外防护架

装配整体式混凝土结构外防护架为新兴配套产品，充分体现了节能、降耗、环保、灵活等特点，目前常用的外墙防护架为悬挂在外剪力墙上，主要解决房建结构平立面防护及立面垂直方向简单的操作问题。装配整体式混凝土结构在施工过程中所需要的外防护架与现浇结构的外墙脚手架相比，架体灵巧、拆分简便、整体拼装牢固，根据现场实际情况便于操作，可多次重复使用。外防护架如图 9-19 所示。常见装配整体式混凝土结构外防护架有三角外防护架和工具式外防护架。

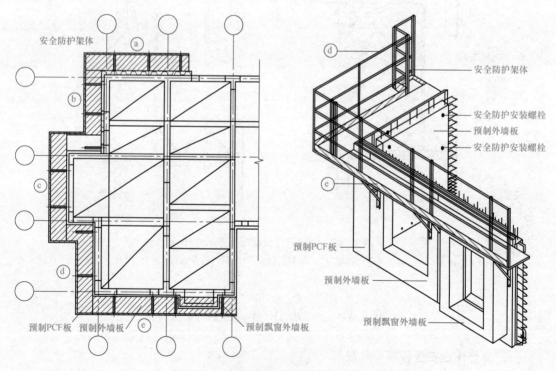

图 9-19　装配式混凝土结构施工防护体系

（一）三角外防护架

1. 三角外防护架构造

三角外防护架由三角桁架及扣件式钢管脚手架组成。架体搭设高度应高出作业面 1.2m，在顶板浇筑后进行架体提升。三角桁架由厂家制作加工，搭设时应满足《建筑施工扣件式钢管脚手架安全技术规范》(JGJ 130—2011)的要求。三角外防护架搭设示意图如图9-20所示。

2. 安全操作注意事项

(1)应提前确定外脚手架施工方案，并与设计及构件厂确定外墙预制构件预留孔位置，预留孔位置必须准确。

(2)防护架搭设时先将三角桁架固定，在搭设钢管脚手架搭设水平安全网。三角桁架采用2根穿墙螺栓固定在外墙预留好的孔内。三角桁架间距不得大于1.5m，架体每榀跨度不得大于6m，脚手架自由端高度不得大于6m。

(3)每榀脚手架之间及脚手架与墙面之间应用脚手板全封闭，立面挂密目安全网封闭。

(4)采用塔式起重机吊运外防护架体时，在架体两端对称设置4个固定吊点，吊点处

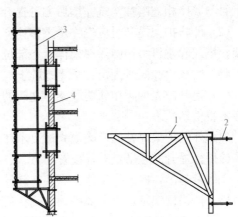

图9-20　三角外防护架搭设示意图
1—L型钢；2—穿墙螺栓；3—钢管脚手架；4—预制墙板

加设钢管或专用圆钢。吊点挂好后人员在楼层内将穿墙螺栓拆除，然后使用木方将架体轻轻推出。防止磕碰阳台板及空调板。

(5)防护架体吊运到上层安装时，施工人员使用牵引绳将外架牵引至操作面上方，固定好后安装穿墙螺栓螺母上紧，穿墙螺栓加垫板并用双螺母紧固，螺栓伸出螺母不得少于10mm。在固定装置未安装好之前不得将吊钩拆除或解除。

(6)提升和安装时，下方设置警戒区域，专人进行看守。

(7)必须经过经施工单位和监理单位共同验收合格后方可使用。

(8)禁止在防护架体上堆放材料。

(9)安装期间人员除挂钩和解除吊钩外，其他操作不出楼层。

(10)上层装配式墙体灌浆未达到设计强度时，不得安装和提升外架。

(二)工具式外防护架

1. 工具式外防护架构造

工具式外防护架主要由防护架体、防护栏板、定型钢踏板、高强穿墙螺栓组成。基本构成如图9-21、图9-22所示。

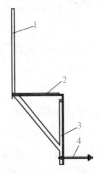

图9-21　预制外墙外围护安全防护架架体结构示意图
1—防护栏板；2—定型钢踏板；3—专用桁架；4—穿墙螺栓

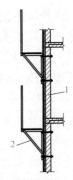

图9-22　预制外墙外围护安全防护架剖面示意图
1—预制墙板；2—预制外墙外防护架体

2. 架体的提升

（1）外防护架架体提升时，架体拟就位位置墙体连接部位混凝土或灌浆料已达到设计强度，且与墙体相连暗柱浇筑完毕后方可提升。

（2）外防护架提升时应先将承重螺栓穿入上层预留孔内，调整好螺栓出墙距离，准备防护架；塔式起重机吊钩确保在架体重心部位，避免架体失稳倒转，缓慢提升到上层，保证几榀三脚架的螺栓孔同时固定在承重螺栓上。

（3）提升前先拆除相邻两段架体之间的连接杆件（单段组合架体内连接杆件、护栏、脚手板不得松动）。

（4）外围护架提升前，必须先按要求挂好吊钩，然后拆除支顶结构用杆件，最后松动承重螺栓以待提升。起吊点对称设置两点，且必须设置在单元三脚架上。塔式起重机吊钩系牢后，先微量起吊，以平衡架体自重，卸除挂钩栓上的架体荷载，然后再松动挂钩栓螺母，并认真检查挂钩栓螺母是否全部松动，确认后方可起吊。起吊过程中吊钩应垂直、平稳、缓慢起吊，另在架体两侧上、下共系四道保持架体平衡的钢丝绳，起吊过程中操作人员站在楼板上协调架体平衡。提升时确保操作人员安全，坠落范围内设警戒区并由专人看护。

（5）架体就位前挂钩螺栓必须装齐。架体就位后，立即紧固螺母，螺母全部紧固后才能摘塔式起重机吊钩。

（6）架体使用前须认真检查架体内连接杆件是否松动，并用短钢管将相邻的架体连接成整体。从下层架体螺栓螺母松动开始至上层架体挂钩栓螺母紧固完毕，整个架体提升过程中，架体上操作人员必须系安全带，安全带必须与工程结构系牢。

（7）在提升过程中外围护架上严禁站人。

3. 安全操作注意事项

（1）工具式外防护架系统采用塔式起重机进行提升，在升降前应对外防护架系统做全面检查，解除与邻跨的连接，在塔式起重机吊钩受力后方可拆除连墙螺栓，进行升降作业。

（2）每个单元架体的升降工作必须由一个架子班组完成，不得将未完工作交给下一班组。

（3）升降操作时，外防护架应空载，连墙螺栓等零件应妥善保存，操作人员应佩带安全带，安全带应系挂在牢固物体上。

（4）施工过程中严格控制施工荷载，不得在外围护架上堆积建筑垃圾、无用物品，不得超载，以保证施工安全。

（5）支设现浇外墙模板施工作业时，操作人员可在外围护架体上作业，但在进行吊装预制墙体等施工作业时操作人员均应在墙体内作业。

（6）五级以上大风停止作业，冬天下雪后须清除积雪并经检查合格后方可使用。

三、装配式建筑施工现场安全防护措施

（一）安全防护基本要求

（1）施工楼面叠合板外侧脚手架应设置高度不小于 1.2m 的防护栏杆，横杆不少于 2 道，间距不大于 600mm，立杆间距不大于 2m，挡脚板高度不小于 180mm，立挂密目安全网防护，并用专用绑扎绳与架体固定牢固，护栏上严禁搭设任何物品；作业层脚手板必须铺满、铺稳、铺实，距墙面间距不得大于 200mm，作业层操作面下方净空距离 3m 内，必须设置一道水平安全网。

（2）脚手架分段施工有高差时，端部必须设置高度不小于1.2m的防护栏杆，并立挂密目安全网。脚手架两榀之间缝隙不得大于150mm，脚手架安装到位后，水平、竖向缝隙应防护严密。

（3）楼梯未安装正式防护栏杆前，必须设高度不小于1.2m的防护栏杆。为方便施工人员上下楼梯，楼梯应设置工具式爬梯和定型平台，爬梯、定型平台应能随施工进度同步提升。

（4）坠落高度基准面2m及以上进行临边作业时，应在临空一侧设置防护栏杆，并应采用密目式安全立网或工具式栏板封闭。

（5）在施工工程尚未安装栏板的阳台、无女儿墙的屋面周边、框架楼层周边、斜道两侧边，必须设置高度不小于1.2m的防护栏杆，并立挂密目安全网。

（6）装配式建筑首层四周必须搭设6m宽双层水平安全网，双层网间距500mm，网底距下方接触面不得小于5m。首层平网以上每隔10m应支搭一道3m宽水平安全网，支搭的水平安全网直至无高处作业时方可拆除。

（二）洞口、临边安全防护

（1）钢管脚手架应用外径48mm，壁厚3～3.5mm。无严重锈蚀、弯曲、压扁或裂纹的钢管、钢、竹、木禁止混合使用。

（2）钢管脚手架的杆件连接必须使用合格的扣件，不得使用铅丝和其他材料绑扎。

（3）各种固定钢材（10mm厚钢板，S10、S15、S16螺栓）符合国家相关规定。

（4）立封网应用阻燃密目式安全网。

（5）大眼安全网，6m（长）×3m（宽），网眼不得大10cm。必须用维伦、绵纶、尼龙等材料编织的符合国家标准的安全网，每张安全网应能承受不小于160kg的冲击荷载。严禁使用损坏或腐朽的安全网。丙纶网、金属网禁止使用。

（三）楼梯安全防护

（1）楼梯踏步及休息平台处必须用48mm和48mm回转扣件拴绑两道防身栏杆。上步高度0.6m。下步高度0.6m。两端用回转扣件上牢在立杆上。

（2）钢管不得过长，应根据楼梯踏步长度设置。宜便行人拐弯方便。

（3）护身栏杆必须加固牢，不得有晃动。

（4）必须随楼层增高而及时设置（见图9-23、图9-24）。

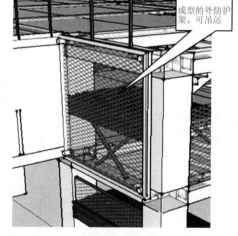

图9-23 楼梯间成型防护架固定节点

（四）阳台安全防护

（1）阳台栏板应随层安装，不能随层安装的必须设两道防护栏杆，并立挂阻燃密目网，封严拴牢。密目网封在防护栏杆内侧。

（2）防护栏杆分为两道，上一道高度为1.2m，下一道高为0.6m。

（3）防护栏杆应与主体结构或预先设置的预埋件固定牢靠。

（4）防护栏杆应刷红白相间颜色。

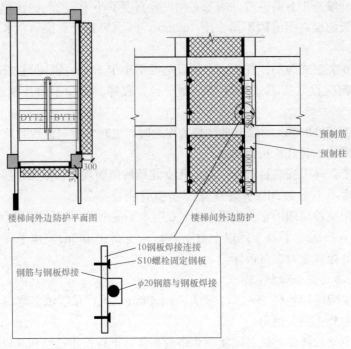

图 9-24　楼梯间外边防护

（5）楼层增高随时按规定要求设置（见图 9-25）。

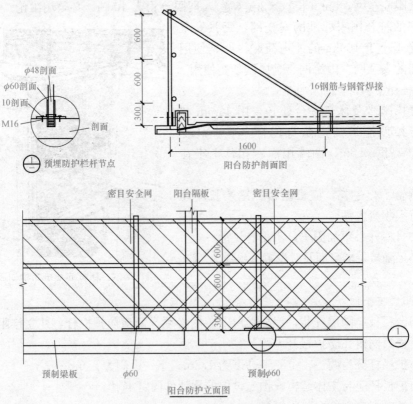

图 9-25　阳台安全防护

（五）楼层临边防护

（1）楼层临边均在预制梁外侧预埋 S10 的螺栓，用 ϕ48mm 钢管围护，上下层用密目网封闭。

（2）各楼层四周必须拴绑不低于 1.2m 高的防护栏杆。

（3）防护栏分上下两道，上一道 1.2m 高，下一道 0.6m。加一道扫地杆，防护栏内侧封密目网封严拴牢（见图 9 - 26）。

（4）装配式建筑楼层临边防护立杆的固定需要在预制梁上预埋 ϕ60mm 钢管套筒，在吊装完成后将外围立杆插入套筒中，用大横杆联系，挂安全密目网形成防护体（见图 9 - 27）。

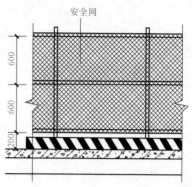

图 9 - 26　楼层临边防护

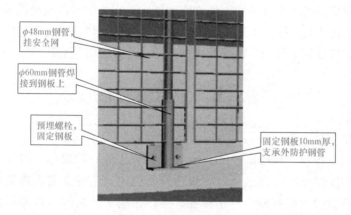

图 9 - 27　装配式建筑楼层临边防护立杆节点图

第十章　装配式混凝土结构工程施工信息化管理

信息化是以现代通信、网络、数据库技术为基础，把所研究对象各要素汇总至数据库，供特定人群生活、工作、学习、辅助决策等和人类息息相关的各种行为相结合的一种技术。如 BIM 技术就是以计算机技术为基础，通过运用计算机三维成像技术，对建筑物的整体结构通过建立建筑模型的形式来表现的一种方法和技术。在装配式混凝土结构工程施工与管理中，BIM（建筑信息模型）技术可将建筑项目的功能信息、物理以及几何信息通过数字信息技术呈现，用以支持建筑工程全生命周期内的运营、建设、管理和决策。

第一节　BIM 技术简介

一、BIM 的定义和概念

BIM 是建筑信息模型（Building Information Modeling）的简称。BIM 是建筑行业中应用信息技术的具体体现。BIM 技术通过三维建模，将建筑工程全寿命周期中产生的相关信息添加在该三维模型中。根据模型对于设计、生产、施工、装修、管理过程进行控制和管理，并根据项目在各阶段中的完成情况，不断对已有的数据库进行更新，最终建立多维的数据模型。通过信息化模型整合项目各种阶段的相关信息，搭建起一个可以为项目各方共享的资源信息平台（见图 10 - 1）。

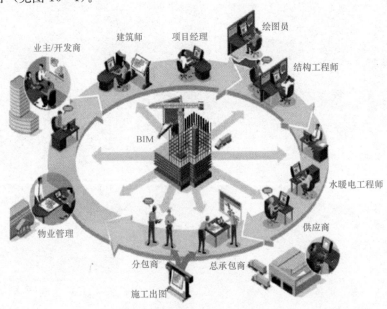

图 10 - 1　BIM 技术在装配式建筑中的应用

二、BIM 的工作方式

BIM 采用三维的建筑设计方式。变革了之前平面作图的设计方式，采用三维建模方式可以直观地展现出建筑工程项目的全貌、各个构件的连接、细部的做法及管线的排布等使得设计师可以更加清晰地掌控项目设计节奏，提升设计质量和效率。除此之外，BIM 技术集成了整个建筑工程项目中各个有关参与方的数据信息，构建了一个数据平台。这个数据平台可以完整准确地提供整个建筑工程项目的信息。

三、BIM 技术在装配式建筑中的应用优势

1. 相互匹配的精度

BIM 能适应建筑工业化精密建造的要求。装配式建筑是采用工厂化生产的构件、配件、部品，采用机械化、信息化的装配式技术组装而成的建筑整体。其工厂化生产的构配件精度能够在毫米级，现场组装也要求较高精度，以满足各种产品组件的安装精度要求。总体来说，建筑工业化要求全面"精密建造"，也就是要全面实现设计的精细化、生产加工的产品化和施工装配的精密化。而 BIM 应用的优势，从可视化和 3D 模拟的层面，在于"所见即所得"，这和建筑工业化的"精密建造"特点高度契合。而在传统建筑生产方式下，由于其粗放型的管理模式和"齐不齐，一把泥"的误差、工艺和建造模式，无法实现精细化设计、精密化施工的要求，也无法和 BIM 相匹配。

2. 集成的建筑系统信息平台

新型装配式建筑是设计、生产、施工、装修和管理"五位一体"的体系化和集成化的建筑，不是"传统生产方式＋装配化"的建筑。它应该具备新型建筑工业化的五大特点：标准化设计、工厂化生产、装配化施工、一体化装修和信息化管理。用传统的设计、施工和管理模式进行装配化施工不是建筑工业化。装配式建筑核心是集成，BIM 方法是集成的主线。这条主线串联起设计、生产、施工、装修和管理的全过程，服务于设计、建设、运维、拆除的全生命周期。可以数字化仿真模拟，信息化描述各种系统要素，实现信息化协同设计、可视化装配，工程量信息的交互和节点连接模拟及检验等全新运用，整合建筑全产业链，实现全过程、全方位的信息化集成。

3. 设计过程中建筑、结构、机电、内装各专业的高效合作与协同

BIM 技术可以提供一个信息共享平台。各个专业的设计师通过这一平台建立模型共享信息。大家在一个模型上设计，每个专业都能共享同一个最新信息。任何一个环节出现误差或者修改，其他设计人员均可以及时发现，并对其进行处理。同时，不同专业的设计师可以在同一平台上分工合作，按照一定的标准和原则进行设计，可以大大提高设计精度和设计效率（见图 10 - 2）。

图 10 - 2 中实线表示信息直接互用，虚线代表信息间接互用，箭头表示信息互用的方向。从图中我们看到不同类型的 BIM 软件可以根据专业和项目阶段做如下区分。

建筑：包括 BIM 建筑模型创建、几何造型、可视化、BIM 方案设计等。

结构：包括 BIM 结构建模、结构分析、深化设计等。

机电：包括 BIM 机电建模、机电分析等。

施工：包括碰撞检查、4D 模拟、施工进度和质量控制等。

其他：包括绿色设计、模型检查、造价管理等。

运营管理 FM（Facility Management）。

数据管理 PDM。

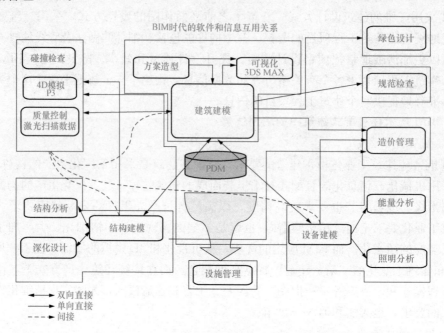

图 10-2　BIM 软件系统相互关系

第二节　BIM 技术在装配式建筑中的应用

一、BIM 技术在项目设计阶段的应用

设计方案的好坏是决定一个建筑项目优劣的关键。BIM 技术的应用给工业化建筑的设计方法带来了变革式的影响

(一) 制定标准化的设计流程

在传统设计方式中，各专业设计人员各自为政，各自有自己的设计风格和习惯。同样一个构件或者项目。不同的设计人员会有不同的设计方法。现在项目 BIM 方案开始实施之前就首先制定了一套标准化的设计流程，采用统一规范的设计方式，各专业设计人员均需遵从统一的设计规则。大大加快设计团队的配合效率，减少设计错误，提高设计效率。

(二) 进行模数化的构件组合设计

在装配式建筑设计中，各类预制构件的设计是关键。这就涉及预制构件的拆分问题。在传统的设计方式中是由构件生产厂家在设计施工图完成后进行构件拆分。这种方式下，构件生产要对设计图纸进行熟悉和再次深化，存在重复工作。装配式建筑应遵循少规格、多组合的原则，在标准化设计的基础上实现装配式建筑的系列化和多样化。在项目设计过程中，事前确定好所采用的工业化结构体系，并按照统一模数进行构件拆分，精简构件类型，提高装配水平。

(三) 建立模块化的构件库

在以往的工业化建筑或者装配式建筑中，预制构件是根据设计单位提供的预制构件加工图进行生产。这类加工图还是传统的平立剖加大样详图的二维图纸，信息化程度低。BIM

技术相关软件中，有族的概念。根据这一设计理念，根据构件划分结果并结合构件生产厂家生产工艺，建立起模块化的预制构件库。在不同建筑项目的设计过程中，只需从构件库中提取各类构件，再将不同类型的构件进行组装，即可完成最终整体建筑模型的建立。构件库的构件种类也可以在其他项目的设计过程中进行应用，并且不断扩充，不断完善（见图 10-3）。

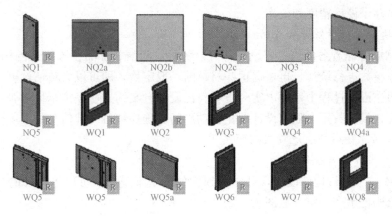

图 10-3 模块化的构件库

（四）组装可视化的三维模型

传统设计方式是使用二维绘图软件，以平、立、剖面和大样详图为主要出图内容。这种绘图模式，各个设计专业之间相对孤立，是一种单向的连接方式。对于不断出现的设计变化难以及时调整，导致设计过程中出现大量修改，甚至在出图完成后还会有大量的设计变更，效率较低，信息化程度低。将模块化、模数化的 BIM 构件进行组合可以构建一个三维可视化 BIM 模型，通过效果图、动画、实时漫游、虚拟现实系统等项目展示手段可将建筑构件及参数信息等真实属性展现在设计人员和甲方业主面前。在设计过程中可以及时发现问题，也便于甲方及时决策，可以避免事后的再次修改（见图 10-4、图 10-5）。

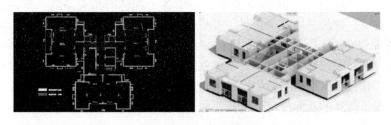

图 10-4 从传统二维设计到 3D 可视化设计

图 10-5 BIM 技术中建筑及结构可视化设计

（五）高效的设计协同

采用 BIM 技术进行设计，设计师均在同一个建筑模型上工作，所有的信息均可以实时进行交互。可视化的三维模型使得设计成果直观呈现，同时还可以进行不同专业间的设计冲突检查。在传统设计方法中，不同专业人员需要人工手动查找本专业和其他专业的冲突错误费时费力而且容易出现遗漏的状况，BIM 技术直接在软件中就可以完成不同专业间的冲突检查，大大提高了设计精度和效率。

（六）便捷的工程量统计和分析

BIM 模型中存储着各类信息，设计师可以随时对门窗、部品、各类预制构件等的数量、体积、类别等参数进行统计。再根据这些材料的一般定价，即可以大致估计整个项目的经济指标。设计师在设计过程中，可以实时查看自己设计方案的这些经济指标是否能够满足业主的要求。同时，模型数据会随着设计深化自动更新，确保项目统计信息的准确性。

二、BIM 技术在项目生产阶段的应用

（一）构件设计的可视化

采用 BIM 技术进行构件设计，可以得到构件的三维模型，可以将构件的空间信息完整直观地表达给构件生产厂家（见图 10 - 6）。

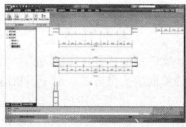

图 10 - 6　预制构件生产的可视化

（二）构件生产的信息化

构件生产厂家可以直接提取 BIM 信息平台中各个构件的相关参数，根据相关参数确定构件的尺寸、材质、做法、数量等信息，并根据这些信息合理的确定生产流程和做法。通过 BIM 模型，实现构件加工图纸与构件模型双向的参数化信息连接，包括图纸编号、构件 ID 码、物理数据、保温层、钢筋信息和外架体系预留孔等。同时生产厂家也可以对发来的构件信息进行复核，并且可以根据实际生产情况，向设计单位进行信息的反馈。这样就使得设计和生产环节实现了信息的双向流动，提高了构件生产的信息化程度（见表 10 - 1）。

表 10 - 1　　　　　　　　　　　构件参数统计

族	构件型号	楼层	混凝土用量（单个）	聚苯体积（单个）	混凝土强度	设计图编码	重量（单个）	数量	混凝土用量	聚苯体积
YNB - 3	YNB - 3	三层	1.91	0.54	C30	S6 内墙板	4.77	1	1.91	0.54
YNB - 4	YNB - 4	三层	1.26	0.14	C30	S6 内墙板	3.15	6	7.56	0.84
YNB - 5	YNB - 5	三层	2.02	0.43	C30	S6 内墙板	5.04	3	6.06	1.29

（三）构件生产的标准化

生产厂家可以直接提取 BIM 信息平台中的构件信息，并直接将信息传导到生产线，直接进行生产。同时，生产厂家还可以结合构件的设计信息及自身实际生产的要求，建立标准化的预制构件库，在生产过程中对于类似的预制构件只需调整模具的尺寸即可进行生产。通过标准化、流水线式的构件生产作业，可以提高生产厂家的生产效率，增加构件的标准化程度，减少由于人工操作带来的操作失误，改善工人的工作环境，节省人力和物力（见表 10 - 2）。

表 10 - 2　　　　　　　　　　　　　　为构件样式统计

楼板：锚固弯钩 90°（1）+锚固长度（3）	楼板：锚固弯钩 90°（2）+锚固长度（2）	楼板：锚固长度（2）	楼板：锚固长度（3）
阳台：锚固长度（1）	空调板：锚固弯钩 90°/锚固长度	内墙：（带线槽）	外墙：（开洞）

三、BIM 技术在项目施工阶段的应用

（一）施工深化设计

施工深化设计的主要目的是提升深化后建筑信息模型的准确性、可校核性。将施工操作规范与施工工艺融入施工作业模型，使施工图满足施工作业的需求。施工单位依据设计单位提供的施工图与设计阶段建筑信息模型，根据自身施工特点及现场情况，完善或重新建立可表示工程实体即施工作业对象和结果的施工作业模型。该模型应当包含工程实体的基本信息。BIM 技术工程师结合自身专业经验或与施工技术人员配合，对建筑信息模型的施工合理性、可行性进行甄别，并进行相应的调整优化。同时，对优化后的模型实施冲突检测（见图 10 - 7）。

图 10 - 7　采用 BIM 进行碰撞检测

（二）三维技术交底

目前施工企业对装配式混凝土结构施工尚缺少经验，对此现场依据工程特点和技术的难易程度选择不同的技术交底形式，如套筒灌浆、叠合板支撑、各种构件（外墙板、内墙板、叠合板、楼梯等）的吊装等施工方案通过 BIM 技术三维直观展示，模拟现场构件安装过程和周边环境。通过对劳务队伍采用三维技术交底，指导工人安装，保证了施工现场对分包工

程质量的控制。

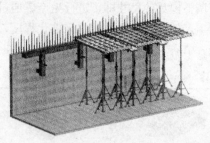

图 10-8　应用 BIM 技术进行施工仿真模拟

（三）施工过程的仿真模拟

在制定施工组织方案时，施工单位技术人员将本项目计划的施工进度、人员安排等信息输入 BIM 信息平台中，软件可以根据这些录入的信息进行施工模拟。同时，BIM 技术也可以实现不同施工组织方案的仿真模拟，施工单位可以依据模拟结果选取最有施工组织方案（见图 10-8～图 10-14）。

图 10-9　BIM 模拟现场预制构件运输与堆放

图 10-10　BIM 模拟现场外墙安装

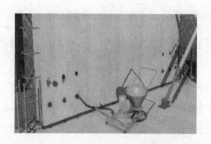

图 10-11　BIM 模拟外墙板灌浆

图 10-12　BIM 模拟铝模的安装固定

图 10-13　BIM 模拟预制阳台吊装

图 10-14　BIM 模拟预制楼梯吊装

四、BIM 技术在项目装修阶段的应用

（一）构建标准化的装修部品库

和建立标准化的预制构件库一样，采用 BIM 技术也可以构建起标准化的装修部品库。可根据业主要求，从装修部品库中选取了相应的部品组装到整体模型中。同时对项目中新增的各类装修部品，也可以完善装修部品构件库。

（二）装修部品的模块化拆分与组装

内装设计应配合建筑设计同时开展工作。根据建筑项目各个功能区的划分，将装修部品分解成不同的模块。常见的模块主要是卫浴模块和厨房模块。可以根据户型大小、功能划分，直接将模块化的装修部品组装到 BIM 模型中。

（三）装修部品的工业化生产

在建立好标准的装修部品库及模块化的装修方案后，可以给业主提供菜单式的选择服务，业主可以根据自己的喜好和需求选取相应的装修部品。在确定好建筑项目的部品类型后装修部品生产厂家可以提取 BIM 信息平台中相关部品的信息，实现工业化的批量生产。生产完成后运输到施工现场，根据进行整体吊装这种方式，可以保证装修部品的质量，在很大程度上可以避免传统施工方式中厨房和卫生间可能出现的渗漏水现象。

第三节 物联网在装配式建筑中的应用

物联网（Internet of Things，IoT）的概念最早由美国麻省理工学院在 1999 年提出，指的是将各种信息传感设备，如射频识别（RFID）装置、红外感应器、全球定位系统、激光扫描器等装置与互联网结合起来而形成的一个巨大网络。其目的是让所有的物品都与网络连接在一起，系统可以自动的、实时的对物体进行识别、定位、追踪、监控并触发相应事件。

一、物联网的核心技术

（一）无线射频识别（RFID）技术

无线射频识别（Radio Frequency Identification，RFID），是一种非接触式的自动识别技术，它通过射频信号自动识别目标对象并获取相关数据，识别工作无须人工干预，可工作于各种恶劣环境，RFID 技术可同时识别多个标签，操作快捷方便。在国内，RFID 已经在身份证、电子收费系统和物流管理等领域有了广泛应用。RFID 设备如图 10-15 所示。

（二）二维码技术

二维条码/二维码是用某种特定的几何图形按一定规律在平面（二维方向上）分布的黑白相间的图形，用于记录数据符号信息；在代码编制上巧妙地利用构成计算机内部逻辑基础的"0""1"比特流的概念，使用若干个与二进制相对应的几何形体来表示文字数值信息，通过图像输入设备或光电扫描设备自动识读以实现信息自动处理。二维条码具有储存量大、保密性高、追踪性高、抗损性强、备援性大、成本便宜等特性，这些特性特别适用于表单、安全保密、追踪、证照、存货盘点、资料备援等方面。

图 10-15 RFID 无线射频设备

（三）传感器技术

传感器技术同计算机技术与通信技术一起被称为信息技术的三大技术。从仿生学观点，如果把计算机看成处理和识别信息的"大脑"，把通信系统看成传递信息的"神经系统"，那么传感器就是"感觉器官"。微型无线传感技术及以此组件为基础的传感网是物联网感知层的重要技术手段。

（四）GPS 技术

GPS 技术又称为全球定位系统，是具有海、陆、空全方位实时三维导航与定位能力的新一代卫星导航与定位系统。GPS 作为移动感知技术，是物联网延伸到移动物体采集移动物体信息的重要技术，更是物流智能化、智能交通的重要技术。

（五）无线传感器网络（WSN）技术

无线传感器网络（wireless Sensor Network，WSN）的基本功能是将一系列空间分散的传感器单元通过自组织的无线网络进行连接，从而将各自采集的数据通过无线网络进行传输汇总，以实现对空间分散范围内的物理或环境状况的协作监控，并根据这些信息进行相应的分析和处理。

二、装配整体式混凝土结构物联网系统

该系统是以单个部品（构件）为基本管理单元，以无线射频芯片（RFID 及二维码）为跟踪手段，以工厂部品生产、现场装配为核心，以工厂的原材料检验、生产过程检验、出入库、部品运输、部品安装、工序监理验收为信息输入点，以单项工程为信息汇总单元的物联网系统（见图 10 - 16）。

物联网的功能特点如下：

（1）部品钢筋网绑定拥有唯一编号的无线射频芯片（RFID 及二维码），做到单品管理；每个部品（构件）上嵌入的 RFID 芯片和粘贴的二维码相当于给部品（构件）配上了"身份证"，可以通过该身份证对部品的来龙去脉了解的一清二楚，可以实现信息流与实物流的快速无缝对接。

（2）系统是集行业门户、企业认证、工厂生产、运输安装、竣工验收、大数据分析、工程监理等为一体的物联网系统（见图 10 - 17）。

图 10 - 16　芯片绑定

图 10 - 17　物联网的功能

三、物联网在装配整体式混凝土结构施工与管理中的应用

物联网可以贯穿装配整体式混凝土结构施工与管理的全过程，实际上从深化设计开始就已经将每个构件唯一的"身份证"——ID 识别码编制出来，为预制构件生产、运输、存放、装配、施工包括现浇构件施工等一系列环节的实施提供关键技术基础，保证各类信息跨阶段无损传递、高效使用，实现精细化管理，实现可追溯性。

（一）预制构件生产

1. 预制构件 RFID 编码体系的设计

在构件的生产制造阶段，需要对构件置入 RFID 标签，标签内包含有构件单元的各种信息，以便于在运输、存储、施工吊装过程中对构件进行管理。由于装配整体式混凝土结构所

需构件数量巨大，要想准确识别每一个构件，就必须给每个构件赋予唯一的编码。所建立的编码体系不仅能唯一识别单一构件，而且能从编码中直接读取构件的位置信息。因而施工人员不仅能自动采集施工进度信息，还能根据 RFID 编码直接得出预制构件的位置信息，确保每一个构件安装位置的正确。

2. RFID 标签的编码原则

（1）唯一性。所谓唯一性是指在某一具体建筑模型中，每一个实体与其标识代码一一对应，即一个实体只有一个代码，一个代码只标识一个实体。实体标识代码一旦确定，不会改变。在整个建筑实体模型中，各个实体间的差异，是靠不同的代码识别的。假如把两种不同实体用同一代码标识，自动识别系统就把它们视为同一个实体，认为编码有误，将会对其做优化处理而剔除其中的冗余信息。这样就会由于某一个编码的无效而导致整个编码系统无效。如果同一个实体有几个代码，自动识别系统将视其为几种不同的实体，这样不仅大大增加数据处理的工作量，而且会造成数据处理上的混乱。因此，确保每一个实体必须有唯一的实体代码就显得格外重要。唯一性是实体编码最重要的一条原则。

（2）可扩展性。编码应考虑各方面的属性并预留扩展区域。而针对不同的建筑项目，或者是针对不同的名称，相应的属性编码之间是独立的，不会互相影响。这样就保证了编码体系的大样本性，确保了足够的容量为大量的各种各样的建筑实体服务。

（3）有含义，确保编码卡的可读性和简单性。有含义代码其代码本身及其位置能够表示实体特定信息。使用有含义编码反而可以加深编码的可阅读性，易于完善和分类，最重要的是这种有含义的编码在数据处理方面的优势是无含义编码所不具有的。

（二）预制构件运输

在构件生产阶段为每一个预制构件加入 RFID 电子标签，将构件码放入库，根据施工顺序，将某一阶段所需的构件提出、装车。这时需要用读写器一一扫描，记录下出库的构件及其装车信息。运输车辆上装有 GPS，可以实时定位监控车辆所到达的位置。到达施工现场以后，扫码记录，根据施工顺序卸车码放入库。

（三）预制构件装配

在装配整体式混凝土结构的装配施工阶段，BIM 与 RFID 结合可以发挥两方面的作用，一方面是构件存储管理，另一个方面是工程的进度控制。两者的结合可以实现对构件的存储管理和施工进度控制的实时监控。另外，在装配整体式混凝土结构的施工过程中，通过 RFID 和 BIM 将设计、构件生产、营造施工各阶段紧密地联系起来，不但解决了信息创建、管理、传递的问题，而且 BIM 模型、三维图纸、装配模拟、采购制造运输存放安装的全程跟踪等手段为工业化建造方法的普及也奠定了坚实的基础，对于实现建筑工业化有极大的推动作用。

1. 构件的管理

在装配整体式混凝土结构的施工管理过程中，应当重点考虑两方面的问题：一是构件入场的管理，二是构件吊装施工中的管理。

在此阶段，以 RFID 技术为主追踪监控构件存储吊装的实际进程，并以无线网络即时传递信息，同时配合 BIM，可以有效地对构件进行追踪控制。RFID 与 BIM 相结合的优点在于信息准确丰富，传递速度快，减少人工录入信息可能造成的错误，使用 RFID 标签最大的优点在于其无接触式的信息读取方式，在构件进场检查时，甚至无须人工介入，直接设置固定的 RFID 阅读器，只要运输车辆速度满足条件，即可采集数据。

2. 工程进度控制

在进度控制方面，BIM 与 RFID 的结合应用可以有效地收集施工过程进度数据，利用相关进度软件，如 P3、MS Project 等，对数据进行整理和分析，并可以应用 4D 技术对施工过程进行可视化的模拟。然后，将实际进度数据分析结果和原进度计划相比较，得出进度偏差量。最后，进入进度调整系统，采取调整措施加快实际进度，确保总工期不受影响。

在施工现场，可利用手持或固定的 RFID 阅读器收集标签上的构件信息。管理人员可以及时地获取构件的存储和吊装情况的信息，并通过无线感应网络及时传递进度信息。获取的进度信息可以以 Project 软件 MPP. 文件的形式导入到 Navisworks Manage 软件中进行进度的模拟，并与计划进度进行比对，可以很好地掌握工程的实际进度状况。

（四）运营维护阶段的管理

1. 物业管理

在物业管理中，RFID 在设施管理、门禁系统方面应用的很多，如在各种管线的阀门上安装电子标签，标签中存有该部品的相关信息如维修次数、最后维护时间等，工作人员可以使用阅读器很方便地寻找到相关设施的位置，每次对设施进行相关操作后，将相应的记录写入 RFID 标签中，同时将这些信息存储到集成 BIM 的物业管理系统中，这样就可以对建筑物中各种设施的运行状况有直观的了解。

2. 建筑物改建及拆除

运维阶段，BIM 软件以其阶段化设计方式实现对建筑物改造、扩建、拆除的管理；参数化的设计模式可以将房间图元的各种属性，如名称、体积、面积、用途、楼地板的做法等集合在模型内部，结合物联网技术在建筑安防监控、设备管理等方面的应用可以很好地对建筑进行全方位的管理。

参 考 文 献

[1] 中华人民共和国住房和城乡建设部.GB 50010—2010 混凝土结构设计规范［S］.北京：中国建筑工业出版社，2011.

[2] 中华人民共和国住房和城乡建设部.GB 50204—2015 混凝土结构工程施工质量验收规范［S］.北京：中国建筑工业出版社，2015.

[3] 中华人民共和国住房和城乡建设部.GB 50666—2011 混凝土结构工程施工规范［S］.北京：中国建筑工业出版社，2012.

[4] 中华人民共和国住房和城乡建设部.GB/T 51231—2016 装配式混凝土建筑技术标准［S］.北京：中国建筑工业出版社，2017.

[5] 中国建筑标准设计研究院，中国建筑科学研究院.《装配式混凝土结构技术规程》JGJ 1—2014.

[6] 国家建筑标准设计图集《装配式混凝土结构住宅建筑设计示例（剪力墙结构）》15J939—1.

[7] 国家建筑标准设计图集《装配式混凝土结构表示方法及示例（剪力墙结构）》15G107—1.

[8] 国家建筑标准设计图集《装配式混凝土结构连接节点构造》15G310—1～2.

[9] 国家建筑标准设计图集《预制混凝土剪力墙外墙板》15G365—1.

[10] 国家建筑标准设计图集《预制混凝土剪力墙内墙板》15G365—2.

[11] 国家建筑标准设计图集《桁架钢筋混凝土叠合板（60mm 厚底板）》15G366—1.

[12] 国家建筑标准设计图集《预制钢筋混凝土板式楼梯》15G367—1.

[13] 国家建筑标准设计图集《预制钢筋混凝土阳台板、空调板及女儿墙》15G368—1.

[14] 国家建筑标准设计图集《装配式混凝土剪力墙结构住宅施工工艺图解》16G906.

[15] 中国建筑业协会，《装配式混凝土建筑施工规程》T/CCIAT0001—2017.

[16] 上海市城乡建设和管理委员会，《上海市装配式混凝土建筑工程设计文件编制深度规定》.

[17] 上海市建筑建材业市场管理总站，《装配式构件生产技术导则》.

[18] 深圳市住房和建设局标准，《装配式混凝土构件制作与安装操作规程》.

[19] 北京市建筑工程研究院.DB11/T 1030—2013 装配式混凝土结构工程施工与质量验收规程［S］.北京：中国建筑工业出版社，2011.

[20] 预制建筑网 http：//precast.com.cn/.